"十四五"职业教育国家规划教材

总主编/王建国
副总主

职 业 教 育 广 播 影 视 类 专 业 …… 材
经全国广播影视职业教育教学指导委员会审定通过

非线性编辑

Feixianxing Bianji

主　编/李　娜
副主编/董军华　张俊梅　马令珍
参　编/谢丽举

北京师范大学出版集团
BEIJING NORMAL UNIVERSITY PUBLISHING GROUP
北京师范大学出版社

图书在版编目(CIP)数据

非线性编辑 / 李娜主编. —北京：北京师范大学出版社，2017.1(2024.6 重印)
(职业教育广播影视类专业系列教材)
ISBN 978-7-303-20961-3

Ⅰ. ①非… Ⅱ. ①李… Ⅲ. ①非线性编辑系统—职业教育—教材 Ⅳ. ①TN948.13

中国版本图书馆 CIP 数据核字(2016)第 170634 号

图书意见反馈　gaozhifk@bnupg.com　010-58805079
营销中心电话　010-58802755　58800035

出版发行：北京师范大学出版社　www.bnupg.com
北京市西城区新街口外大街 12-3 号
邮政编码：100088
印　　刷：保定市中画美凯印刷有限公司
经　　销：全国新华书店
开　　本：787 mm×1092 mm　1/16
印　　张：18
字　　数：400 千字
版　　次：2017 年 1 月第 1 版
印　　次：2024 年 6 月第 5 次印刷
定　　价：45.80 元

策划编辑：林　子　　责任编辑：齐　琳
美术编辑：高　霞　　装帧设计：中通设计
责任校对：陈　民　　责任印制：陈　涛　赵　龙

前　言

党的二十大报告指出：中国式现代化是物质文明和精神文明相协调的现代化。物质富足、精神富有是社会主义现代化的根本要求。我们不断厚植现代化的物质基础，不断夯实人民幸福生活的物质条件，同时大力发展社会主义先进文化，加强理想信念教育，传承中华文明，促进物的全面丰富和人的全面发展。在数字化技术飞速发展的今天，影视产业蓬勃发展。影视制作也从之前专业的高端硬件设备转向了最为普及的计算机平台，计算机逐步取代了许多原有的影视设备，并在影视制作的各个环节发挥了重大作用，使越来越多的影视爱好者可以参与到影视制作中来。

非线性编辑系统的数字化制作流程，具有友好的工作界面、简单易用的操作方式、丰富多样的视觉效果等。非线性编辑课程是职业学校广播影视节目制作专业的核心课程。本教材根据教育部最新颁布的专业教学标准编写而成。

为了使学生能够清晰了解非线性编辑系统的工作流程与功能模块，全面掌握影视后期编辑的基本操作，本教材选择了两款目前市面上较为流行的非线性编辑软件 Adobe Premiere 和 EDIUS 为平台来介绍非线性编辑的工作流程与应用技术。

本教材的编写尽可能把握中等职业教育规律，体现其教育特色，正确处理教材中基础理论与专业知识、应用技能的关系，突出人才培养的针对性、应用性。内容编排上按照非线性编辑系统的功能模块来划分章节，包括素材采集、基本编辑、转场、特效、字幕、音频、输出等；另外，还设计了相关的综合案例来加强应用技能的训练。在实际教学中也可以根据需要有选择地学习。

本教材课时建议如下表：

单　元	内　容	理论学时	实训学时	总学时
1	数字视音频编辑基础	4	0	4
2	Premiere 介绍	1	1	2
3	Premiere 项目创建与素材管理	1	1	2
4	Premiere 基本编辑技术	4	4	8
5	Premiere 视频切换特技	2	2	4
6	Premiere 字幕创建	2	2	4
7	Premiere 运动属性应用	4	4	8
8	Premiere 合成技术	2	2	4

续表

单　元	内　容	理论学时	实训学时	总学时
9	Premiere 音频素材编辑处理	2	2	4
10	Premiere 视频特效应用	4	4	8
11	Premiere 成品输出	2	2	4
12	EDIUS 影视编辑基础	4	4	8
13	EDIUS 视频特效	4	4	8
14	EDIUS 转场特效	2	2	4
15	EDIUS 字幕特技	6	6	12
16	EDIUS 的输出	2	2	4
17	EDIUS 视频合成	2	2	4
18	EDIUS 色彩校正	2	2	4
附录一	Premiere 常见操作问题解决	2	2	4
附录二	综合实训一	0	4	4
附录三	综合实训二	0	4	4
	合　计	52	56	108

本教材由主编李娜负责整体内容规划、统稿、定稿。其中第 1 单元、第 7 单元、第 8 单元、第 11 单元、附录一、附录三由李娜(山西传媒学院)编写；第 12 单元、第 13 单元、第 14 单元、第 15 单元、第 17 单元、第 18 单元由董军华(山西传媒学院)编写；第 2 单元、第 3 单元、第 6 单元、第 16 单元由张俊梅(山西传媒学院)编写；第 4 单元、第 5 单元、第 9 单元、第 10 单元、附录二由马令珍(山东传媒职业学院)编写。此外，教材还特邀行业专家长治市北斗卫星导航应用协会会长谢丽举审改全书并更新部分一线案例。

本教材提供教师教学及学生自学所用实训资源包如下二维码所示。

综合实训一资源包　　**综合实训二资源包**

本教材在编写过程中得到了全国广播影视职业教育教学指导委员会以及山西传媒学院各级领导的大力支持与帮助，特此表示衷心感谢。

本教材既可供职业学校的广播影视节目制作及相关专业教学使用，也可作为相关爱好者的参考资料。书中若有不足之处，诚望各位专家、同行和同学们提出宝贵意见。

编　者

目　录

第 1 单元

数字视音频编辑基础

学习目标

- □ 了解数字非线性编辑的发展和基本概念。
- □ 认识非线性编辑系统构成。
- □ 掌握数字视音频的相关基础知识。

党的二十大报告指出：坚守中华文化立场，提炼展示中华文明的精神标识和文化精髓，加快构建中国话语和中国叙事体系，讲好中国故事、传播好中国声音，展现可信、可爱、可敬的中国形象。影视作品作为最广泛的大众传播媒介之一，担负着弘扬中国传统文化的重要使命，随着计算机软硬件技术的飞速发展，越来越多的影视爱好者也参与到影视制作领域。

1.1 了解非线性编辑

1.1.1 数字视音频非线性编辑的发展概况

1. 线性编辑和非线性编辑

线性编辑：一般是指以类似磁带那样的一维时间轴为基础的线性记录载体为记录媒介，在编辑时依据记录时间的先后顺序查找需要画面的一种传统的视音频编辑模式。编辑人员要根据构思，将素材按顺序组接成连续画面，但要想进行调整镜头顺序、删除、缩短、加长等操作，都需要重新编辑录制。而每次重新录制，视频质量会有损失，这也是线性编辑致命的问题所在。一般传统的线性编辑系统的组成有放像机、录像机、编辑机、字幕机、调音台等。(见图 1-1)

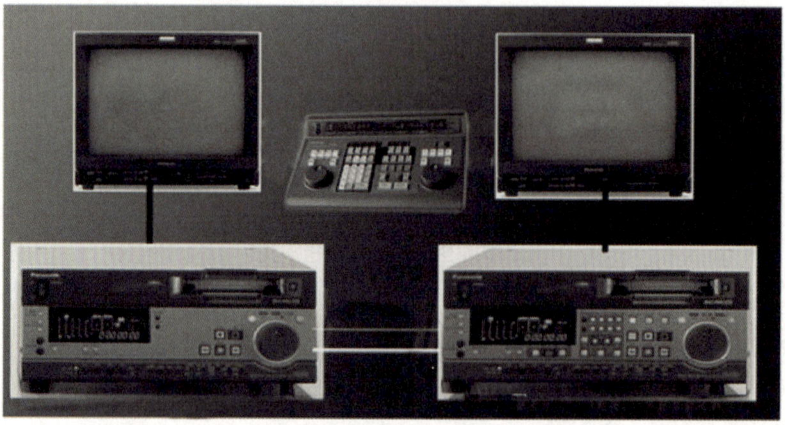

图 1-1　线性编辑系统

非线性编辑：一般是相对于传统的线性编辑而言的。其实早期的电影编辑就是非线性的，但这里指的是数字非线性编辑，是在计算机软硬件技术(包括运算速度、存储速度等)快速发展之后，使计算机成为视频后期编辑平台，用于编辑的视音频素材经过数字化之后，存储于计算机的硬盘中，利用非线性编辑软件，进行数字视音频素材的快速、随机组接。在编辑过程中，可以精确到帧进行画面的随机读取、修改、编辑操作，不再受时间顺序的限制，实现了数字视音频的非线性编辑，而且由于数字化的特点，反复编辑修改后可以很好地保证视音频信号的质量。

2. 非线性编辑系统相对于线性编辑系统的特点

(1)信号质量高

在模拟电视信号的编码、储存、传输和播放的全部过程中都实现数字化，是非线性编辑的重要优势之一。数字化可以很好地保证视音频信号的质量。

(2)合成制作集成化

在传统线性编辑中，编辑、特技、配音和字幕等是由不同的硬件设备来完成的，而非线性编辑系统将这些功能集成到了一台电脑系统中，实现了这些功能的模块化。

(3)节目制作网络化

随着计算机网络的发展，用户可方便地实现视音频信息的资源共享，还可利用网络上的计算机协同创作，更方便地进行数码资源的管理、查询、编辑等。

1.1.2 非线性编辑系统构成

非线性编辑系统其实是一套扩展的计算机系统，所以非线性编辑系统是由硬件系统和软件系统两大部分构成的。(见图 1-2)

图 1-2　非线性编辑系统

1. 硬件系统

非线性编辑系统的基本硬件部分包括计算机硬件平台、非线性编辑卡、高速大容量存储器、接口系统等。主要完成视音频素材的采集、输入/输出、编解码、存储等工作。

(1)计算机硬件平台

高性能计算机是非线性编辑系统的硬件基础。任何一台非线性编辑系统都必须以一台多媒体计算机为硬件平台。它进行数据信息的存储、软件操作、视音频信息处理等任务。它的性能和稳定性决定了整个非线性编辑系统的整体状态。

(2)非线性编辑卡

非线性编辑卡是非线性编辑系统中的核心硬件。它主要有以下功能：一是完成视音频信号的模拟/数字的相互转换，即 A/D、D/A 转换，即完成视音频信号的采集、编解码、输出功能；二是实现硬件压缩渲染功能，实时特效特技及字幕制作等。

其中编码、解码，也叫压缩、解压缩，是非线性编辑卡的核心功能。在计算机发展的早期，数字视频信号的处理需要在昂贵的工作站上实现，普通的计算机是不能胜任大容量视频信号的处理的，原因之一就是视频信号的庞大数据量。随着数字图像压缩技术的发展，各种图像压缩算法的发展，使一般个人电脑处理视频已成为现实。

（3）高速大容量存储器

由于数字非线性编辑系统处理的视音频信号数据量大，因此需要大容量的存储载体，大容量硬盘或硬盘阵列就是常见的一种选择。非线性编辑系统的特点要求硬盘容量大，读写速度快。硬盘阵列（RAID）是具有冗余度的多重化磁盘阵列。它有独立的机箱和供电系统，不占计算机 CPU 资源，与计算机操作系统无关。它由若干小型硬盘加上控制器按照一定组合条件组合为一个大容量快速响应的存储系统，大大提高了非线性编辑系统的硬盘容量与读写速度，而且更重要的是提高了系统的可靠性。

（4）接口系统

在非线性编辑系统中，如果要从录像机等外部输入设备采集素材，或在非线性编辑系统中编辑完成后需要输出到录像带等，就需要相应的接口系统进行连接。非线性编辑系统的接口系统可以分为模拟接口和数字接口，包括复合视频、YUV 分量、S-Video 等处理模拟信号的接口，还包括 IEEE-1394 和 SDI、HDMI 等数字接口。（见图 1-3）

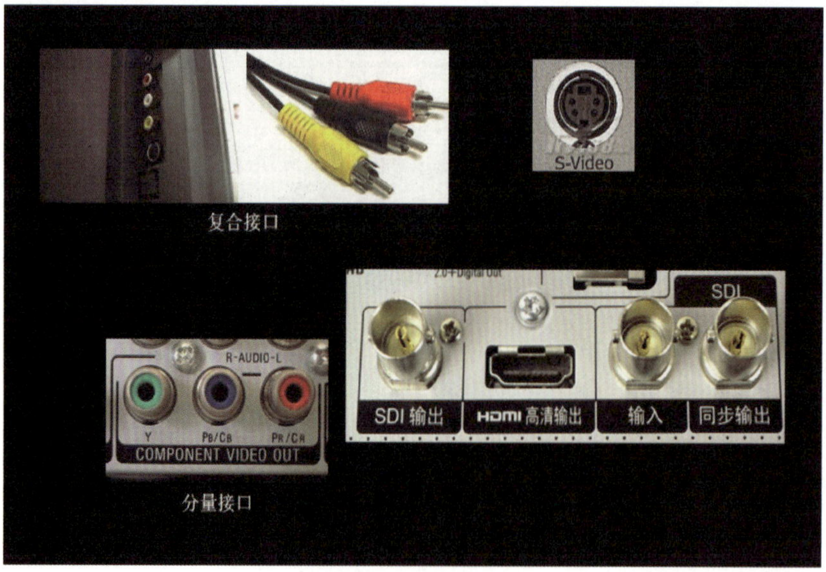

图 1-3　常见接口系统

2. 软件系统

非线性编辑系统的软件系统主要包括操作系统和应用软件。

非线性编辑系统针对不同的硬件平台，对应不同的软件操作系统，主要有 Windows、Mac OS、UNIX 等。

非线性编辑系统的应用软件主要是非线性编辑软件，是指运行在计算机硬件平台和操作系统之上的软件系统，这是非线性编辑系统的核心，是非线性编辑系统功能实现的具体体现，是来完成视音频素材编辑处理工作的。这类软件一般可分为专用型和通用型。其中专用型软件大都是由非线性编辑系统开发商根据他们所选用的非线性编辑卡的特点而专门开发的，充分考虑了软件与非线性编辑卡的匹配，由此组成的整个系统性能较稳定。除了专用型软件外，目前还有许多通用型非线性编辑软件，都是由第三方公司开发的，其特点是可以不依赖硬件运行，安装在任何电脑上都可以使用。这些软件种类繁多，功能十分强大。

1.2 数字视音频编辑基础

1.2.1 常用术语

1. 模拟信号与数字信号

模拟信号（Analog Signal）：模拟信号是一种时间上连续、数值上也连续的物理量，具有无穷多的数值，其数学表达式比较复杂，如正弦函数、指数函数等。从自然界感知的大部分物理量都是模拟性质的，如速度、压力、温度、声音、重量以及位置等都是最常见的物理量。视音频领域的电影胶片和 VHS 录像带所记录的也是模拟信号。但目前随着计算机的飞速发展，视音频信号的数字化处理逐渐成为主流。

数字信号(Digital Signal)：与模拟信号相反，数字信号在时间上和数值上均是离散的，而离散信号的值只有真或假，是与不是，因此可以使用二进制数中的 0 和 1 来表示。(见图 1-4)

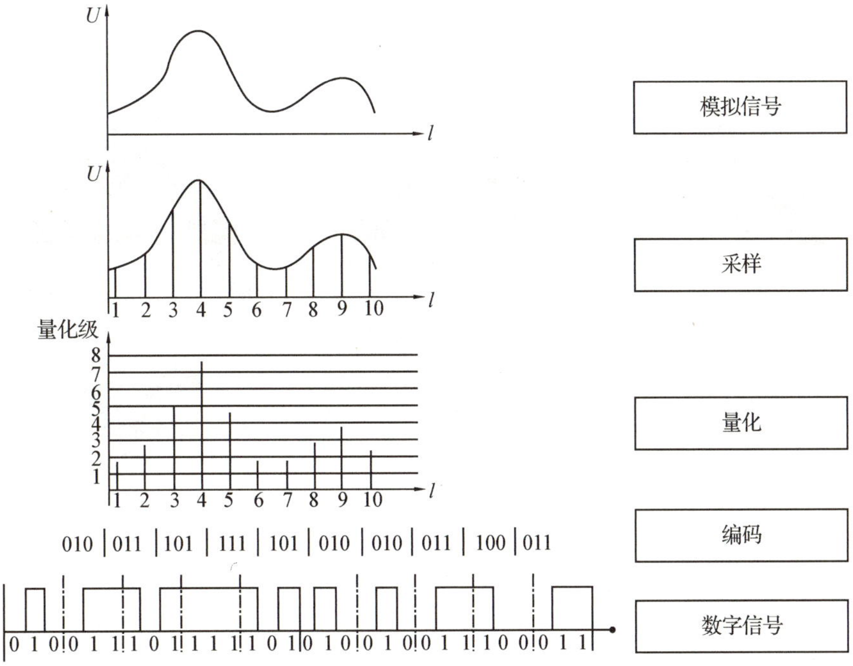

图 1-4　模拟信号转换为数字信号

在非线性编辑系统中，为了能够处理模拟视频、音频信号，会进行模拟/数字转换，即 A/D 转换。这个转换过程包括采样、量化、编码。

2. 电视制式

电视制式：电视系统的各个部分共同实行一种视音频信号处理的技术标准。世界上主要使用的电视广播制式有 PAL、NTSC、SECAM 三种，中国大部分地区使用 PAL 制式，日本、韩国及东南亚地区与美国等欧美国家使用 NTSC 制式，俄罗斯则使用 SECAM 制式。

3. 帧和帧速率

帧(Frame)：影像动画中最小单位的单幅影像画面。由于人眼的视觉暂留现象，当一系列连续图片映入眼帘的时候，会产生动态的画面。一帧相当于电影胶片上的每一格镜头。一帧就是一幅静止的画面，连续的帧就形成动画，如电视图像等。

帧速率(fps)：在 1 秒时间里传输的图片的帧数，通常用 fps(frames per second)表示。PAL 制的帧速率为 25 fps，NTSC 制为 29.97 fps，电影一般为 24 fps。

4. 隔行扫描和逐行扫描

在电视机和显示器上看到的每一帧图像是电子束在整个屏幕内扫描的结果。扫描的方式分为隔行扫描(interlaced)和逐行扫描(progressive)。

把每一帧图像通过两场(filed)扫描完成则是隔行扫描。在两场扫描中，第一场(奇数场)只扫描奇数行，依次扫描 1、3、5……行，而第二场(偶数场)只扫描偶数行，依次扫描 2、4、6……行。(见图 1-5)

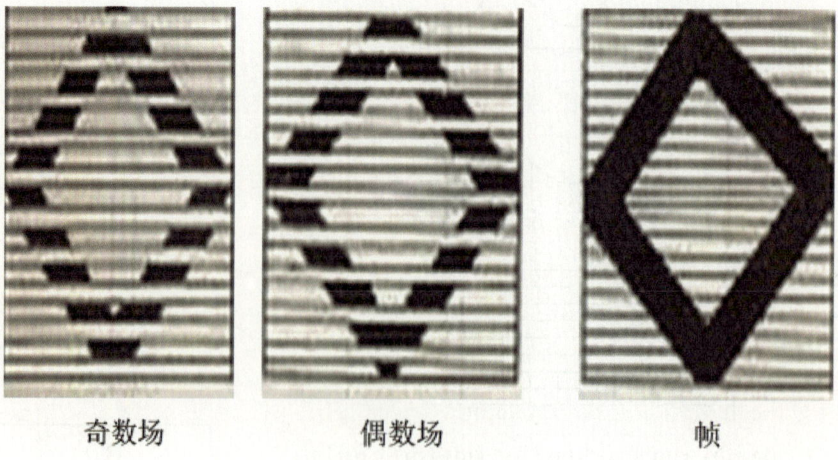

图 1-5　隔行扫描

每一帧图像由电子束顺序地一行接着一行连续扫描而成，这种扫描方式称为逐行扫描。

隔行扫描技术在传送信号带宽不够的情况下发挥了很大作用。逐行扫描和隔行扫描的显示效果主要区别在稳定性上，隔行扫描的行间闪烁比较明显，逐行扫描克服了隔行扫描的缺点，画面平滑自然无闪烁。在电视的标准显示模式中，i 表示隔行扫描，p 表示逐行扫描。

5. 像素和分辨率

像素(Pixel)：组成数字图像的最基本单位，一般为矩形或方形。每个像素包含相应的位置信息和颜色信息。(见图 1-6)

分辨率(Resolution)：组成屏幕图像的像素数，即图像在屏幕上的大小。一般图像分辨率表示为：水平像素数 * 垂直像素数。例如，1920 * 1080，表示图像分辨率水平为 1920 像素，垂直为 1080 像素。通常简称使用垂直分辨率来表示。例如，720p、1080i、1080p，分别表示 1920 * 720，逐行扫描；1920 * 1080，隔行扫描；1920 * 1080，逐行扫描。

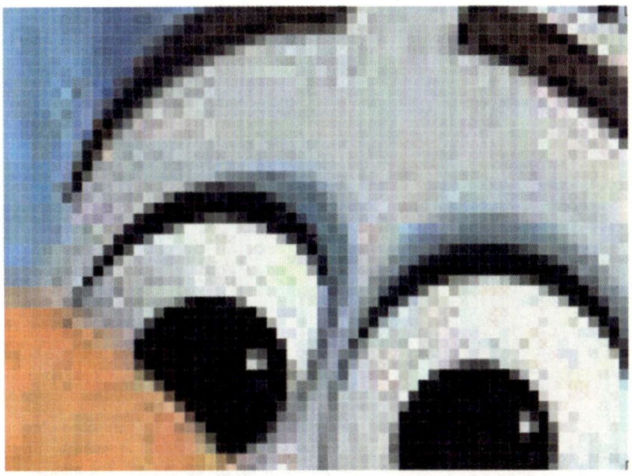

图 1-6　像素组成图像

由于屏幕上显示的图像是由像素组成的，显示器可显示的像素越多，画面就越精细，同样的屏幕区域内能显示的信息也就越多，所以分辨率是非常重要的性能指标之一。

6. 宽高比

宽高比可分为帧宽高比和像素宽高比。

帧宽高比：影片画面的宽高比，常见的电视格式为标准的 4∶3 和宽屏的 16∶9，而电影具有更宽的比例，如 1.37∶1、1.85∶1、2.39∶1 等。

像素宽高比：图像中每个像素的宽高比，各种不同格式的画面使用不同的像素宽高比。显示器的像素宽高比通常为方形，而电视图像的像素宽高比通常为矩形。如果设置有问题，会导致图像变形，所以正确选择和设置像素宽高比非常重要。

7. SMPTE 时间码

通常用时间码来识别和记录视频数据流中的每一帧，从一段视频的起始帧到终止帧，其间的每一帧都有一个唯一的时间码地址。根据动画和电视工程师协会 SMPTE(Society of Motion Picture and Television Engineers)使用的时间码标准，其格式是：小时∶分钟∶秒∶帧，或 hours∶minutes∶seconds∶frames。

8. 视频色彩模式

在现实世界中，自然界中可见光谱的颜色组成了最大的色域空间，该色域空间中包含了人眼所能见到的所有颜色。计算机描述颜色的方式就是色彩模式。每种色彩模式的色域空间不同。色域(Color Gamut)，是指某种设备所能表达的颜色数量所构成的范围区域，即各种屏幕显示设备、打印机或印刷设备所能表现的颜色范围。色彩模式有很多，与数字视频相关的常见色彩模式有 RGB 色彩模式、HSB 色彩模式、CMYK 色彩模式、YUV 色彩模式等。(见图 1-7、图 1-8、图 1-9)

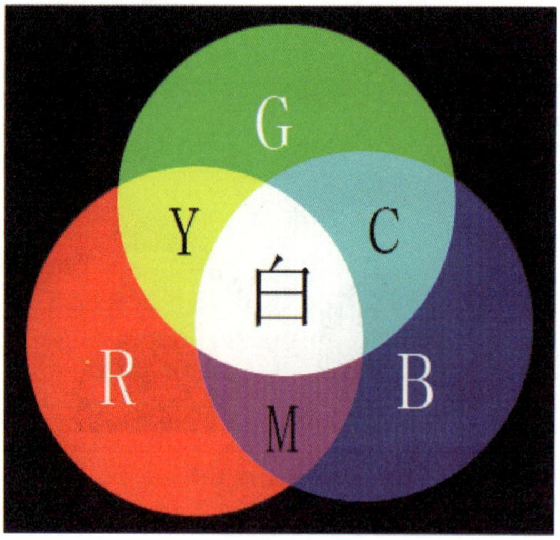

图 1-7　RGB 色彩模式

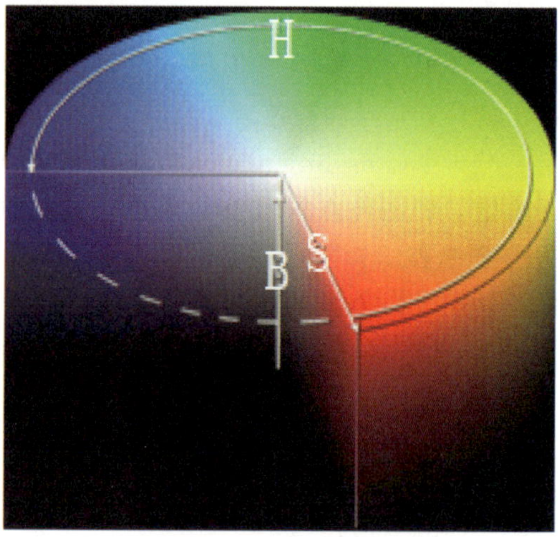

图 1-8　HSB 色彩模式

(1)RGB 色彩模式

RGB 代表红、绿、蓝三个通道的颜色，这个标准几乎包括了人类视力所能感知的所有颜色，是目前运用最广的颜色系统之一。

(2)HSB 色彩模式

H(Hues)表示色相，S(Saturation)表示饱和度，B(Brightness)表示亮度。色相在0～360°的标准色轮上，色相是按位置度量的。在通常的使用中，色相是由颜色名称标识的，如红色、绿色或橙色。黑色和白色无色相。

饱和度表示色彩的纯度。饱和度为 0 时是灰色。白色、黑色和其他灰色色彩都没有饱和度。在最大饱和度时，每一色相具有最纯的色光，取值范围为 0～100%。

亮度是色彩的明亮度。亮度为 0 时是黑

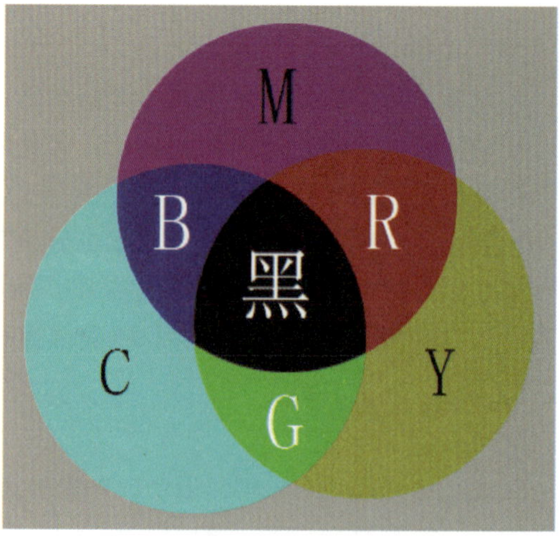

图 1-9　CMYK 色彩模式

色。最大亮度是色彩最鲜明的状态，取值范围为0～100%。

(3)CMYK 色彩模式

CMYK 也称作印刷色彩模式，是一种依靠反光的色彩模式。CMY 是三种印刷油墨名称的首字母：青色 Cyan、品红色 Magenta、黄色 Yellow。而 K 取自黑色(Black)的最后一个字母，之所以不取首字母，是为了避免与蓝色(Blue)混淆。

(4)YUV 色彩模式

YCrCb 即 YUV，主要用于优化彩色视频信号的传输，使其向后相容老式黑白电视。其中 Y 表示明亮度(Luminance 或 Luma)，也就是灰阶值；而 U 和 V 表示的则是色度(Chrominance 或 Chroma)，作用是描述影像色彩及饱和度，用于指定像素的颜色。

9. 色位深度(Color Depth)

计算机之所以能够表示图形，是采用了一种称作“位”(bit) 的记数单位来记录所表示图形的数据。当这些数据按照一定的编排方式被记录在计算机中时，就构成了一个数字图形的计算机文件。“位”是计算机存储器里的最小单元，它用来记录每一个像素颜色的值。图形的色彩越丰富，“位”的值就会越大。每一个像素在计算机中所使用的这种位数就是位深度。

在记录数字图形的颜色时，计算机实际上是用每个像素需要的位深度来表示的。黑、白两色的图形是数字图形中最简单的一种，它只有黑、白两种颜色，即它的每个像素只有 1 位颜色，位深度是 1，用 2 的 1 次幂来表示。4 位颜色的图，即位深度是 4，用 2 的 4 次幂表示，它有 2 的 4 次幂种颜色，即 16 种颜色或 16 种灰度等级 。8 位颜色的图，位深度是 8，用 2 的 8 次幂表示，它有 256 种颜色或 256 种灰度等级。24 位颜色可称之为真彩色，位深度是 24，它能组合成 2 的 24 次幂种颜色，即 16777216 种颜色或称千万种颜色，超过了人眼能够分辨的颜色数量。当我们用 24 位来记录颜色时，实际上是以 2^(8×3)，即红、绿、蓝(RGB) 三基色各以 2 的 8 次幂，256 种颜色而存在的，三色组合就形成一千六百万种颜色。

10. Alpha 通道

Alpha 通道：一个 8 位的灰度通道，该通道用 256 级灰度来记录图像中的透明度信息，定义透明、不透明和半透明区域，其中黑表示全透明，白表示不透明，灰表示半透明。

11. 标清、高清、2K、4K

标清 SD(Standard Definition)：物理分辨率在 720p 以下的一种视频格式，是指视频的垂直分辨率为 720 线逐行扫描。具体来说，是指分辨率在 400 线左右的 VCD、DVD、电视节目等“标清”视频格式，即标准清晰度。

高清 HD(High Definition)：物理分辨率达到 720p 以上的视频格式。国际上公认的有两条标准：视频垂直分辨率超过 720p 或 1080i；视频宽纵比为 16∶9。

2K 和 4K 是数字电影格式的分辨率。分辨率分别达到 2048 * 1365 和 4096 * 2730。(见图 1-10)

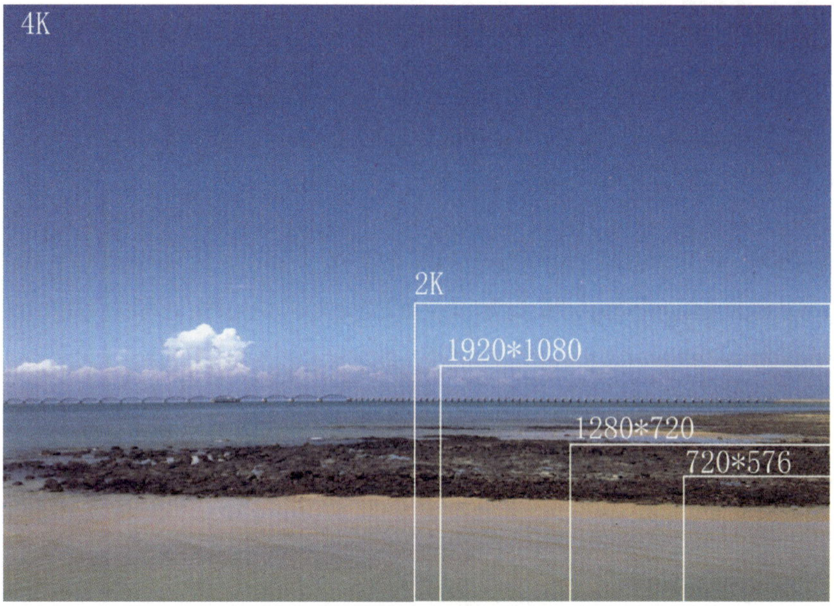

图 1-10　不同分辨率的图像显示

1.2.2 数字视频与音频编码格式

通常我们使用各种播放器来播放的视音频文件格式实际上是视频封装格式，其中包括了视频信息、音频信息、时间码、视音频编码方式(也叫作压缩算法)等信息，常见的视音频文件格式有 AVI、MOV、WMV、MP4、RM、RMVB、FLV 等。

小贴士

对于视音频文件，不能只从其文件扩展名来识别。实际上，这些扩展名都是封装类型的，真正的视频格式不是文件名而是文件内的视频编码方案和音频编码方案。能够播放哪些文件，实际取决于使用了哪个播放器，以及硬件解码芯片能否识别该文件内的编码方案。

视频编码(codec)即视频压缩解压缩。视频压缩技术是计算机处理视频的前提。视频信号数字化后，数据带宽很高，通常在 20 MB/秒以上，因此计算机很难对其进行保存和处理。采用压缩技术通常数据带宽降到 1～10 MB/秒，这样就可以将视频信号保存在计算机中并做相应的处理。视频编码方式就是指通过特定的压缩技术，将某个视频格式的文件转换成另一种视频格式的文件的方式。视频流传输中最为重要的编解码标准有国际电联的 H.261、H.263、H.264，运动静止图像专家组的 M-JPEG 和国际标准化组织运动图像专家组的 MPEG 系列标准，此外在互联网上被广泛应用的还有 RealNetworks 的 RealVideo、微软公司的 WMV 以及苹果公司的 QuickTime 等。

常见的视音频文件封装格式有以下几种。

✼ AVI 格式：英文全称为 Audio Video Interleaved，即音频视频交错格式。它于 1992 年由微软公司推出，可以将音频和视频交织在一起进行同步播放。这种视频格式的优点是图像质量好，可以跨多个平台使用；缺点是体积过于庞大，且压缩标准不统一，易造成不同播放器播放时产生问题等。

✼ DV-AVI 格式：DV 的英文全称是 Digital Video Format，是由索尼、松下、JVC(日本胜利公司)等多家厂商联合推出的一种家用数字视频格式。数码摄像机就是使用这种格式记录视频数据的。它可以通过电脑的 IEEE 1394 端口传输视频数据到电脑，也可以将电脑中编辑好的视频数据回录到数码摄像机中。这种视频格式的文件扩展名一般是 AVI，所以也称作 DV-AVI 格式。

✼ MPEG 格式：英文全称为 Moving Picture Experts Group，即运动图像专家组格式。家中常看的 VCD、SVCD、DVD 就是这种格式。MPEG 格式是运动图像压缩算法的国际标准，它采用有损压缩方法减少运动图像中的冗余信息，通俗来讲，就是依据相邻两幅画面绝大多数内容是相同的，把后续图像和前面图像有冗余的部分去除，从而达到压缩的目的(其最大压缩比可达到 200∶1)。MPEG 格式有三个压缩标准，分别是 MPEG-1、MPEG-2、和 MPEG-4。

MPEG-1：制定于 1992 年，是针对 1.5 Mbps 以下数据传输率的数字存储媒体运动图像及其伴音编码而设计的国际标准，即通常所见到的 VCD 制作格式。使用 MPEG－1 的压缩算法，可以把一部 120 分钟长的电影压缩到 1.2 GB 左右大小。这种视频格式的文件扩展名包括 MPG、MV、MPEG 及 VCD 光盘中的 DAT 文件等。

MPEG-2：制定于 1994 年，设计目标为高级工业标准的图像质量以及更高的传输率。这种格式主要应用在 DVD/SVCD 的制作(压缩)方面，同时在一些 HDTV(高清晰电视广播)和一些高要求视频编辑、处理上面也有相当的应用。使用 MPEG-2 的压缩算法，可以把一部 120 分钟长的电影压缩到 4～8 GB 大小。这种视频格式的文件扩展名包括 MPG、MPEG、M2V 及 DVD 光盘中的 VOB 文件等。

MPEG-4：制定于 1998 年，是为了播放流式媒体的高质量视频而专门设计的。它可利用很窄的带宽，通过帧重建技术，压缩和传输数据，以求使用最少的数据获得最佳的图像质量。另外，这种文件格式还包含了以前 MPEG 压缩标准所不具备的比特率的可伸缩性、交互性，甚至版权保护等一些特殊功能。这种视频格式的文件扩展名包括 ASF、MOV 和 DivX、AVI 等。

✼ DivX 格式：由 MPEG-4 衍生出的另一种视频编码(压缩)标准，即通常所说的 DVDrip 格式。它采用了 MPEG-4 的压缩算法，同时又综合了 MPEG-4 与 MP3 各方面的技术，通俗来讲，就是使用 DivX 压缩技术对 DVD 盘片的视频图像进行高质量压缩，同时用 MP3 或 AC3 对音频进行压缩，然后再将视频与音频合成并加上相应的外挂字幕文件而形成的视频格式。其画质直逼 DVD 而体积只有 DVD 的数分之一。这种编码对机器的要求也不高，所以 DivX 视频编码技术可以说是一种对 DVD 造成最大威胁的新生视频压缩格式，号称 DVD 杀手或 DVD 终结者。

✽ MOV格式：美国苹果公司开发的一种视频格式，默认的播放器是苹果的QuickTime Player。它具有较高的压缩比率和较完美的视频清晰度等特点，但是其最大的特点还是跨平台性，即不仅能支持Mac OS，同样也能支持Windows系列。

✽ ASF格式：英文全称为Advanced Streaming Format。它是微软公司为了和Real Player竞争而推出的一种视频格式，用户可以直接使用Windows自带的Windows Media Player对其进行播放。由于它使用了MPEG-4的压缩算法，所以压缩率和图像的质量都很不错(高压缩率有利于视频流的传输，但图像质量肯定会有损失，所以有时候ASF格式的画面质量不如VCD的质量是正常的)。

✽ WMV格式：它的英文全称为Windows Media Video，也是微软公司推出的一种采用独立编码方式，且可以直接在网上实时观看视频节目的文件压缩格式。WMV格式的主要优点包括本地或网络回放、可扩充的媒体类型、部件下载、可伸缩的媒体类型、流的优先级化、多语言支持、环境独立性、丰富的流间关系以及扩展性等。

✽ RM格式：Real Networks公司所制定的音频视频压缩规范称为Real Media。用户可以使用RealPlayer或RealONE Player对符合Real Media技术规范的网络音频/视频资源进行实况转播，Real Media可以根据不同的网络传输速率制定出不同的压缩比率，从而实现在低速率的网络上进行影像数据实时传送和播放。这种格式还有一个特点就是用户使用RealPlayer或RealONE Player播放器可以在不下载音频/视频内容的条件下实现在线播放。另外，RM作为主流网络视频格式，还可以通过其Real Server服务器将其他格式的视频转换成RM视频并由Real Server服务器负责对外发布和播放。RM和ASF格式各有千秋，通常RM格式的视频更柔和一些，而ASF格式的视频则相对清晰一些。

✽ RMVB格式：一种由RM视频格式升级延伸出的新视频格式。它的先进之处在于打破了原先RM格式那种平均压缩采样的方式，在保证平均压缩比的基础上合理利用比特率资源，即静止和动作场面少的画面场景采用较低的编码速率，这样可以留出更多的带宽空间，而这些带宽会在出现快速运动的画面场景时被利用。这样可以在保证静止画面质量的前提下，大幅提高运动图像的画面质量，从而使图像质量和文件大小之间达到微妙的平衡。另外，相对于DVDrip格式，RMVB格式的视频也有着较明显的优势。例如，一部大小为700 MB左右的DVD影片，如果将其转录成同样视听品质的RMVB格式，其大小最多也就是400 MB。不仅如此，这种视频格式还具有内置字幕和无须外挂插件支持等独特优点。要想播放这种视频格式，可以使用RealONE Player2.0或RealPlayer8.0加RealVideo9.0以上版本的解码器形式进行播放。

常见的音频文件格式有CD格式、WAVE(*.WAV)格式、AIFF格式、AU格式、MP3格式、MIDI格式、WMA格式、RealAudio格式、VQF格式、OggVorbis格式、AAC格式、APE格式。

✽ CD格式：它是音质比较高的音频格式。在大多数播放软件的“打开文件类型”中，都可以看到CDA格式，这就是CD音轨了。标准CD格式也就是44.1 K的采样频率，速率是88K/秒，16位量化位数。由于CD音轨可以说是近似无损的，它的声音基本是忠于原声的，因此对于音响发烧友来说，CD 是最佳的选择。

✽ WAV 格式：微软公司开发的一种声音文件格式。它符合 RIFF(Resource Interchange File Format)文件规范，用于保存 Windows 平台的音频信息资源，被 Windows 平台及其应用程序所支持。WAV 格式声音文件的质量和 CD 相差无几，也是目前 PC 机上广为流行的声音文件格式，几乎所有的音频编辑软件都“认识”WAV 格式。

✽ AIFF 格式：它是音频交换文件格式(Audio Interchange File Format)的英文缩写。是苹果公司开发的一种音频文件格式，被 Macintosh 平台及其应用程序所支持。它和 AU 格式，都与 WAV 格式非常相像，在大多数的音频编辑软件中也都支持这几种常见的音频格式。

✽ MP3 格式：所谓的 MP3，是指 MPEG 标准中的音频部分，即 MPEG 音频层。MPEG 音频文件的压缩是一种有损压缩，MPEG3 音频编码具有 10∶1～12∶1 的高压缩率，同时基本保持低音频部分不失真，但是牺牲了声音文件中 12～16 KHz 高音频这部分的质量来换取文件的尺寸，相同长度的音乐文件，用 MP3 格式来储存，一般只有 WAV 文件的 1/10，因而音质要次于 CD 格式或 WAV 格式的声音文件。由于其文件尺寸小、音质好，所以在其问世之初还没有其他音频格式可以与之匹敌，因而为 MP3 格式的发展提供了良好的条件。

1.2.3 常用非线性编辑平台

按照非线性编辑系统采用的计算机平台，可以划分为以下三类。

SGI 图形工作站，为专业图形图像处理、三维动画制作、科学应用可视化，以及 Web 开发等复杂应用而设计，其突出的硬件图形加速能力和运算能力，以及多重保护的高可靠性，使之成为影视特技制作业的首选。

MAC 机，目前国内主流的以实时无缝编辑为目的，简单特效及合成实时的基于 Apple 电脑平台的非线性编辑系统。

以 PC 为平台，集成 Matrox、pinnacle、Canopus 等厂商的视频采集卡，进行实时编辑和特效合成的非线性编辑系统。目前按照非线性编辑系统采用的计算机硬件平台划分常见的有 MAC 机和 PC 机。常用的非线性编辑软件有 Premiere、Edius、Final Cut Pro 等。

思考与练习

1. 请说明我国的电视制式、帧速率、标清画面分辨率、画面比例、像素宽高比等。
2. 数字电视高清信号分辨率标准有哪些，其中后缀 p 和 i 分别代表什么？
3. 简述非线性编辑系统的系统构成。
4. 查阅资料，更多地了解视音频编码与格式。

第 2 单元

Premiere 介绍

学习目标

- □ 了解 Premiere 的发展。
- □ 认识 Premiere Pro CS6 的界面结构，并能够自定义界面布局。

Adobe Premiere 是美国 Adobe 公司出品的通用非线性编辑软件，经过了多年的发展设计，具有友好的用户操作界面和强大的视音频数字后期编辑制作功能。

2.1 Premiere 简介

Adobe Premiere 视音频非线性编辑软件，广泛用于电影、电视、广告等制作领域。

2.1.1 Premiere 发展

Adobe Premiere 经历多年的发展，现在常用的版本有 CS4、CS5、CS6、CC、CC2014 等。Premiere 具有友好的工作界面及工作方式，易学、易用、可以让使用者充分自由发挥自己的创作能力，进行高效、精确的视音频采集、剪辑、调色、处理音频、设计字幕、自定义输出方式等一整套流程，并方便和其他软件互动链接，满足使用者创建高质量作品的需求。本书中主要以 Adobe Premiere Pro CS6 为平台介绍数字非线性编辑的工作流程。（见图 2-1）

图 2-1　Adobe Premiere Pro CS6 启动界面

2.1.2 Premiere 工作流程

Premiere 的基本工作流程可以简单划分为三个步骤：素材采集、编辑创作、成品输出。

素材采集：各种来源的素材经过采集导入到非线性编辑系统的数字化过程。

编辑创作：将数字化的素材按照要求设置入点与出点，以选择最合适的部分，然后按照顺序组接的过程，同时可以根据需要加入转场、添加特效、进行合成叠加、添加字幕等工作，完成作品。

成品输出：将组接完成的作品按照需求进行渲染输出，以适合不同媒介的播出需要。

2.2 Premiere 界面认识

Adobe Premiere Pro CS6 的编辑是在工作区完成的。而工作区是由许多面板组成的。这些面板可以自由组合，用户可以根据自己的喜好自行组织工作区，方便使用。所有的面板的开关命令在 Window(窗口)菜单中。

2.2.1 基本界面

在 Premiere Pro CS6 界面中，最主要的面板包括 Project(项目)面板、Monitor(监视器)面板、Timeline(时间线)面板、Tools(工具)面板、Audio Meters(音频主电平表)面板等。(见图 2-2)

图 2-2 工作界面组成

Project(项目)面板：用于进行访问和组织管理素材的工作，可以导入素材、管理素材、预览素材等。在项目面板中还可以建立一些编辑所需的常用素材，如彩条素材、黑场素材、倒计时素材等。在项目面板中合理组织管理素材，对于编辑工作的快速顺利进行非常重要。(见图 2-3)

图 2-3　项目面板

Monitor(监视器)面板：分为 Source Monitor(素材监视器)和 Program Monitor(节目监视器)。素材监视器面板用于浏览素材(在项目面板中双击素材，即可在素材监视器中浏览该素材)，节目监视器面板用于浏览编辑好的节目(对应于时间线面板中当前序列的视频)，但两个窗口也可以进行节目的编辑操作。选择对应的窗口，可以通过下面的播放控制键播放、快进、倒退等，其中空格键是播放的快捷键。(见图 2-4)

图 2-4　监视器面板

Timeline(时间线)面板：由 Sequence(序列)组成，是编辑素材的基本工作空间，主要由视频轨道、音频轨道组成。(见图 2-5)

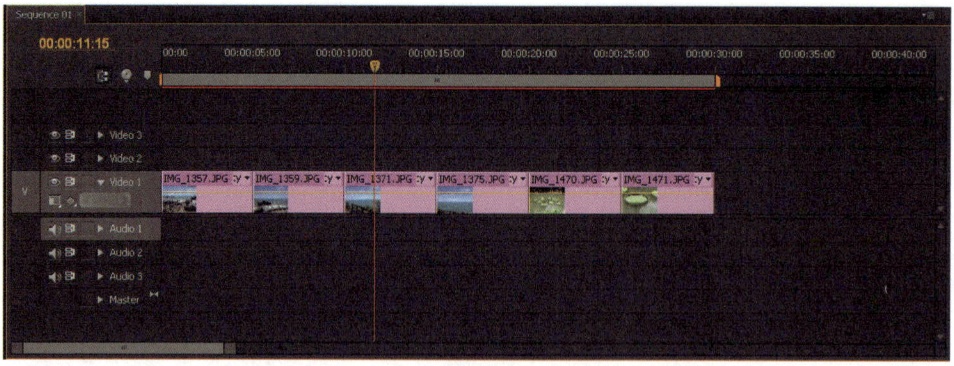

图 2-5　时间线面板

Tools(工具)面板：包括在时间线上编辑时所需的工具，选择后鼠标会变成相应工具的形状。(见图 2-6)

图 2-6　工具面板

Audio Meters(音频主电平表)面板：显示时间线中的音频电平。(见图 2-7)

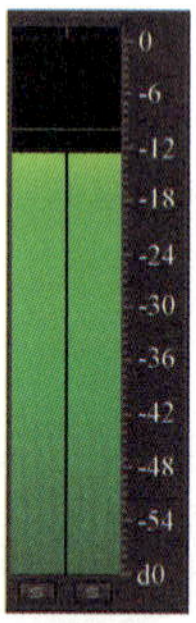

图 2-7　音频主电平表面板

2.2.2 自定义工作界面

Premiere Pro CS6 可以根据用户需要轻松自定义面板的组合及布局，即自定义工作界面，包括面板的大小、面板的移动、面板的解锁、界面的亮暗调节、存储自定义工作区。

面板的大小：将鼠标放在两个面板之间即可自由调节面板的大小。其中使用～键可将鼠标所在位置的面板全屏显示。

面板的移动：使用鼠标左键拖动面板的标题可以移动其位置。

面板的解锁：使用 Ctrl+鼠标左键拖动面板的标题可以将面板解锁独立。

界面的亮暗调节：使用菜单 Edit \ Preferences \ Appearance \ brightness(编辑 \ 参数 \ 用户界面颜色 \ 明亮)可以自定义界面的亮度。

存储自定义工作区：可以将自定义的界面布局存储起来随时恢复，使用菜单 Window \ Workspace \ NewWorkspace…(见图 2-8)

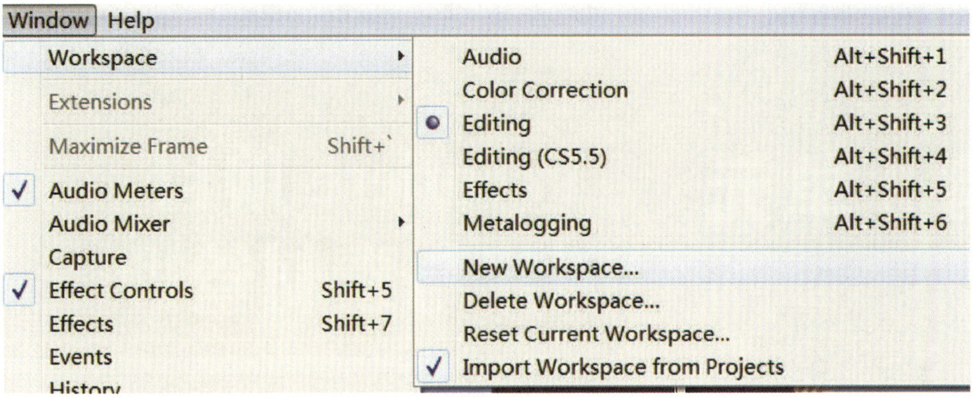

图 2-8 存储自定义工作区命令

2.2.3 复位工作区

Premiere Pro CS6 提供了多种工作布局，可以自行选择。如果想把工作区恢复到系统默认的某种界面或存储的自定义界面，选择菜单 Window \ Workspace \ NewWorkspace…(窗口 \ 工作区 \ 新建工作区……中的某种界面布局，再选择菜单 Window \ Workspace \ Reset Current Workspace…(窗口 \ 工作区 \ 新建工作区……)即可恢复到指定的系统界面布局。

2.3 新版更新

新版 Premiere 工具箱面板中增加了文字创建工具 T，也可以用来创建字幕。

思考与练习

1. 请描述 Premiere 的发展历史。
2. 请说出 Premiere Pro CS6 的工作界面组成。
3. 如何存储自定义工作界面？
4. 如何恢复指定工作界面？

第 3 单元 Premiere 项目创建与素材管理

学习目标

- □ 学会创建新项目时的各项参数选择与设置。
- □ 掌握各类素材的导入及合理组织管理。

进行编辑工作前，创建项目文件、采集素材、导入素材及合理管理素材是保证顺利进行后续工作的基础。

3.1　项目创建

在 Premiere 中创建项目文件是开始视音频非线性编辑工作的第一步。项目文件中包含序列的相关设置、素材的基本信息、编辑处理的信息等，是在成品输出前不断修改的编辑过程的存储。

3.1.1　序列预设

打开 Premiere Pro CS6 后，出现欢迎界面，可以选择单击 New Project(新建项目)、Open Project(打开项目)、Help(帮助)、Recent Projects(最近使用的项目)。(见图 3-1)

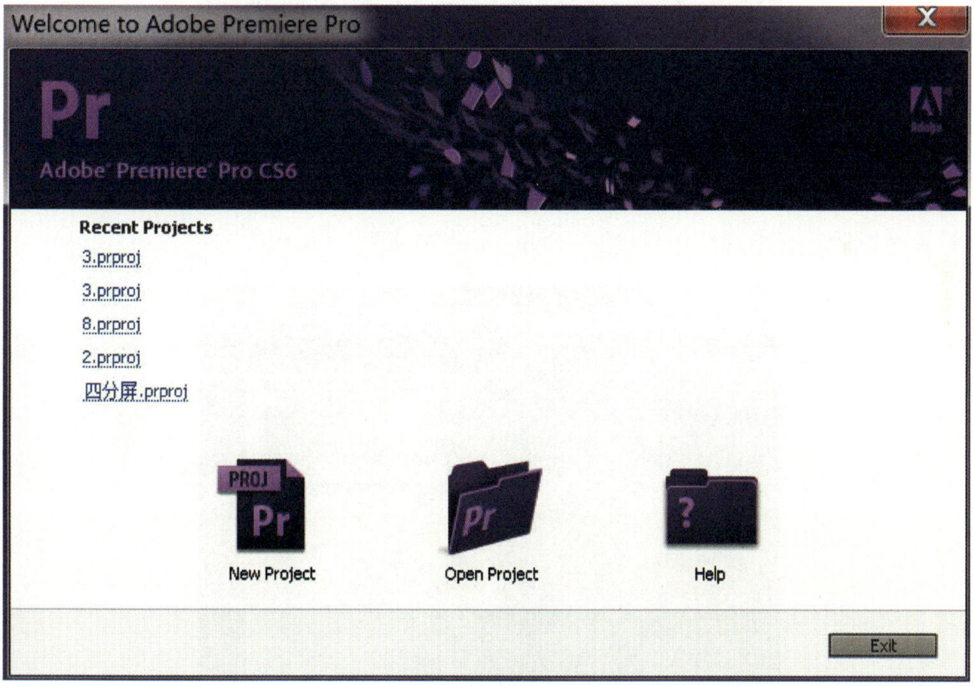

图 3-1　欢迎界面

选择 New Project(新建项目)后进入相应界面。(见图 3-2)

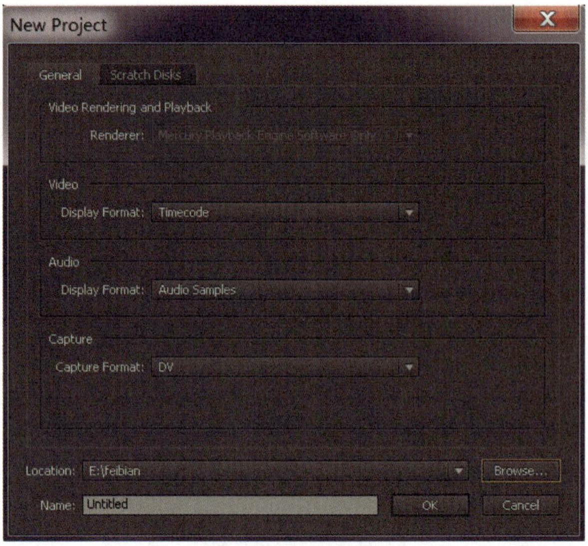

图 3-2 新建项目

定义新建项目文件的位置和文件名：

Location(位置)：设置新建项目文件的所在路径。

Name(文件名)：设置新建项目文件的文件名。

设置完毕后，会出现新序列(New Sequence)的设置。(见图 3-3)

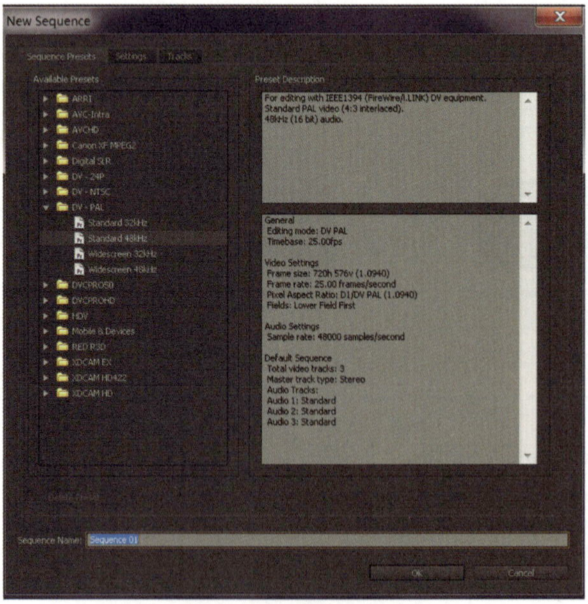

图 3-3 新建序列

根据需要选择所需的 Sequence Presets(序列预设)，也可以选择 Settings(自定义设置)，还可以设置序列中时间线的 Tracks(轨道类型及数目)等。

Sequence Presets(序列预设)是现在常用的外部设备相关的编辑模式，包含了各种业界视频标准，一般可以满足使用者的需求，如常用的 DV 编辑模式、单反编辑模式 Digital SLR 等。在预设设置中选择相应的预设编辑模式，在右边会显示当前这种编辑模式的具体参数，最下面可以设置序列名称，默认为 Sequence 01(序列 01)。

以 DV-PAL，Standard 48 KHz 为例，右侧参数描述含义为：

General(常规)

Editing Mode(编辑模式)：当前采用的编辑模式名称为 DV-PAL

Timebase(时基)：帧速率，每秒播放的帧速率为 25 帧/秒

Video Settings(视频设置)

Frame size(帧尺寸)：每帧画面分辨率大小为 720 * 576

Frame rate(帧速率)：25 帧/秒

Pixel Aspect Ratio(像素宽高比)：1.094

Fields(场)：下场优先

Audio Settings(音频设置)

Sample Rate(采样率)：48 KHz

Default Sequence(默认序列)：默认序列所含轨道种类及数目

3.1.2 自定义参数设置

当序列预设设置中没有满足需要的设置时，可以选择新建序列的 Settings(自定义设置)标签，来自定义所需序列的各项参数，可以自行设置各项参数。可以设置的参数主要有：Frame Size(帧大小)、Pixel Aspect Ratio(像素宽高比)、Fields(场)、Display Format(显示格式)、Sample Rate(音频采样率)等。(见图 3-4)

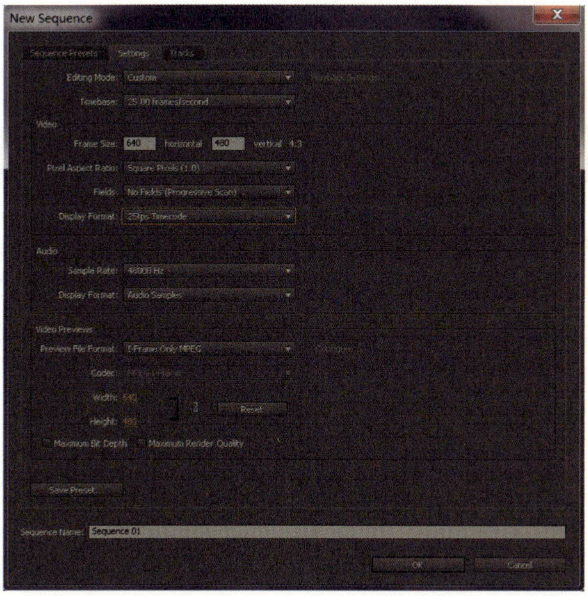

图 3-4　自定义序列设置

3.1.3 轨道设置

新建序列面板中的第三个标签 Tracks(轨道)可以进行视音频轨道类型及数目的设置。其中 Master(主音轨)类型包括 Stereo(立体声)、5.1、Multichannel(多通道)、Mono(单声道)；还可以进行视频轨道数量的设置、音频轨道数量和类型的设置。(见图 3-5)

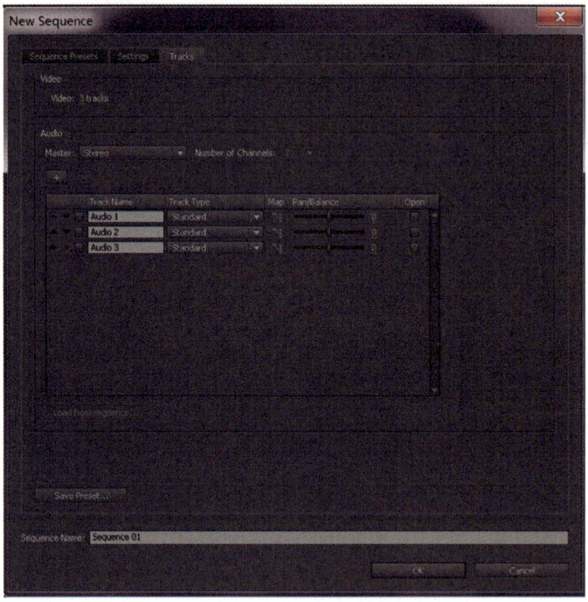

图 3-5　轨道设置

小贴士

可以将常用的项目自定义设置使用 Save Preset 存储为预设模式，方便以后创建同样编辑模式时直接使用。

3.2 采集素材

在编辑节目时所要使用的素材，除了软件生成的，还有一大部分是摄像机拍摄得来的。这其中一部分数字信号可以直接导入编辑，另一部分需要通过采集将素材加载入计算机才可以使用，这就叫作采集。Premiere 采集素材可以使用命令 File \ Capture(文件 \ 采集)或 F5 快捷键打开采集面板采集素材。(见图 3-6)

图 3-6　采集素材窗口

采集窗口中的左侧为素材预览区，左下为播放控制区，右侧为设置区域。

一般采集常见的有两种方法：手动采集、批采集。

3.2.1　手动采集

对于不支持设备控制的外部输入设备只能采用手动采集的方法。一般步骤：

①连接外部输入设备，打开使之处于放像状态。

②按 F5 键调出采集面板，在面板中能够显示外接输入设备中视音频素材，表示连接正确。

③在面板右侧的 Setting(设置)栏中选择设置所采集的视音频素材的存储路径。

④在播放控制栏播放预览素材，选择要采集素材的入点，点击录制键，开始采集，需要停止采集时按 ESC 键停止采集。

⑤在弹出的对话框中定义采集的文件名等相关信息，点击 OK 按钮，采集结束。素材同时已经被导入项目窗口中。

3.2.2　批采集

如果外部输入设备可以被采集面板的设备控制面板控制时，可以进行大批量自动采集。

①前三步同手动采集。

②在 Setting(设置)标签下单击 Option(选项)，选择输入设备的型号。

③使用设备控制面板预览素材，搜索采集素材的入出点，分别用入点设置按钮 { 、出点设置按钮 } 定义采集素材片段的起点和结束点。单击 Log Clip 按钮，在弹出面板中记录信息。

④重复上一步，继续记录所需采集片段信息。

⑤记录完后，打开菜单 File \ Batch Capture（文件 \ 批采集）或按快捷键 F6，调出批采集面板，进行批量采集。

3.3 导入素材

要将不同来源的素材混合进行编辑，首先需要将所需的素材导入项目文件中。在 Premiere 中，导入素材的方法有很多，常用的有命令 File \ Import…（文件 \ 导入……）或按快捷键 Ctrl+I，或在 Project（项目）面板空白处双击左键。Premiere 可以导入多种数字格式素材，包括视频、音频、图片等，还可以导入矢量格式的图形文件和 PSD 格式的分层文件等。

3.3.1 导入视音频文件

Premiere Pro 可导入多种格式的视音频，如常见的视频格式 AVI、DV、MOV、MPEG、FLV 等，常见的音频格式 WAV 、Mp3、WMA 等。对于不能导入的视音频文件，可以通过格式转换软件转换格式后导入。

3.3.2 导入静态图片

Premiere Pro 可导入的图片格式常见的有 JPEG、TIFF、TGA、PSD、PNG 等。对于图片文件，导入到项目文件中，其默认时长可以通过命令 Edit \ Preferences（编辑 \ 参数）中的 General（常规）选项中的 Still Image Default Duration（静帧默认时长）来修改。（见图 3-7）

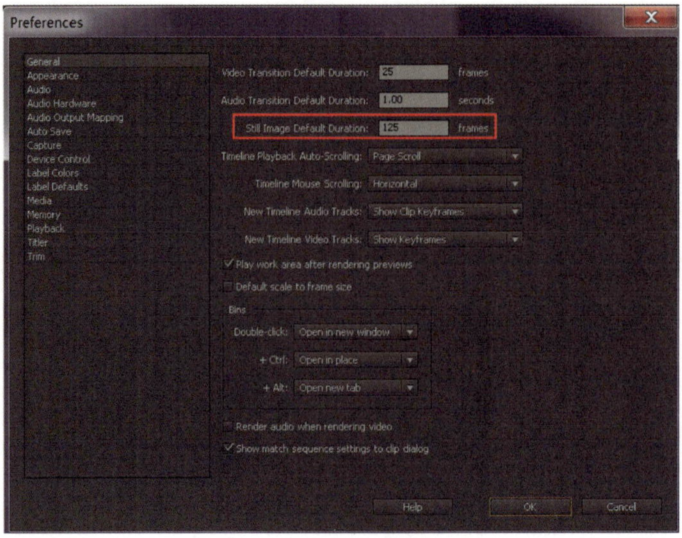

图 3-7 静帧默认时长修改

在导入 PSD 分层格式的文件时，可以选择合并图层导入或分层导入方式。（见图 3-8）

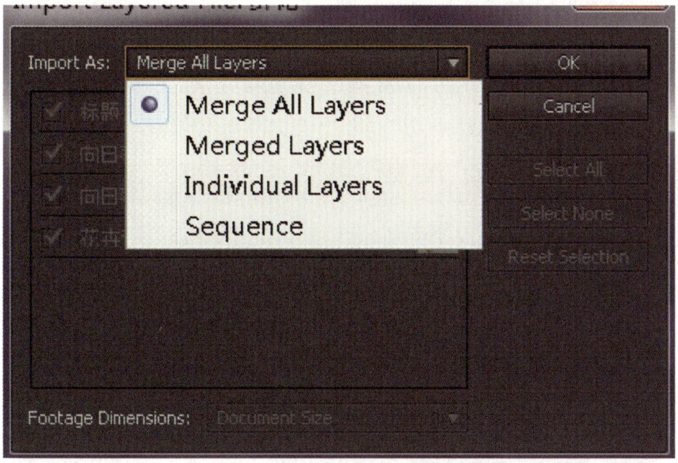

图 3-8　PSD 分层文件导入选项

Merge All Layers（合并所有图层）：合并所有图层导入。

Merged Layers（合并图层）：合并所选择的图层导入。

Individual Layers（单个图层）：选择的图层分别单独导入。

Sequence（序列）：新建序列，其中选择的图层分别放置在该序列的不同视频轨道上。

3.3.3　导入序列文件

Premiere Pro 可以导入序列格式的文件。选择序列文件中的第一个文件，勾选 Image Sequence 选项导入，文件将以序列方式导入，每张图片持续时长为 1 帧。（见图 3-9）

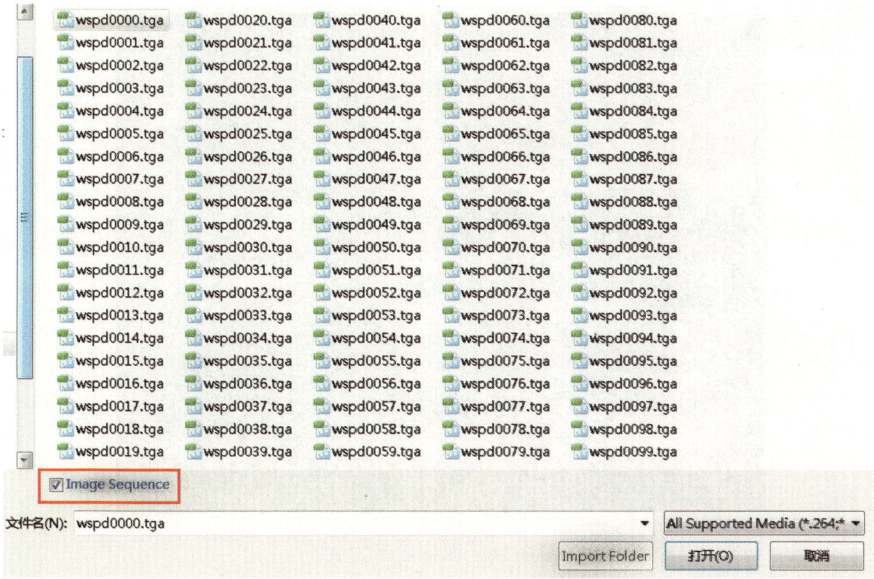

图 3-9　导入序列文件

3.4 管理素材

合理地管理素材有利于提高后期的编辑工作效率。在 Premiere Pro CS6 中可以合理快速地进行浏览、组织管理素材。

3.4.1 素材的浏览

素材采集和导入之后，载入项目(Project)面板中，素材在项目面板中有两种显示方式，即列表显示方式和图标显示方式。(见图 3-10、图 3-11)

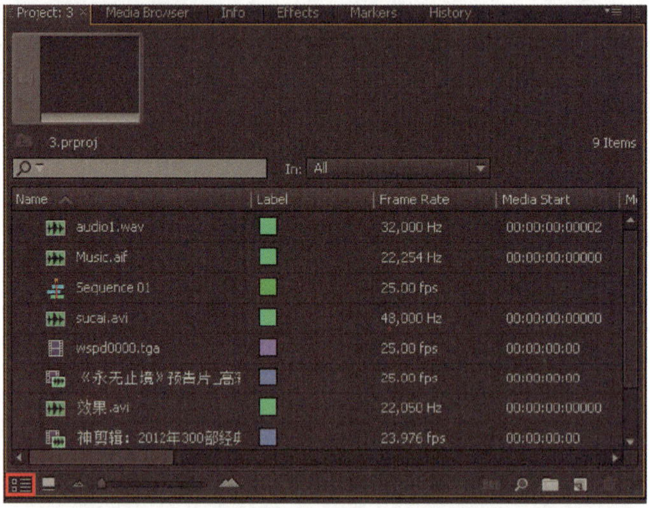

图 3-10　列表显示方式

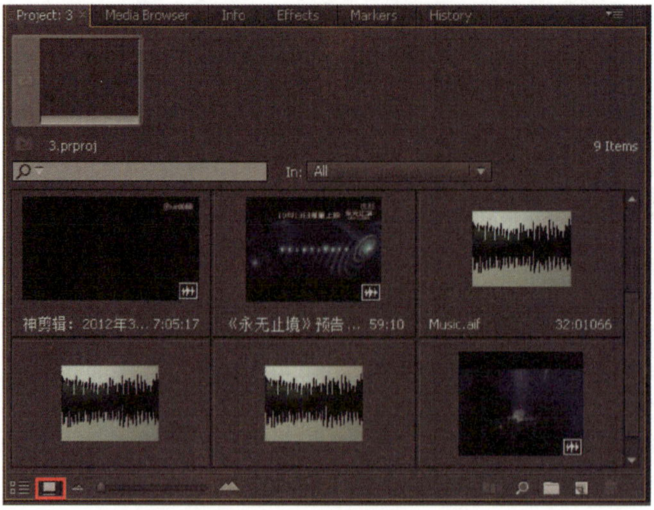

图 3-11　图标显示方式

3.4.2　媒体浏览器面板浏览和导入素材

也可以使用媒体浏览器(Media Browser)来浏览素材和导入素材。选择素材，右击鼠标，选择导入(Import)，可以将素材导入工程面板。(见图 3-12)

图 3-12　媒体浏览器

3.4.3　素材的组织管理

在项目面板中可以对素材进行有效组织管理，以方便查找，提高工作效率。

创建素材夹(New Bin)：创建素材夹可以分类组织素材，以方便在众多素材中快速找到所需的素材。(见图 3-13)

图 3-13　创建素材夹

在项目面板中可以通过拖拽的方式将素材移动到指定的素材夹中。

移除素材：在项目面板中选择不需要的素材，按右键选择菜单命令 Clear。

查找素材：素材众多的情况下，可以通过指定素材的某些特征来快速找到素材。点击项目面板的搜索按钮，出现 Find(搜索)面板，匹配相应特征来查找指定素材。(见图 3-14、图 3-15)

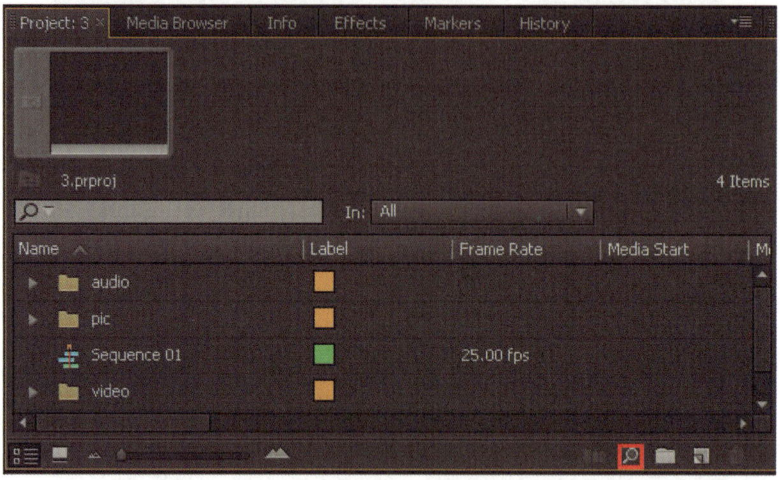

图 3-14 查找素材

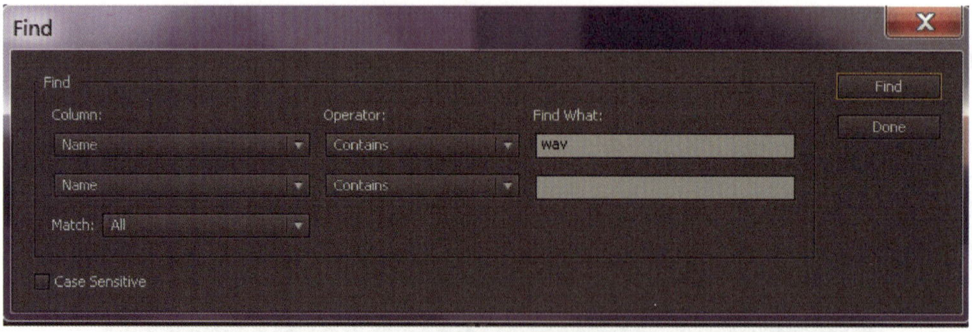

图 3-15 匹配相应特征查找素材

3.4.4 新建常用元素

在 Premiere Pro 中可以产生彩条、黑场、倒计时、离线文件等一些标准素材。选择项目面板底部的 New Item(新建)按钮。(见图 3-16)

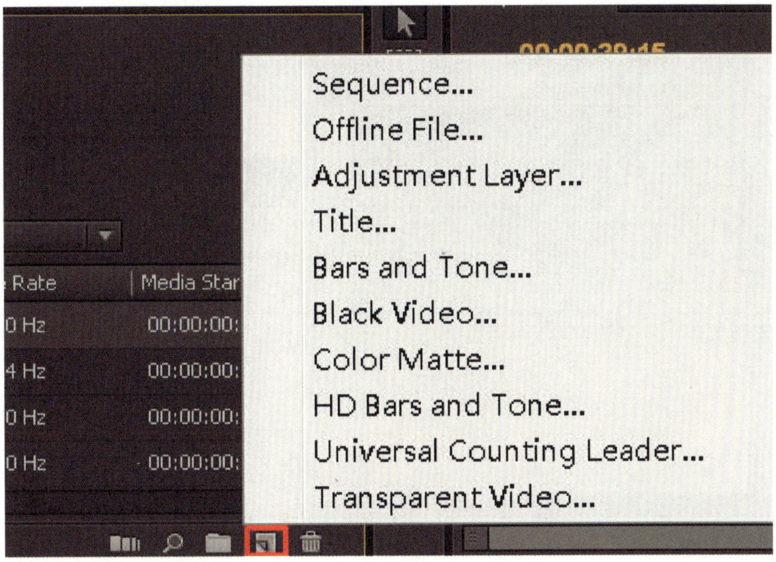

图 3-16　新建常用元素

Bars and Tone：彩条与音调素材。在制作节目时，常常需要在节目前添加一定时长的标准彩条和测试音，用来校准视频监视器和音频设备。（见图 3-17）

图 3-17　彩条与音调素材

Black Video：黑场素材。可以生成黑色图片素材。

Color Matte：彩色蒙版素材。可以根据需要生成所选颜色的图片素材。（见图 3-18）

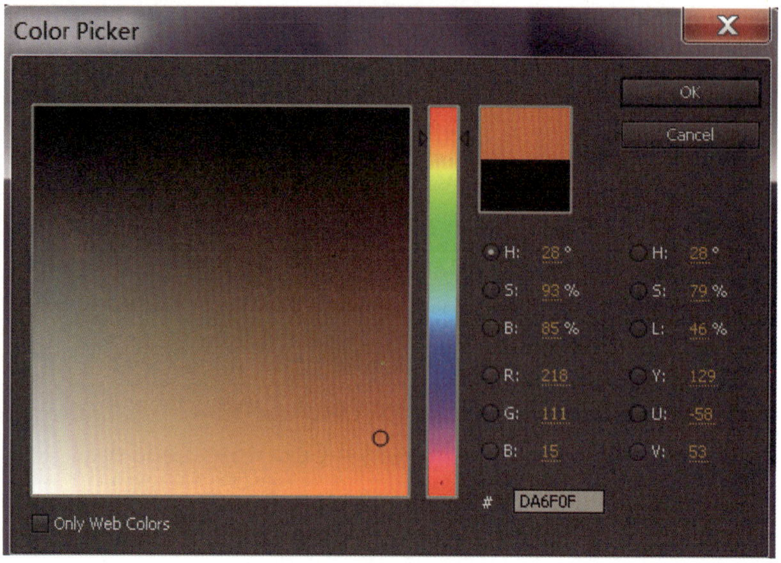

图 3-18 彩色蒙版素材

Universal Counting Leader：倒计时素材。系统可以生成通用倒计时片段，其中各部分颜色可以自定义。（见图 3-19）

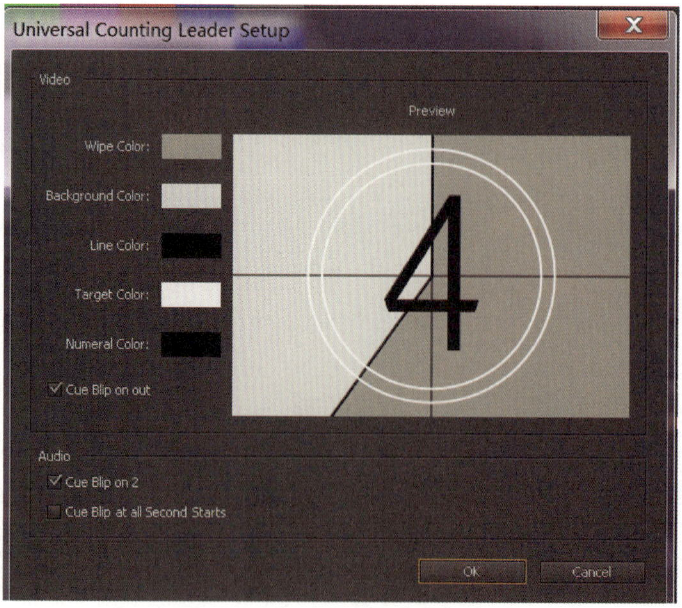

图 3-19 倒计时素材

Transparent Video：透明视频素材。创建一个与项目文件大小相同的带 Alpha 通道的透明图像文件。

Offline File：离线文件。新建离线文件，在时间线编辑操作完成后，可以重新定位或者用其他素材替换该离线文件。（见图 3-20）

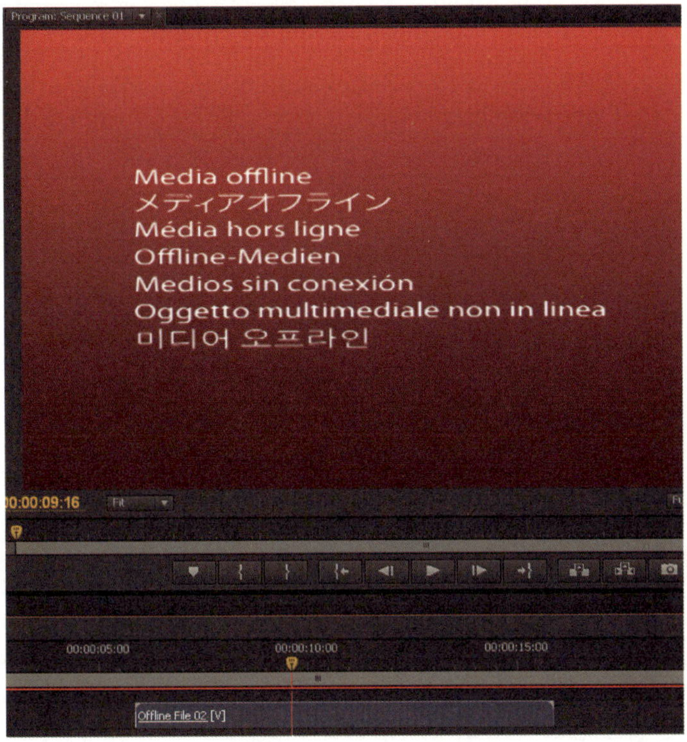

图 3-20　离线文件

注意：非线性编辑软件中的离线文件一般有两种，第一种是文件丢失，第二种则是所使用的原素材存储路径改变。重新定位都可以找回离线素材。

小贴士

Premiere Pro CS6 中新建项目文件的扩展名为 prproj。项目文件中保存了所需素材的存储路径。项目文件一旦存储，如果出现了素材的位置移动，再次打开项目文件时会出现提示素材文件为离线状态，就需要重新定位该素材，才能正常显示。

3.5　项目保存

3.5.1　项目保存

在编辑制作过程中，随时保存项目文件是个良好的习惯。可以使用菜单 File \ Save、Save As、Save a Copy(文件 \ 保存、另存为、保存副本)完成保存工作。(见图 3-21)保存为 * . prproj 格式的文件。

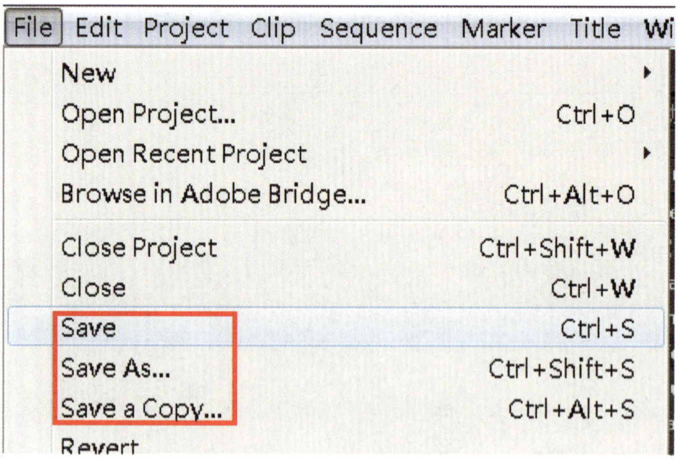

图 3-21　项目保存

3.5.2 项目自动保存

Premiere Pro CS6 中也可以设置自动保存功能。选择菜单 Edit \ Preferences \ Auto Save(编辑 \ 参数 \ 自动保存)让系统间隔固定时长自动保存项目文件。(见图 3-22)自动保存的项目文件存储在项目所在文件夹中自动生成的文件夹 Adobe Premiere Pro Auto-Save 中。

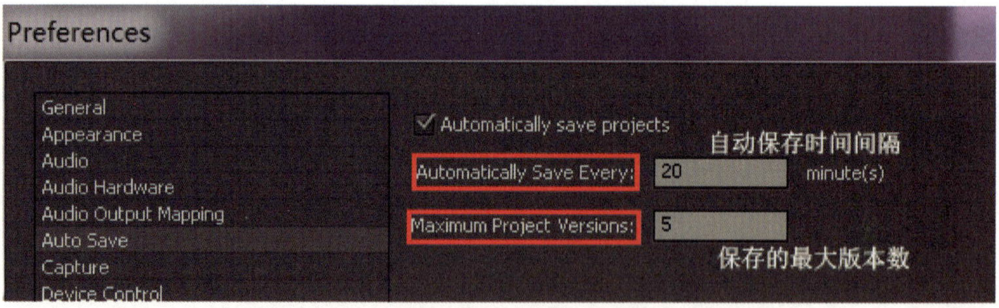

图 3-22　项目自动保存参数设置

思考与练习

1. 怎样创建合适的项目文件?
2. 素材导入项目的方法有哪些?
3. 如何导入分层的 PSD 文件?
4. 如何导入序列格式文件?

第 4 单元 Premiere 基本编辑技术

学习目标

- □ 了解运用 Premiere Pro CS6 进行编辑的流程和界面窗口的各项功能。
- □ 掌握完成影视作品的素材整理及基本编辑操作。
- □ 学会 Premiere Pro CS6 基本剪辑技术及常用的快捷操作。

将各类素材合理串编组接起来，以表达创作者的创意构思。在 Premiere Pro CS6 中，可以通过多种方式进行基本的剪辑操作。

4.1 在监视器窗口编辑素材

使用 Monitor(监视器)面板可以对素材片段或影片序列进行直观预览或某些编辑操作。

监视器调板包含两个主要组成部分：左侧为 Source Monitor(源监视器)，用于显示源素材片段，双击项目调板或时间线调板中的素材片段或使用鼠标将其拖放到源监视器，可以在源监视器中显示该素材。右侧为 Program Monitor(节目监视器)，用于显示当前序列。每个监视器底部的控制面板用于控制播放预览和进行一些编辑操作。(见图 4-1)

图 4-1 监视器调板

4.1.1 设置入点和出点

在实际剪辑操作中，在源监视器窗口和节目监视器窗口中，可以通过对导入素材设置入点和出点来实现对源素材或节目的取舍和裁剪。具体步骤如下：

①选择源监视器窗口或节目监视器窗口为当前窗口。

②使用播放按钮、退后一帧、向前一帧或直接拖动鼠标将时间线标尺定位到需要的开始帧所在的位置，然后单击入点按钮，这样就确定了素材或节目的入点；然后将画面定位到需要的结束帧，单击出点按钮，确定素材或节目的出点。这样就在源监视器窗口或节目监视器窗口中出现设置的范围。

小贴士

编辑中可以使用快捷键以提高工作效率。当把鼠标放置在 Premiere 中的工具按钮上时，会出现该工具按钮的名称及快捷键。

4.1.2 插入和覆盖编辑

插入编辑是将素材插入序列中指定轨道的某一位置，该序列从此位置被分开，后面的素材被平移到素材的出点之后，此方式类似于电影胶片的剪接；覆盖编辑则是将素材覆盖到序列中指定轨道的某一位置，替换掉原有的部分素材片段，此方式类似于录像带的重复复制。

源监视器窗口中的素材设置好入点和出点之后，将鼠标指针移动到源监视器窗口中的屏幕显示范围内，单击并按住鼠标左键，当指针变为手形状图标时，将剪辑后的片段拖放到时间线窗口中的轨道上即可覆盖素材片段。按住 Ctrl 键拖动则为插入编辑操作。

也可以使用源监视器窗口中的 Insert(插入)按钮或 Overwrite(覆盖)按钮将它放入时间线序列中。在源监视器中创建插入或覆盖编辑，具体步骤如下：

①选择要在源监视器中编辑素材，设置入点或出点。

②在时间线中选择目标轨道。

③将当前的时间指针移动到需要创建插入或覆盖的素材时间点上。

④要创建插入编辑，可单击源监视器面板中的插入按钮，或覆盖按钮，或选择菜单 Clip \ Insert 或 Overwrite(素材 \ 插入或覆盖)命令。

⑤要删除编辑好的素材，则在节目监视器窗口中使用入出点按钮设置入出点，选择目标轨道，使用提取按钮或抽出按钮实现删除操作。

小贴士

插入编辑会影响到其他未锁定轨道上的素材，实际操作时应尽量锁定其他轨道。

4.2　在时间线中编辑素材

可以将素材直接拖拽到序列的时间线轨道上，利用工具箱中的工具在时间线窗口中进行剪辑操作。时间线上的轨道分为 Video(视频)和 Audio(音频)两种类型，可以根据需要添加、删除、显示、隐藏、锁定、解锁、同步、重命名等。(见图 4-2)

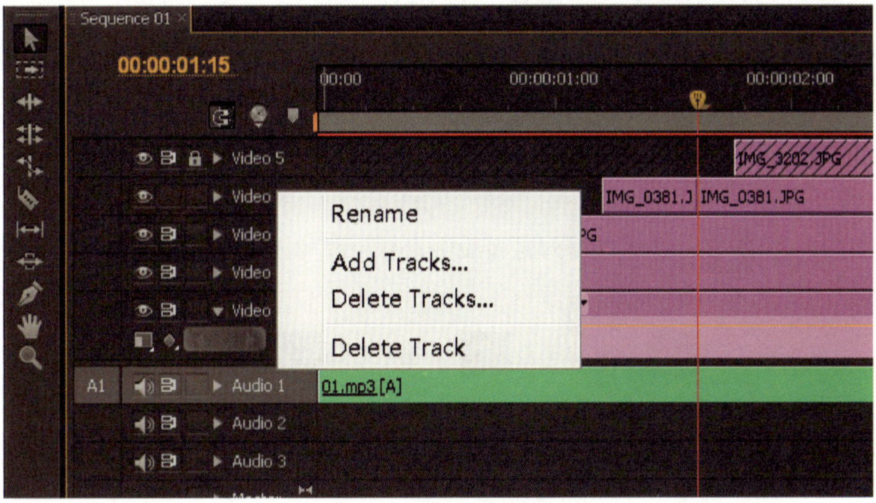

图 4-2　轨道操作命令

左边一列为工具箱。

轨道显示/隐藏开关。

轨道的同步开关，在波纹删除、插入、覆盖等功能使用中体现。例如，对一条时间轨道进行波纹删除时，其他打开同步锁定按钮的轨道上的素材会跟着往前移，没有同步锁定的轨道的剪辑不会同步往前移。

轨道的锁定开关，锁定的轨道可以不受任何编辑操作的影响。

Rename：轨道的重命名。

Add Tracks：轨道的添加，可以根据需要添加视频轨道和音频轨道。

Delete Tracks：轨道的删除。

时码显示为时间线指针所在的时间值，也可以通过输入具体时码数值定位时间线指针。

4.2.1 剪切和编辑素材

在时间线面板中剪切和编辑素材的方法很多，主要有以下几种操作。

1. 添加素材到时间线轨道

除了可以直接将源监视器窗口中的素材拖动到时间线以外，还可以直接从项目窗口中选择一个或多个素材添加到时间线中的轨道上，默认为覆盖模式；如果按住 Ctrl 键拖动则为插入模式。

2. 选择素材

选择一个片段：使用选择工具，可以选择时间线窗口中的一个素材片段。

选择一条轨道上的素材：使用轨道选择工具，当鼠标图标变成箭头时，可以选择从单击处该轨道上向右的所有片段。

3. 编辑修改素材

使用选择工具，移动鼠标到时间线中素材片段的入出点处，按住鼠标左键拖动即可更改素材的入出点。

使用波纹编辑工具、滚动工具、内滑工具和外滑工具可以对相邻的片断进行剪辑。

波纹编辑工具：用来对素材的长度进行调整，调整的同时不影响轨道上其他素材的长度。

滚动编辑工具：用来调整两个相邻素材的长度。当一个素材的长度增加时，另一

个的长度相应会减少。

内滑工具：用来同时改变素材的出入点，对时间线窗口的其他素材不产生影响。

外滑工具：用来改变素材的出入点，但是是改变前一个素材的出点和后一个素材的入点。

4. 分割素材

使用剃刀工具可以将素材分割成两段。

5. 删除素材

删除素材的方法有两种：

一是，选中素材，使用 Delete 键，或者右击，在弹出的快捷键中选择 Clear(清除)命令。

二是，选中素材，使用 Shift＋Delete 组合键，或者右击，在弹出的快捷键中选择 Ripple Delete(波纹删除)命令，这样可以使被删除素材的位置被它之后素材填满。

小贴士

选择多个片段、多个轨道的素材，同时分割多个轨道的素材片段，可以使用选择工具、轨道选择工具、剃刀工具，配合 Shift 键实现多重操作。

6. 移动素材

用选择工具选择素材片段，按住 Ctrl 键的同时按住鼠标左键拖动其到指定位置，可以实现移动素材。

7. 预览节目

预览时间线上编辑好的节目，按空格键即可实现。在时间线窗口中可以通过拖动如图 4-3 所示的两端来修改时间线标尺的显示单位。快捷键为＝－ \ 。(见图 4-3)

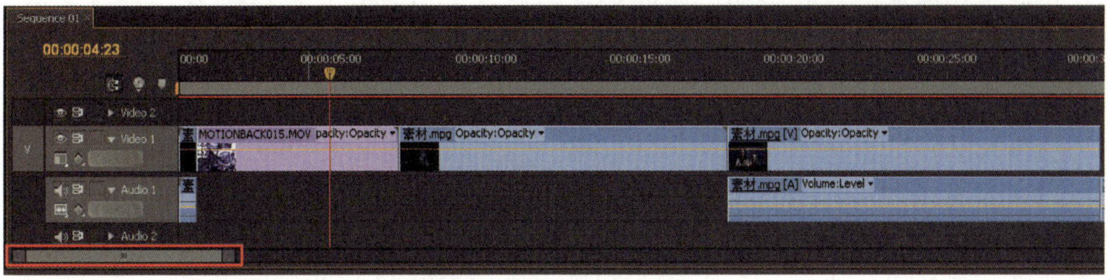

图 4-3 时间线标尺缩放

4.2.2 速度调整

选择编辑好的素材片段中的一个片段，右击，在弹出的快捷菜单中选择 Speed \ Duration(播放速度 \ 持续时间)命令，在弹出的对话框中设置播放速度为大于 100%，可以使素材产生快速播放效果，小于 100%可以产生慢速播放效果，也可以通过改变素材的持续时间来加快或减慢素材的播放速度，勾选 Reverse Speed(反相速度)可以产生倒放效果。(见图 4-4)

图 4-4　速度调整

4.2.3 视音频链接

影片素材被添加到轨道后，视频部分和音频部分是链接在一起的。对视频和音频进行选择、移动、设置入点和出点、删除、分割或伸展等操作，将影响另一部分。当需要对其中某部分进行单独操作时，可以在按住 Alt 键的同时，进行操作，或取消其链接关系。使用菜单命令 Clip \ Unlink(片段 \ 解除链接)，可以解除视音频的链接关系，从而可以对视音频部分进行单独操作。

当完成对某部分的操作后，选择视音频素材，使用菜单命令 Clip \ Link(片段 \ 链接)，可以将断开链接的素材片段重新链接起来。如果对素材的各部分进行单独的移动后再重新链接，其各部分的左上角会显示各部分的相对时间关系。使用链接命令也可以将选中的一个视频素材片段和一个音频素材片段进行链接，使其成为一个整体。

除了链接素材，还可以对多个素材片段进行编组，使其成为一个整体，像操作一个素材片段似的对其进行编辑操作。使用菜单命令 Clip \ Group(片段 \ 成组)或快捷键 Ctrl+G，可以将选中的素材片段编成一组。按住 Alt 键，可以对组中的单个素材片段进行单独操作。必要时，还可以使用菜单命令 Clip \ Ungroup（片段 \ 解组）或快捷键 Ctrl+Shift+G 将编组的素材片段解除编组。

小贴士

仅可以对一个视频素材片段和一个音频素材片段进行链接，无法对同类型的素材片段进行链接。

4.2.4 三四点编辑

Three-point（三点）和 Four-point（四点）编辑就是精确地将一段带有标记点的素材按指定要求放到定义有标记点的时间线上，而所定义的标记点有三个或四个。

三点编辑是指通过设置两个入点和一个出点或一个入点和两个出点，对素材在序列中定位，第四个点会被自动计算出来。

例如，先在素材监视器窗口定义好入点和出点，确定好来源的长度，然后在时间线上定义好入点和出点，确定好这四个点其中的三个，然后利用监视器窗口的插入或覆盖来实现编辑素材，完成三点编辑。（见图 4-5）

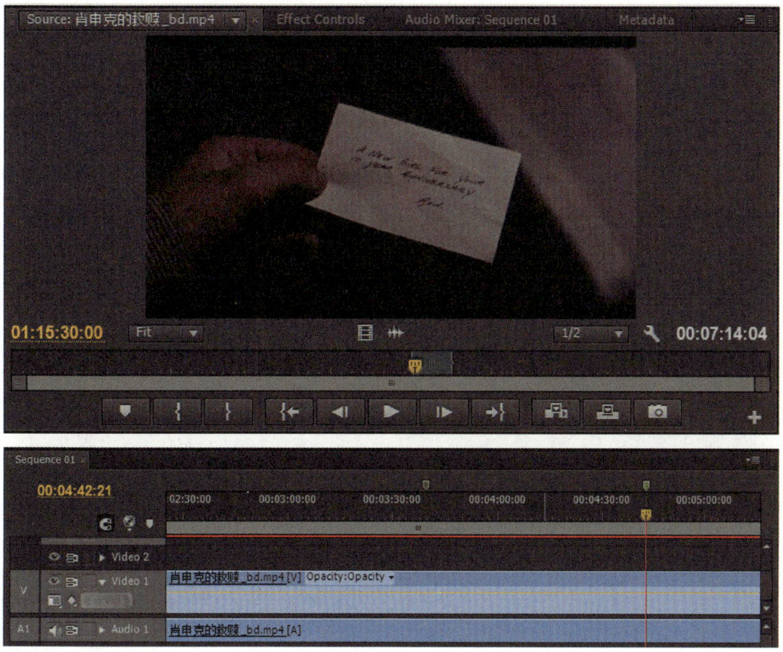

图 4-5　三点编辑

四点编辑需要设置素材的入点和出点以及序列的入点和出点，通过匹配对齐，将素材添加到序列中，方法与三点编辑类似。如果标记的素材和序列的持续时间不相同，在添加素材时，会弹出对话框，在其中可以选择改变素材速率以匹配标记的序列；当标记的素材长于序列时，可以选择自动修剪素材的开头或结尾；当标记的素材短于序列时，可以选择忽略序列的入点或出点，相当于三点编辑。(见图 4-6)。设置完毕，点击 OK 按钮，完成编辑操作。

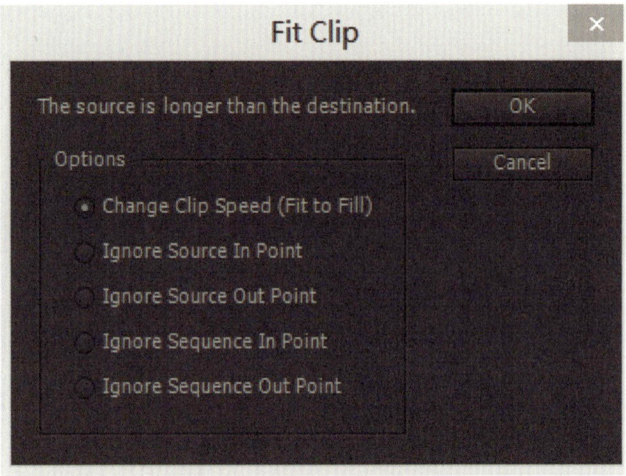

图 4-6　适配素材方式选择

4.2.5 波纹编辑和滚动编辑

使用 Ripple(波纹编辑)和 Rolling(滚动编辑)工具可以对相邻的片段进行剪辑。在进行这两种编辑时，监视器调板的节目窗口会显示前一个素材片段的出点帧和后一个素材片段的入点帧，方便观察操作。(见图 4-7)

图 4-7　波纹编辑和滚动编辑时监视器窗口显示

波纹编辑工具：用来调整当前素材的长度，在更改当前素材入点或出点的同时，后面的素材会根据素材片段收缩或扩张的时间，向前或向后推移，调整的同时不影响轨道上其他素材的长度，但节目的总长度发生变化。

滚动编辑工具：用来调整两个相邻素材的长度。对相邻两个素材中的前一个素材片段的出点和后一个素材片段的入点进行同步移动，当一个素材的长度增加时，另一个的长度相应会减少，但是其位置和视频的总长度保持不变。

小贴士

Ripple(波纹编辑)与 Rolling(滚动编辑)最大的区别就在于前者更改节目总长度，后者保持节目总长度不变。

4.2.6 序列嵌套

将一个序列作为素材片段插入到其他的序列中，这种方式叫作嵌套。嵌套的优点是无论被嵌套的源序列有多少视频和音频轨道，都可以作为素材片段进行选择、移动、剪辑等。

如果要嵌套序列，注意嵌套序列要始终引用其原始的原素材。如果更改原始的素材，则嵌套的也将改变。

小贴士

对嵌套素材片段施加新的转场效果，可以创建多重转场。

4.2.7 多机位剪辑

使用 Multi-Camera Monitor(多摄像机监视器)可以从多摄像机中编辑素材，以模拟多机位拍摄现场切换的效果，最多可以同时编辑 4 部摄像机拍摄的内容。

多摄像机监视器可以从每个摄像机播放素材，并预览最终编辑好的序列。

实例展示一：创建多机位剪辑

1. 选择 File \ New \ Project(文件 \ 新建 \ 项目)命令新建一个项目，在新建序列对话框中设置轨道数为 4，然后导入素材 001、002、003、004，并拖拽到 4 条视频轨道上。(见图 4-8)

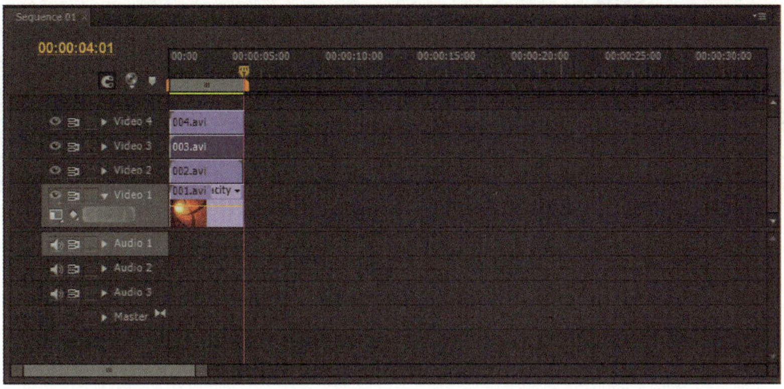

图 4-8 拖拽素材 1、素材 2、素材 3、素材 4 到视频轨道

小贴士

添加轨道的常用方法：从项目窗口直接拖动素材到时间线窗口轨道的空白处，这样就会自动添加所需轨道；在轨道名称处单击鼠标右键，选择 Add Tracks（添加轨道），根据需要添加所需轨道类型和数目。

2. 使用选择工具，同时选中 4 条轨道素材，然后选择 Clip \ Synchronize（素材 \ 同步）命令，弹出如图 4-9 所示的对话框，选中其中一个，单击 OK 按钮。

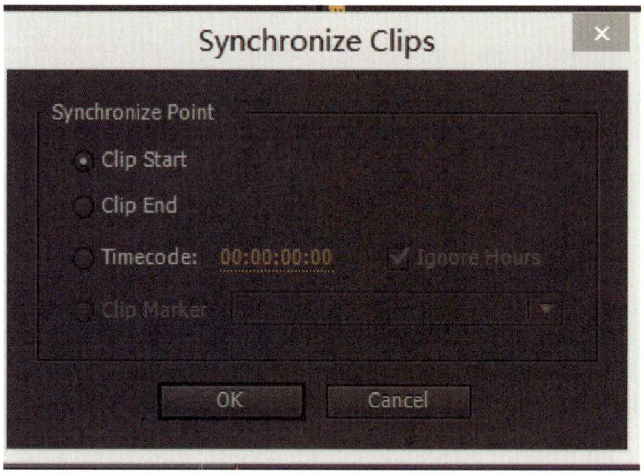

图 4-9　同步素材方式选项

3. 创建一个新的序列 02，将序列 01 带有原素材的时间线嵌套在新序列中。（见图 4-10）

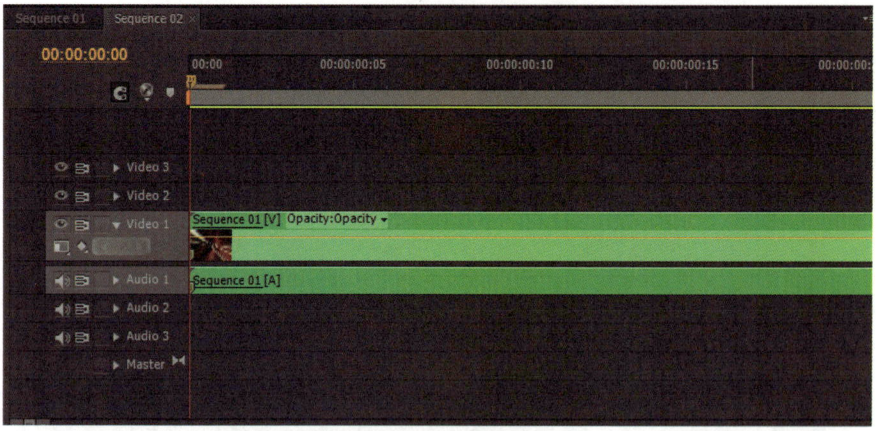

图 4-10　嵌套序列

4. 选择嵌入时间线的序列素材，选择菜单 Clip \ Multi-Camera \ Enable（素材 \ 多机位 \ 启用）命令，即激活多机位。（见图 4-11）

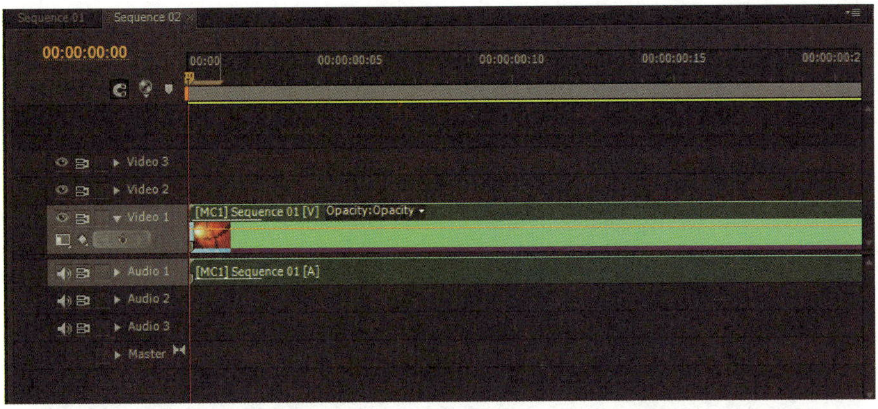

图 4-11 激活多机位

5. 在激活多机位之后，选择 Window \ Multi-Camera Monitor（窗口 \ 多机位监视器）命令，打开多机位监视器面板，将时间线指针定位到开始，在左边 4 个小窗口中选择第一个出现的画面，按下红色的录制开关按钮。（见图 4-12）

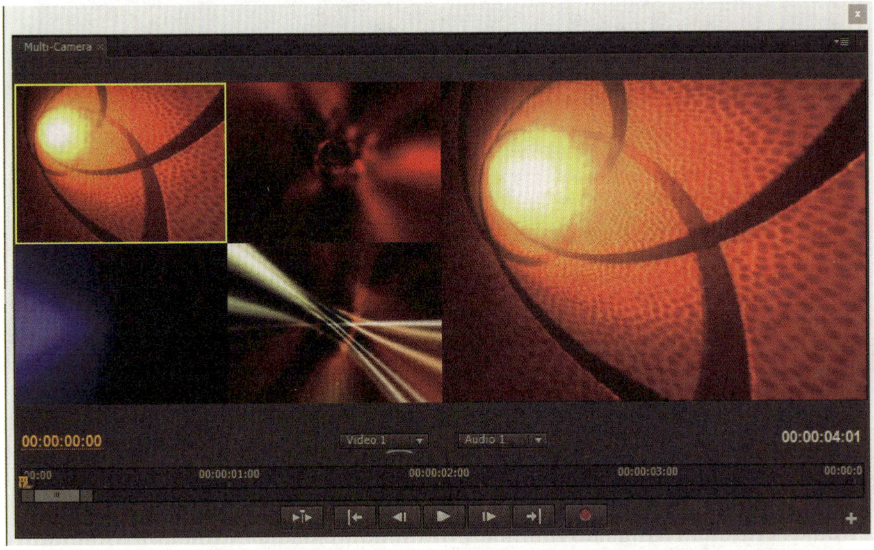

图 4-12 打开多机位监视器面板

6. 按下播放按钮，一边播放，一边切换所需画面，直到播放结束，这时时间线轨道上的素材被切分成很多小片段，多机位剪辑完成。（见图 4-13）

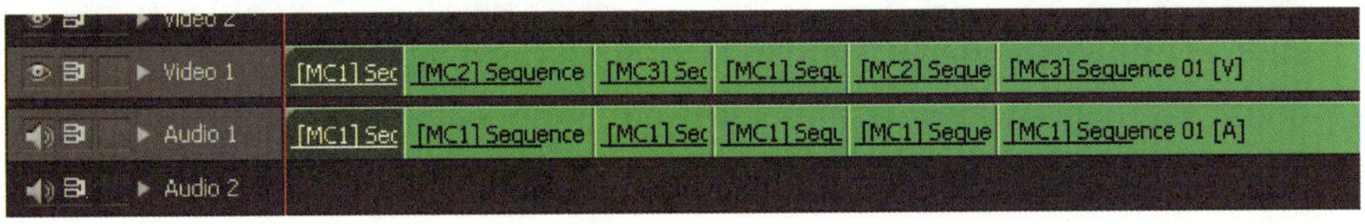

图 4-13 多机位剪辑

7. 如果需要修改，可以将时间线指针移动到需要修改的位置，重新录制即可实现。

实例展示二：根据音乐节奏剪辑

1. 选择 File \ New \ Project(文件 \ 新建 \ 项目)命令新建一个项目，然后导入 MV 文件夹中素材 IMG-5984，MVI-9223，MVI-9218，MVI-7131，MVI-6672. MOV。

2. 选择 IMG-5984 双击，在监视器窗口编辑素材，设置素材的入点和出点以及序列的入点和出点(见图 4-14)，通过匹配对齐，放置于轨道 1。

图 4-14　监视器窗口编辑素材

3. 选择波纹编辑工具，按住 Alt 键仅对音频拉长。(见图 4-15)

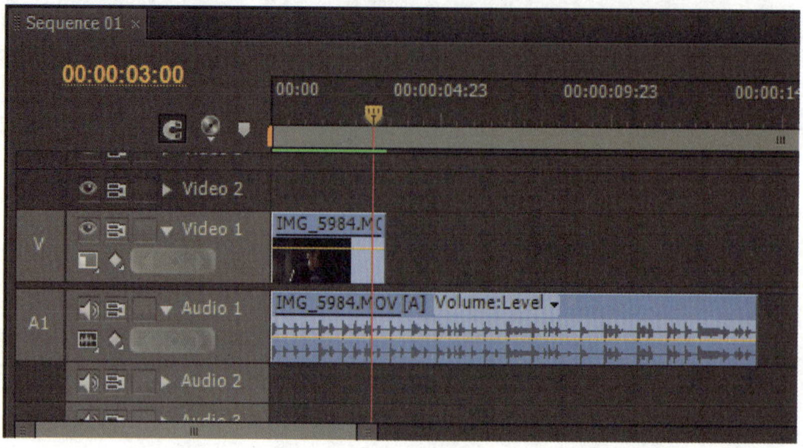

图 4-15　波纹编辑

4. 选择 MVI-9223 双击，在监视器窗口编辑素材，设置素材的入点和出点以及序列的入点和出点，通过匹配对齐，放置于轨道 1 的 IMG-9223 素材后。

5. 如上述方法，根据音频节奏，对 MVI-9218，MVI-7131，MVI-6672 进行拼合。（见图 4-16）

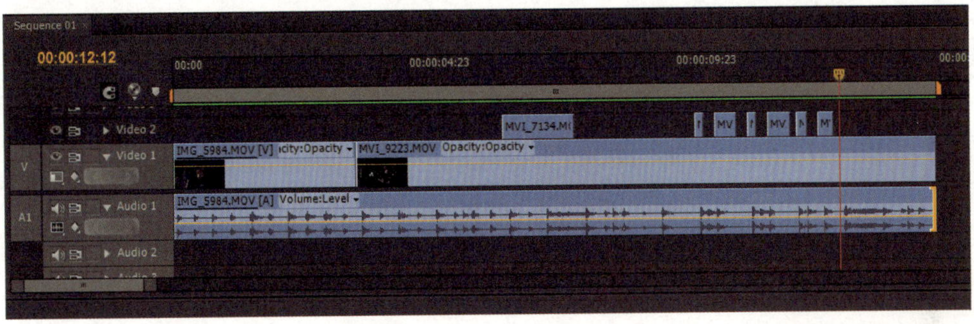

图 4-16　根据音频节奏剪辑素材

6. 预览剪辑视频。

思考与练习

1. 熟练在 Monitor（监视器）窗口剪辑素材。
2. 熟练在 Timeline（时间线）窗口剪辑素材。

拓展训练

党的二十大报告指出，培养造就大批德才兼备的高素质人才，是国家和民族长远发展大计。功以才成，业由才广。坚持党管人才原则，坚持尊重劳动、尊重知识、尊重人才、尊重创造，实施更加积极、更加开放、更加有效的人才政策，引导广大人才爱党报国、敬业奉献、服务人民。加快建设国家战略人才力量，努力培养造就更多大师、战略科学家、一流科技领军人才和创新团队、青年科技人才、卓越工程师、大国工匠、高技能人才。深化人才发展体制机制改革，真心爱才、悉心育才、倾心引才、精心用才，求贤若渴，不拘一格，把各方面优秀人才集聚到党和人民事业中来。

请观摩电影《钱学森》，运用基本剪辑技术，剪出时长 1 分钟左右，符合剧情的电影预告片。

第 5 单元 Premiere 视频切换特技

学习目标

- □ 明确了解什么是视频切换特技。
- □ 掌握视频切换特技的具体操作和参数设置。
- □ 根据需要灵活运用切换效果，用简单的技术手段丰富视频制作。

视频切换泛指影片镜头间的衔接方式，也可称为视频过渡或视频转场。Premiere 提供了丰富多彩的视频切换特技。

5.1　了解镜头的切换与转场

在影视作品中，两个以上的镜头就巧妙地构成了镜头的切换，也就是转场，分为硬切和软切。直接将素材两端首尾相连，这两段素材之间的切换就是硬切。在两个素材片段之间的剪辑点上应用特殊效果的技巧性转场就是软切。软切能让素材的衔接更自然，能增强影视作品的感染力。下面讲述的视频切换特技指后者。

5.1.1　了解视频切换效果文件夹

首先打开 Effects(效果)面板，单击 Video Transitions(视频切换)文件夹前面的三角形图标(见图 5-1)。效果文件夹提供了 70 多种典型的切换效果，并对它们进行了分类。要查看切换效果文件夹中的内容，可以单击文件夹左边的三角形图标。在文件夹被打开时，三角形图标会向下指引。(见图 5-2)

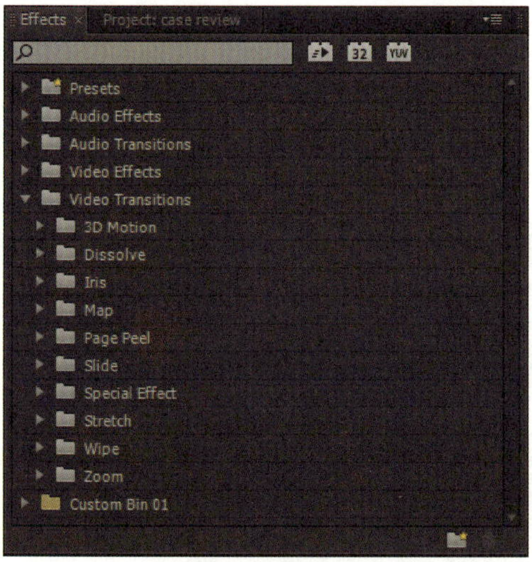

图 5-1　效果面板

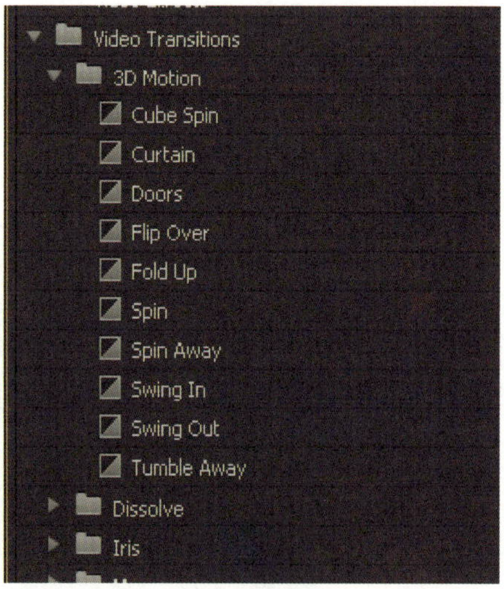

图 5-2　视频切换

5.1.2　视频切换效果文件夹的管理

Effects(效果)面板可以帮助用户找到切换效果并使它们有序化。在效果面板中用户可以进行如下操作。

要查找某个视频切换效果，单击效果面板中的查找字段，然后键入切换效果的名称即可(见图 5-3)。要组织文件夹，可以创建新的自定义文件夹，将最常使用的切换效果组织在一起。要创建新的自定义文件夹，可以单击效果面板底部的“新建自定义文件夹”按钮(见图 5-4)，或者在该面板菜单中选择“新建预设文件夹”命令。

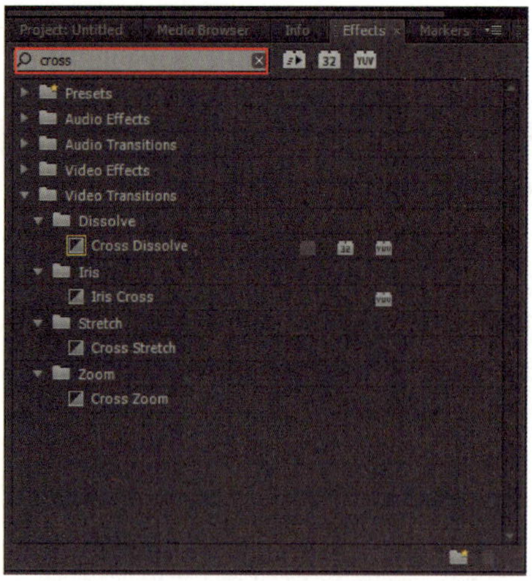

图 5-3　搜索效果

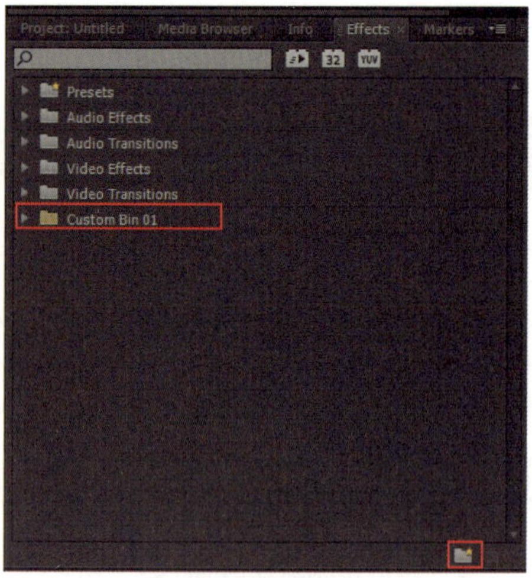

图 5-4　新建预设文件夹

要重新命名自定义文件夹，在自定义文件夹名称上单击两次，然后键入新名称即可。

要删除自定义文件夹，可以单击文件夹将其选中，然后单击面板底部的删除按钮，或者从面板菜单中选择 Delete Custom Item(删除自定义条目)命令。在对话框出现时，单击 OK 按钮即可。

效果面板还可以设置默认切换效果。在默认情况下，视频切换效果被设置为 Cross Dissolve(交叉叠化)，默认切换效果的图标还有一个黄色的边框(见图 5-5)。

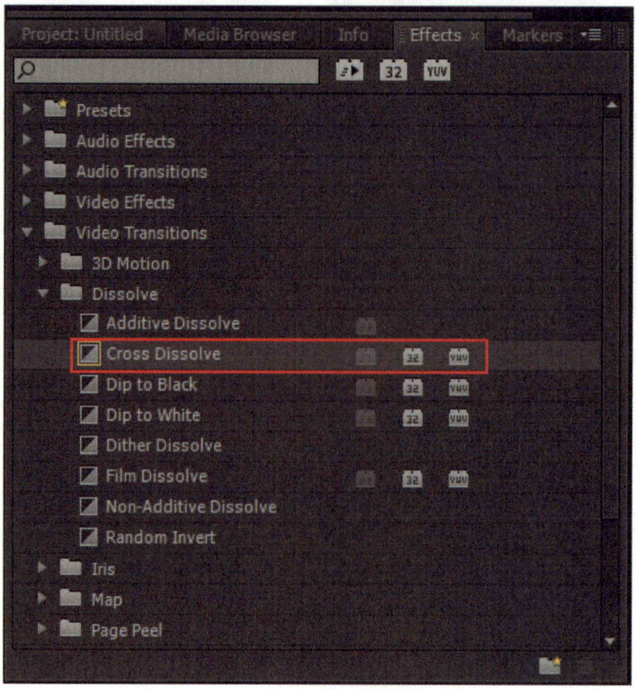

图 5-5　默认切换效果

视频切换效果的默认持续时间被设置为 25 帧。要更改默认切换效果的时间，单击 Effects(效果)面板菜单中的 Set Default Transition Duration(设置默认过渡持续时间)命令，在弹出的 Preference(参数)对话框的 General(常规)设置中，修改 Video Transition Default Duration(视频切换默认持续时间)参数(见图 5-6)，然后单击 OK 按钮，即可更改。

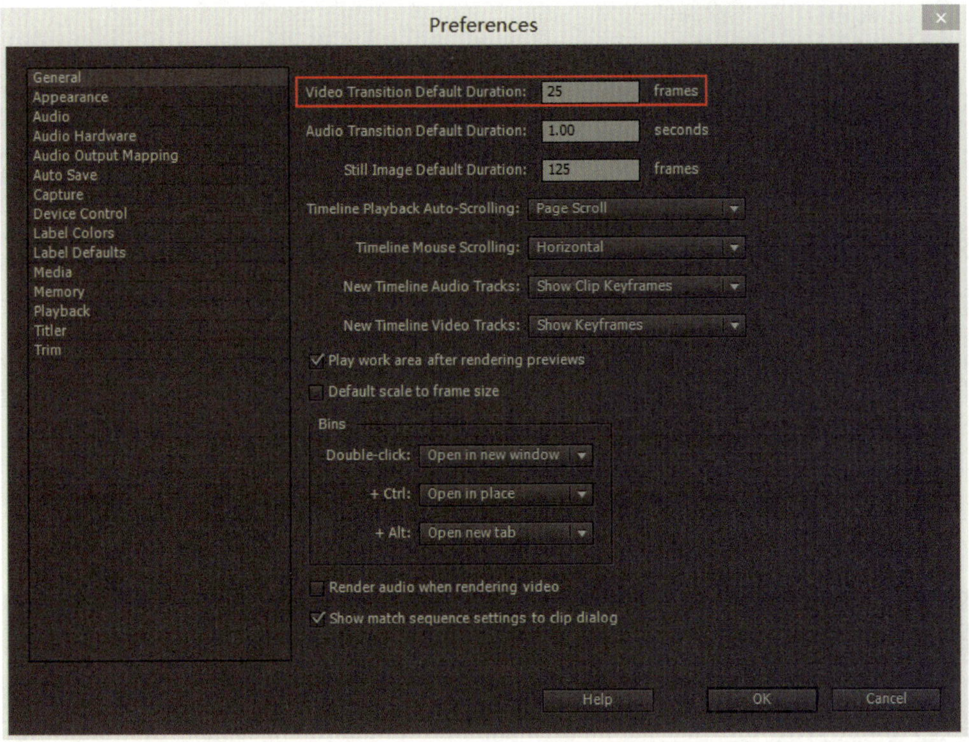

图 5-6　视频切换默认持续时间

5.2　应用和编辑视频切换特技

根据节目内容和题材的不同，合理巧妙应用视频切换特技，会使整部影片浑然一体，风格一致。在逻辑范围内，不受时间、空间的限制，切换效果给观众一种清新和变化的感觉。

5.2.1　视频切换效果的添加

Premiere Pro CS6 和大多数编辑软件相同，只需要把素材放入视频轨道，在两个素材之间即可添加切换效果。切换效果占用第一个素材出点处的帧和第二个素材入点处的额外帧。应用切换效果后，在“信息”面板中显示关于切换效果的信息。在“特效控制台”中将显示选项中的效果选项。

创建视频转场一般操作步骤如下：

①选择 File \ New \ Project(文件 \ 新建 \ 项目)命令，在 New Project 对话框设置项

目和文件名，然后单击 OK 按钮。选择一个预置或创建一个自定义设置。

②选择 File \ Import(文件 \ 导入)命令(或在项目窗口空白处双击左键)，在弹出的下拉菜单中选择想要的素材，然后单击打开按钮，将视频导入项目面板。

③将视频从项目面板拖到时间线面板的 Video1(视频 1)轨道中。(见图 5-7)

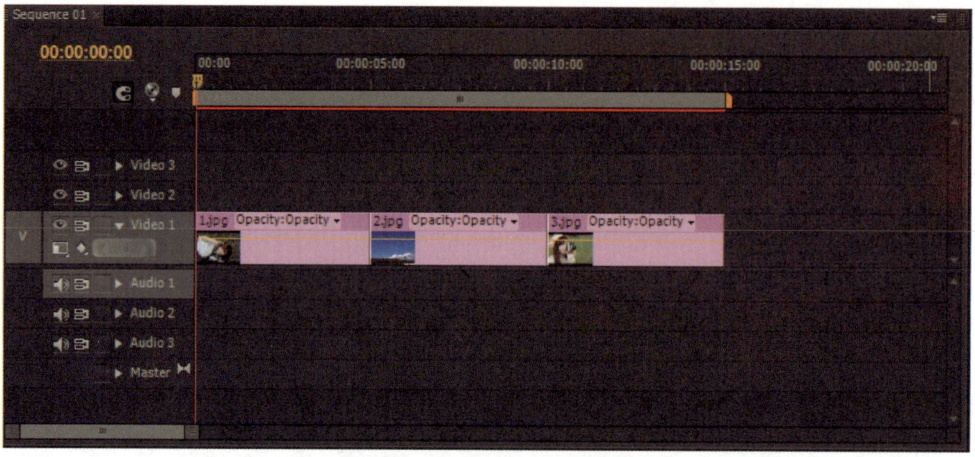

图 5-7　拖拽素材到视频轨道

④在 Effects(效果)面板中选择一个切换效果，然后将它拖至两个素材的交汇处，此时效果被拖入轨道，并显示效果切换的区域。(见图 5-8)

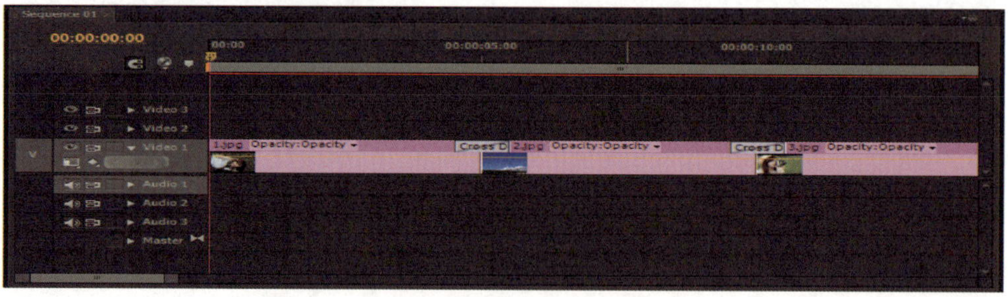

图 5-8　添加切换效果

5. 2. 2　编辑视频切换效果

应用切换效果之后，就可以在时间线面板中编辑它，或使用特效控制台面板进行编辑。要编辑该效果，首先要在时间线面板中选中它，然后再修改。

1. 更改切换效果的对齐方式

要使用时间线面板更改切换效果的对齐方式，可以在时间线面板中单击切换效果并向左或向右拖动，或者使其居中。

在特效控制台面板中有更多的编辑更改参数。要使用特效控制台面板更改切换效果的对齐方式，可以先单击时间线面板中的切换效果，然后在效果控制面板中勾选 Show Actual Sources(显示实际来源)的对话框，再从 Alignment(对齐)下拉列表中更改切换效果的对齐方式。(见图 5-9)

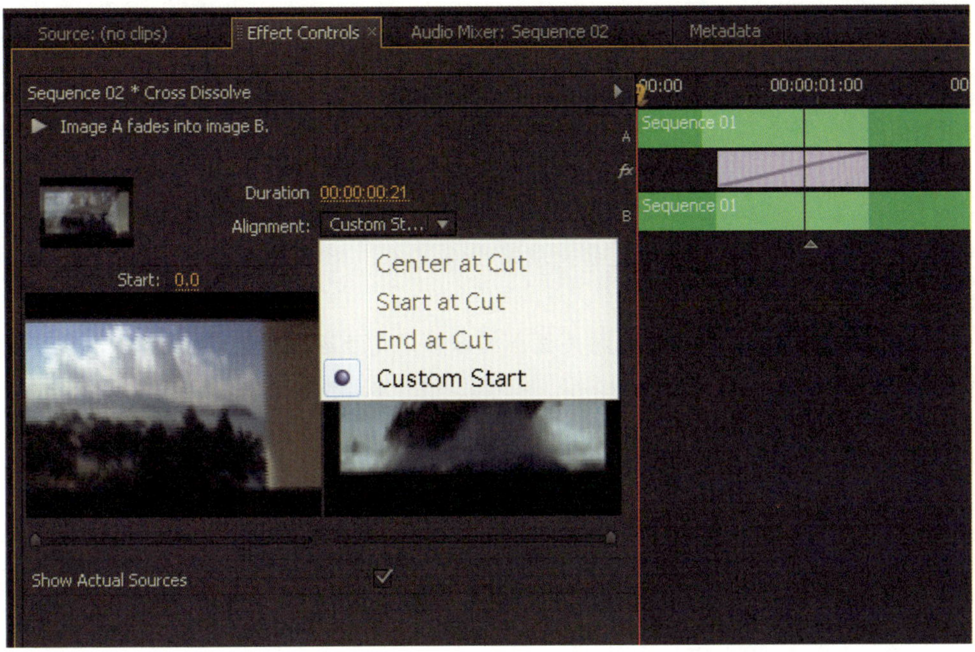

图 5-9　编辑切换效果

2. 更改切换效果持续的时间

首先在时间线面板中，通过拖动切换效果其中一个边缘，可以增加或减少应用切换效果的时长。为了精确设置，可以在特效控制台面板中更改视频切换的 Duration(时长)参数。

小贴士

在两段素材之间添加转场，两段素材之间必须有余量，否则没有足够的额外帧完成过渡。

5. 2. 3　应用默认视频切换效果

如果在整个项目中多次应用相同的切换效果，那么可以将其设置成默认切换效果。选择喜欢的效果，单击右键，选择 Set Selected as Default Transition(设置为默认过渡)。然后将所有素材拖进时间线面板，选择所有片段，选择菜单 Sequence \ Apply Default Transition to Selection(序列 \ 应用默认效果)到所选区域。

思考与练习

1. 思考技巧转场常用情况及作用。
2. 讨论在拍摄素材时，为什么要有起幅和落幅？

拓展训练

党的二十大报告指出，教育、科技、人才是全面建设社会主义现代化国家的基础性、战略性支撑。必须坚持科技是第一生产力、人才是第一资源、创新是第一动力，深入实施科教兴国战略、人才强国战略、创新驱动发展战略，开辟发展新领域新赛道，不断塑造发展新动能新优势。

请了解收集中国航天发展历程相关视音频资料，灵活运用视频切换效果，制作一个1分钟左右的宣传短视频。

第 6 单元

Premiere 字幕创建

学习目标

- □ 熟练掌握创建字幕的基本方法。
- □ 掌握文字、图形、图片等图文元素的创建、编辑及属性设置。
- □ 学会创建常用滚动字幕。

6.1 创建字幕基本操作

字幕在一部影视作品中起着重要的作用，如片名字幕、对白字幕、常见的制作人员滚动字幕等。在 Premiere 的字幕设计器中可以制作文本、图形，并可以添加图像等。Premiere 中的字幕是视频素材的一种类型，因此添加在视频轨道上。而且 Premiere 的字幕是带 Alpha 通道的，字幕文件具有透明背景，可以直接合成在视频素材上。

6.1.1 新建字幕

在 Premiere 中可以通过多种方式创建字幕，如 Ctrl＋T，菜单 File \ New \ Title(文件 \ 新建 \ 字幕)，菜单 Title \ New Title(字幕 \ 新字幕)，Project 面板中的新建元素中也可以新建字幕。(见图 6-1)

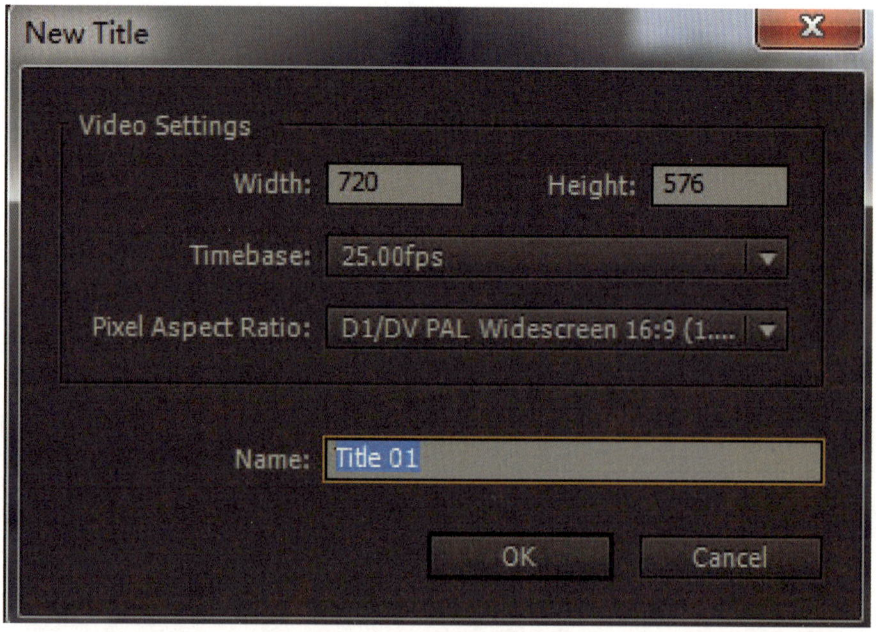

图 6-1 新建字幕

6.1.2 创建字幕面板

创建字幕后会打开字幕设计面板。(见图 6-2)

工具栏：字幕编辑器中的工具，包括字幕创建、路径工具、规则图形创建工具等。

图 6-2　字幕设计面板

图文编辑区：制作图文字幕的区域。在文本编辑区中，单击右键选择菜单中的 View \ Safe Title Margin(视图 \ 字幕安全框)，Safe Action Margin(动作安全框)，可以作为字幕输出到电视屏幕的一个安全参考。

图文属性设置区：用来调整所建图文对象的变换、字体、段落、描边、阴影等属性设置。

文本格式设置区：可以设置文本格式、段落格式；其中的表示在字幕编辑区是否要显示当前序列中时间线指针所在位置的帧为参考画面，可以拖拽下面的时间码改变显示的参考帧画面。

对齐、居中、分布：对图文元素进行对齐、居中、分布操作。

样式库：应用图文样式、管理图文样式。

6.1.3　图文元素创建

1. 创建文本

创建文本工具有 6 个：

(1)创建文本

选择水平文本工具或垂直文本工具，在图文编辑区点击鼠标输入所需文本。输入完成后，可以使用移动工具或旋转工具对文字位置、大小和角度进行调整。(见图 6-3)

图 6-3　创建文本

（2）创建区域文本

选择水平区域文本工具或垂直区域文本工具，在图文编辑区按下鼠标左键拖动出创建文本的区域，之后在区域中输入文本，文本到达区域边界会自动换行。（见图 6-4）

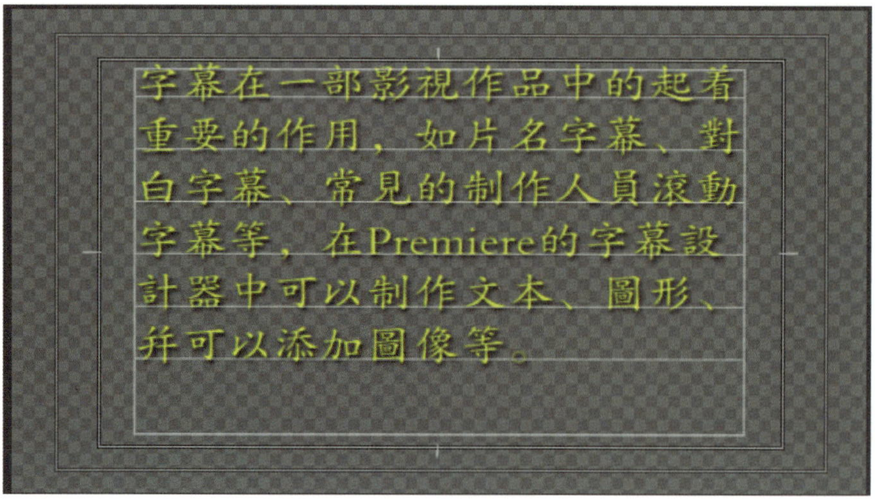

图 6-4　创建区域文本

（3）创建路径文本

选择路径文本工具或垂直路径文本工具，在图文编辑区先绘制出一条路径，绘制完成后，再次点击路径文本工具，在图文编辑区刚才绘制的路径上点击鼠标左键，出现文本插入点输入所需文本，文本将沿着路径显示。（见图 6-5）

图 6-5　创建路径文本

2. 创建图形

创建规则图形工具有 8 个：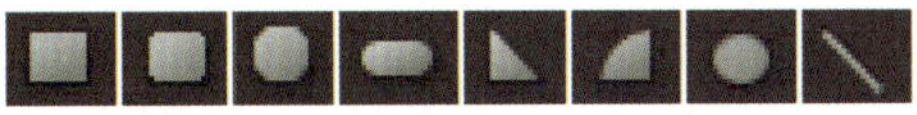

可以创建矩形、圆形、三角形、扇形、直线等规则图形。如果绘制正方形、圆形、成 45 度整数倍方向的直线时，需要按住 Shift 键。

创建不规则图形可以从规则图形转化或使用钢笔工具直接绘制。选择规则图形，之后选择钢笔组的工具可以转化为不规则图形。

钢笔工具组的工具有 4 个：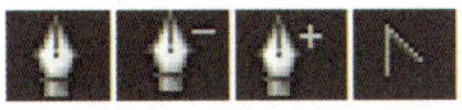

这组工具主要用来调整有关路径的操作，如之前的路径文本工具创建的路径形态、由规则图形转换为不规则图形时的修改工具、直接绘制修改不规则图形等。(见图 6-6)

钢笔工具：用来绘制路径的工具，可以选择路径上的控制点，可以调节控制点的曲度。

删除锚点工具：用来删除路径上的控制点。

添加锚点工具：用来添加路径上的控制点。

转换点工具：用来转换路径上控制点的类型，进行直线点和曲线点的相互转换，也可以调节控制点一端的曲线曲度。

图 6-6　创建图形

3. 插入图片

选择菜单 Title \ Logo \ Insert Logo 或 Insert Logo into Text(字幕 \ 标志 \ 插入标志或将标志插入文本中)可以将图片插入字幕中或将图片插入文本中。(见图 6-7)

图 6-7　插入图片

6.1.4 使用模板创建字幕

创建字幕时选择模板工具可以使用已有模板，修改模板中的文本为所需文本即可；也可以将制作时常用的样式存储为自定义模板，方便随时使用，以提高工作效率。(见图 6-8)

图 6-8 使用模板

6.2 图文元素编辑

6.2.1 图文元素属性设置

1. 图文元素属性

选中图文元素，在属性设置区可以显示其各项属性，可以根据需要进行修改。属性包括以下几项：

Transform(变换)：设置透明度、位置、大小及选择角度。

Properties(基本属性)：设置字体、字的大小、字间距、行间距、图形的类型等基本属性。

Fill(填充)：设置填充类型、颜色、透明度等信息。

Strokes(描边)：设置描边的类型、颜色及透明度信息。

Shadow(阴影)：设置阴影的颜色、透明度、角度、距离、大小、分散等信息。

Background(背景)：设置所建字幕的背景属性。

2. 对齐、居中、分布

对于字幕文件中的多个图文元素，可以利用对齐、居中、分布的工具进行设置。

Align(对齐)工具：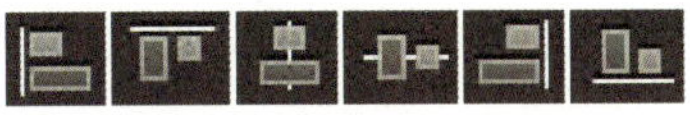

可以设置多个图文元素的对齐方式：左对齐、顶对齐、水平居中、垂直居中、右对齐、底对齐。

Center(居中)工具：

可以设置图文元素在编辑区垂直居中、水平居中。

Distribute(分布)工具：

可以设置多个图文元素的分布方式：以左边为准分布、以顶边为准分布、以中心为准水平分布、以中心为准垂直分布、以右边为准分布、以底边为准分布、水平平局间距、垂直平均间距。

6.2.2 Title Style 样式应用

样式库中存储了许多已经设置好的字幕样式，选中图文元素，在样式库中单击选中的样式应用样式属性；也可以选择已经设置好格式的图文元素，在字幕样式库的空白处点击右键，选择 New Style(新建样式)，将自己的设置存储为 Style(样式)，方便以后直接应用。

6.3 创建滚动字幕

滚动字幕是一种常用的动态字幕，在 Premiere 中可以很方便地创建。基本步骤如下：

①新建字幕，选择游动/滚动字幕按钮，弹出面板，选择字幕为 Still(静态)方式、Roll(垂直滚动)方式或 Crawl left(水平向左滚动)、Crawl Right(水平向右滚动)方式。(见图 6-9)

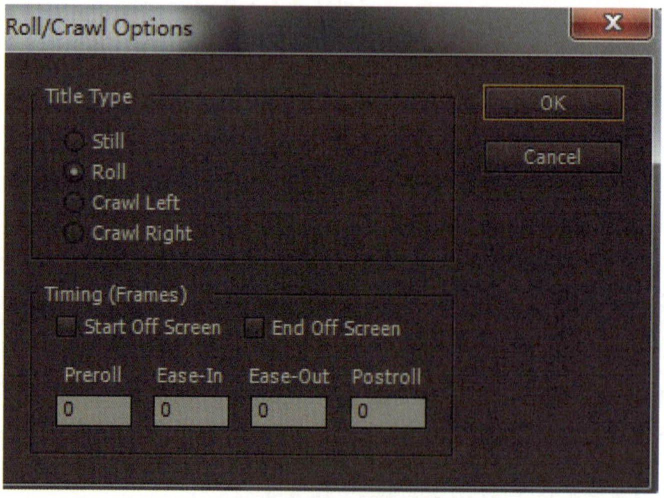

图 6-9 选择游动/滚动字幕

②在图文编辑区创建图文元素，进行图文元素属性设置。

③再次选择游动/滚动字幕按钮，在面板中设置滚动参数：

Start Off Screen：选择这项后，字幕开始滚动时将从屏幕外面进入。

End Off Screen：选择这项后，字幕结束滚动时将移动出屏幕外面。

Preroll：滚动字幕的开始帧静止保持的时长。

Ease-In：滚动字幕由静止到开始滚动的加速时长。

Ease-Out：滚动字幕由滚动到静止的减速时长。

Postroll：滚动字幕的结束帧静止保持的时长。

以上时长单位为帧。

④将制作好的滚动字幕添加到时间线的视频轨道相应位置，滚动字幕的默认时长为静态素材的时长，根据需要拖动字幕入出点来调整其长度，同时也就修改了滚动字幕的滚动速度。

小贴士

Premiere 创建的字幕默认为其自定义的视频素材，创建后自动载入项目面板。如果需要在其他项目文件中使用该字幕素材，需要将其输出成字幕文件，存储起来，之后可以作为素材随时调用。其方法是，在项目面板选择需要输出的字幕，选择菜单 File \ Export \ Title(文件 \ 输出 \ 字幕)进行存储设置，存储为扩展名是 Prtl 的文件。如图 6-10 所示。

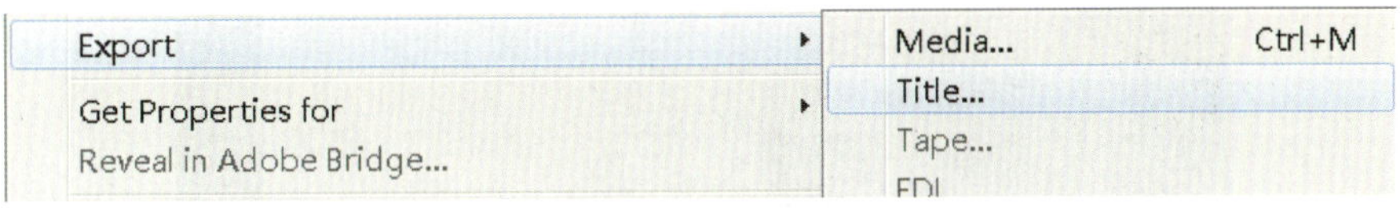

图 6-10 输出字幕

实例展示一：静态字幕的创建

1. 启动 Premiere Pro CS6，在欢迎界面单击 New Project(新建项目)按钮，在 New Project(新建项目)对话框中 Location(位置)后单击 Browse...选择新项目的保存路径"D：\pr test"，然后给项目命名"test1"，单击 OK 按钮，弹出 New Sequence(新建序列)对话框。(见图 6-11)

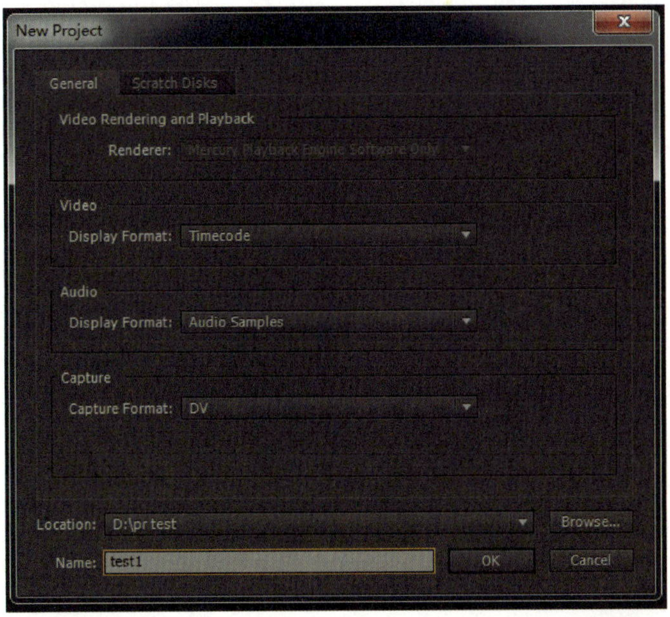

图 6-11 新建项目

2. 在 New Sequence(新建序列)对话框中的 Sequence Presets(序列设置)选项卡中选择 DV-PAL \ Standard 48kHz，对 Sequence Name(序列名称)命名，单击 OK 按钮保存。(见图 6-12)

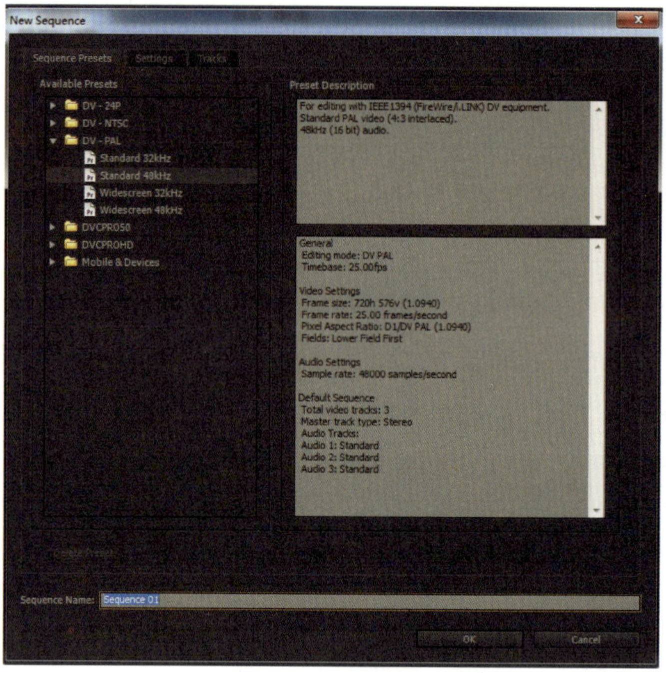

图 6-12　新建序列

3. 进入编辑界面，点击 File \ Import…(文件 \ 输出……)菜单命令，或者在 Project(项目)窗口中 Name(名称)下的空白处双击鼠标左键，弹出 Import(输出)对话框，选择图片库中的素材“灯塔.jpg”打开。(见图 6-13)。

图 6-13　导入素材

4. 将导入的素材拖入 Sequence(序列)窗口的 Video1(视频 1)轨道中(见图 6-14)，选择素材，在 Effect Controls(特效控制)窗口中设置 Motion(运动)选项下的 Scale(比例)为 77.0。(见图 6-15)

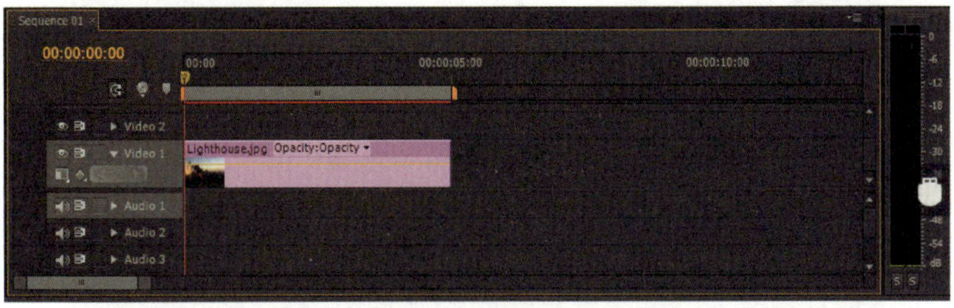

图 6-14　添加素材到 Video1 轨道

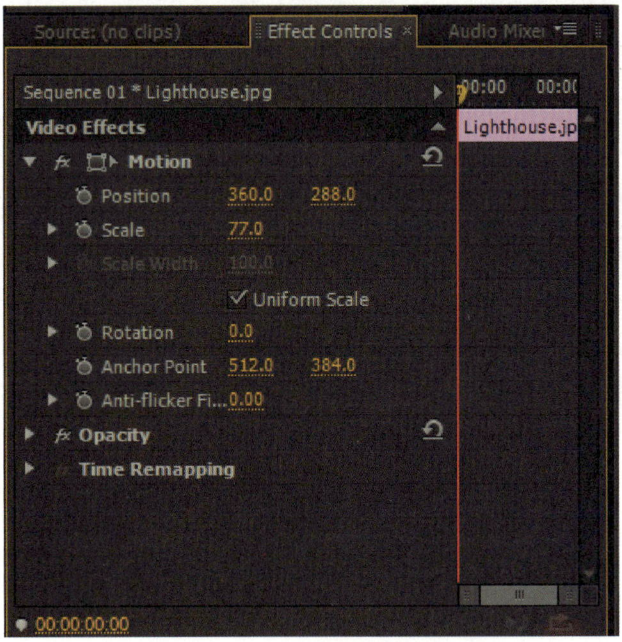

图 6-15　打开效果控制面板

5. 在 Project(项目)窗口中名称区域下的空白处单击鼠标右键，然后在弹出的右键快捷菜单中单击 New Item \ Title(新建 \ 字幕)菜单命令，弹出“New Title”对话框，输入字幕名称 test1 后确定，弹出字幕编辑器。使用 Type Tool 工具在图右上角输入文字“灯塔”，在Title Properties(字幕属性)中的 Fill(填充)选项组中设置颜色为黑色，在 Strokes(描边)选项组中添加Outer Strokes(外侧变)颜色为白色，选择 Shadow(阴影)颜色为黑色。(见图 6-16)

6. 关闭字幕编辑器，将刚才设置的字幕 test1 拖到 Sequence(序列)窗口 Video2(视频 2)轨道中，此时就添加了简单的静态字幕。最后将场景保存，就可以在节目监视窗口中看到效果了。(见图 6-17)

图 6-16　创建编辑字幕

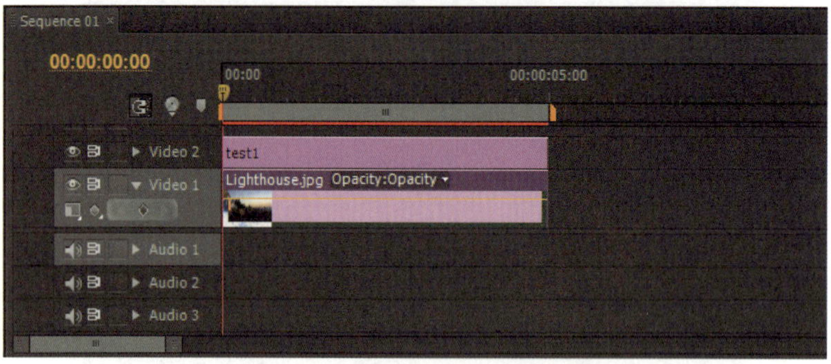

图 6-17　添加字幕到 Video2 轨道

小贴士

Premiere 中的字幕是放在视频轨道上的，通常视频素材可以使用的效果字幕也可以使用。例如，本实例展示中可以将视频切换效果拖动到字幕素材的起始和结束的位置，来改变字幕的入出方式，也可以使用字幕的运动属性创建动态字幕效果。

实例展示二：为短片添加对白字幕，为片尾添加滚动字幕

1. 启动 Adobe Premiere CS6，弹出欢迎界面。

2. 选择 New Project(新建项目)按钮，弹出 New Project 对话框，在 General(常规)选项卡的 Name(名称)文本框中输入“对白字幕”；Location(位置)下拉列表框中显示了新项目工程的存储路径，单击 Browse...(浏览……)按钮，选择新项目的保存路径“D：\pre”(见图 6-18)，单击 OK 按钮，弹出 New Sequence(新建序列)对话框。

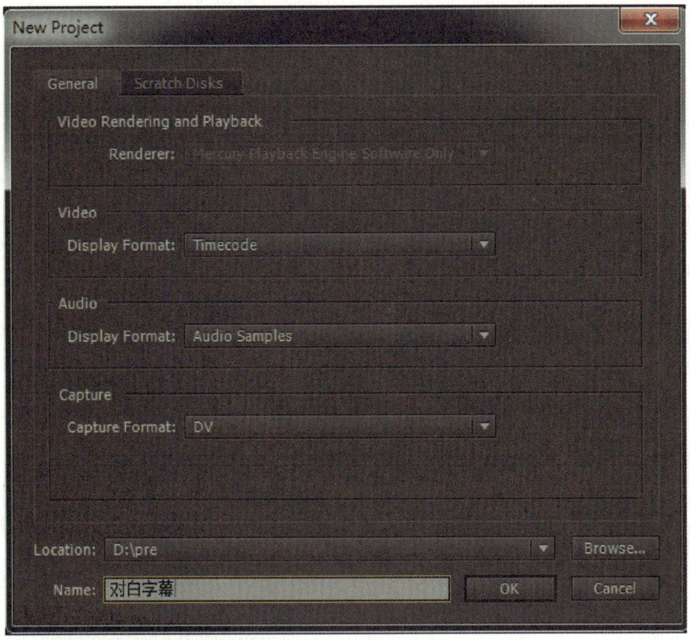

图 6-18　新建项目

3. 在 New Sequence(新建序列)对话框中的 Sequence Presets(序列设置)选项卡中选择 DV-PAL \ Standard 48kHz，对 Sequence Name(序列名称)命名(见图 6-19)，单击 OK 按钮保存，创建好项目工程。

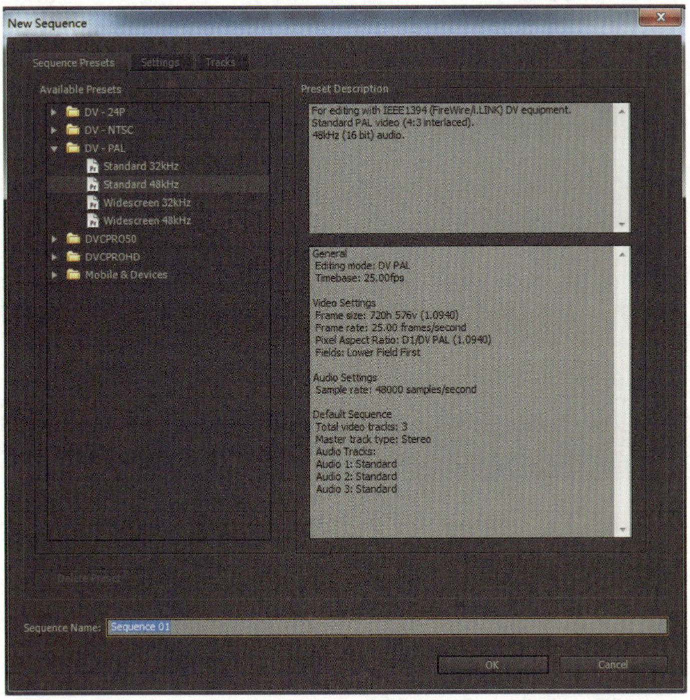

图 6-19　新建序列

4. 创建好项目工程后，双击工程面板空白处，弹出 Import(导入)对话框打开素材文件夹。(见图 6-20)

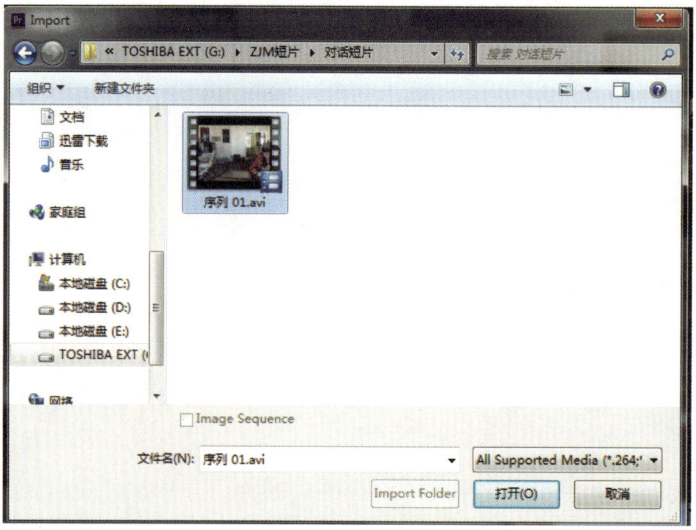

图 6-20　打开素材

5. 将“序列 01. avi”素材导入 Project 面板。(见图 6-21)

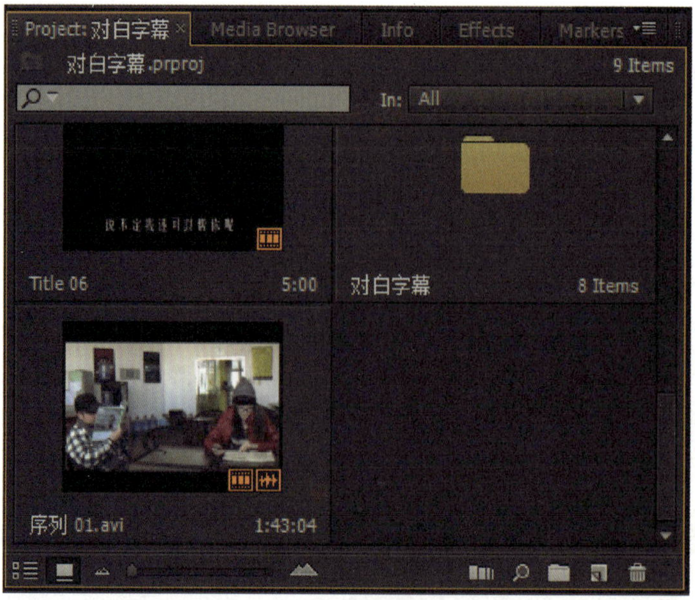

图 6-21　导入素材到项目面板

6. 将素材导入后，拖入 Timeline(时间线)面板中，开始字幕创建。在影片开始之前先播放片名。下面先创建片名字幕。单击 File \ New \ Title(文件 \ 新建 \ 字幕)菜单命令(见图 6-22)，或者在 Project 窗口中名称区域下的空白处单击鼠标右键，然后在弹出的右键快捷菜单中单击 New Item \ Title(新建 \ 字幕)菜单命令。

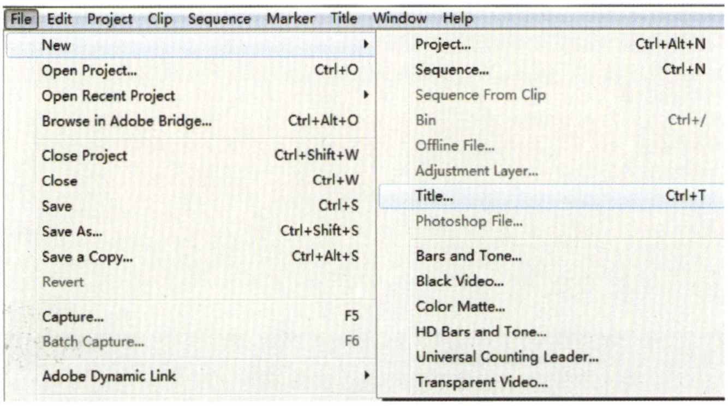

图 6-22　创建字幕命令

7. 弹出 New Title(新建字幕)对话框(见图 6-23)，单击 OK 按钮，弹出字幕编辑器(见图 6-24)。使用 Type Tool(字体工具)工具在图中输入文字“对话短片练习”，字体选择“FZYao Ti”，字体大小为“92.0”，其余为默认参数值。在“对话短片练习”下面添加其他文字信息，字体大小为“31.0”。

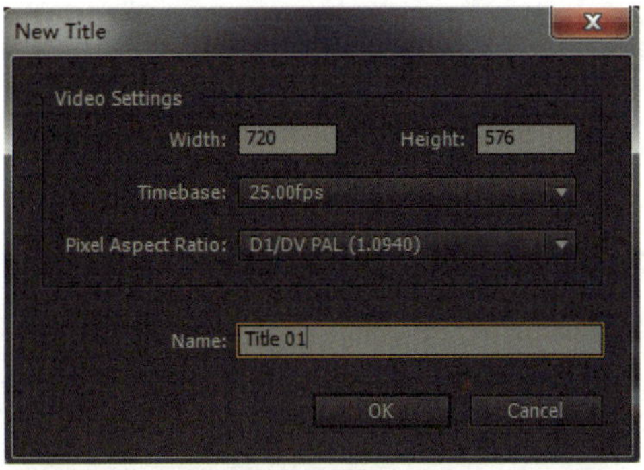

图 6-23　新建字幕

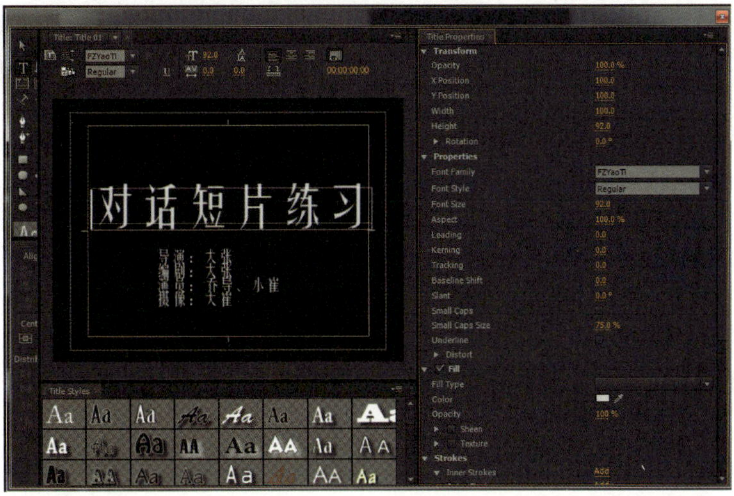

图 6-24　编辑字幕

小贴士

在我国，电视字幕都要放到字幕安全区域以内，电视视频画面中的主要元素也要在动作安全区域中。但是，如果节目是用于网络发布的视频流媒体或使用数字介质播出，因为不会发生画面裁剪，此时则无须考虑安全区域。

8. 关闭字幕编辑器，将刚才设置的字幕 Title01 拖到 Sequence(序列)窗口 Video 2 轨道中，调整好位置。(见图 6-25)

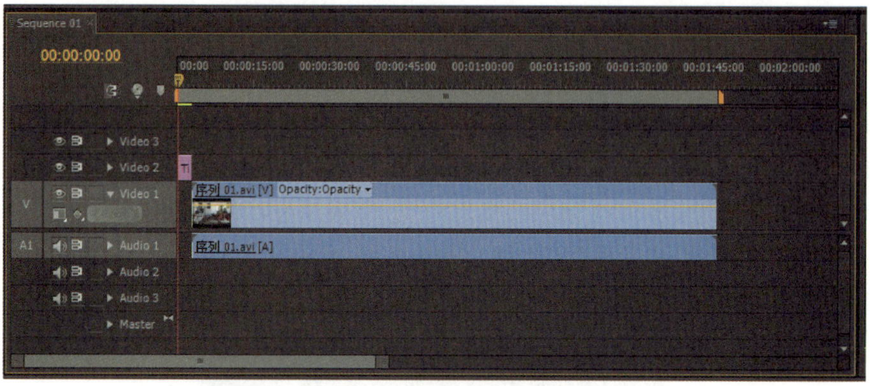

图 6-25　拖动字幕到视频轨道

9. 在 Timeline(时间线)面板中调整时间到短片中的对白处。(见图 6-26)

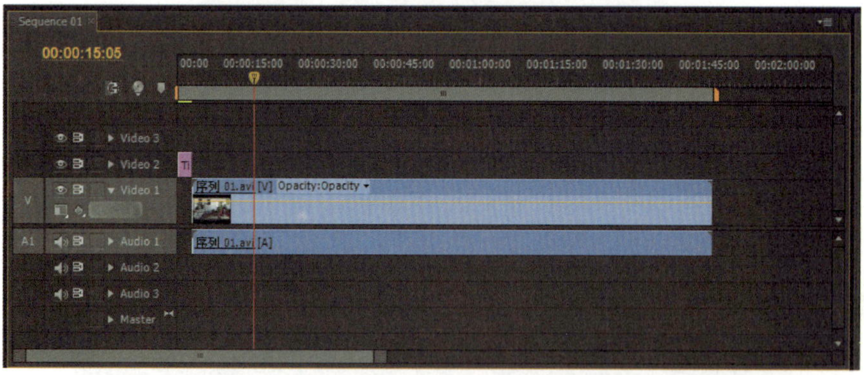

图 6-26　调整时间到短片中的对白处

10. 在 Project 窗口中名称区域下的空白处单击鼠标右键，然后在弹出的右键快捷菜单中单击 New Item \ Title(新建 \ 字幕)菜单命令，弹出 New Title(新建字幕)对话框，单击 OK 按钮，弹出字幕编辑器，在 Title Designer(字幕设计)面板中确认激活面板上方的"显示背景视频"按钮，序列所在当前帧画面就会出现在面板的绘制区域，作为背景显示出来。(见图 6-27)

图 6-27　显示背景视频

使用 Type Tool 工具在图中输入对白文字，字体选择“FZYao Ti”，字体大小为“42.0”。因为文字颜色默认白色，为了防止在白色的背景下看不清楚字幕，可以为其添加黑色阴影(见图 6-28)，或者外侧边用黑色描边(见图 6-29)。

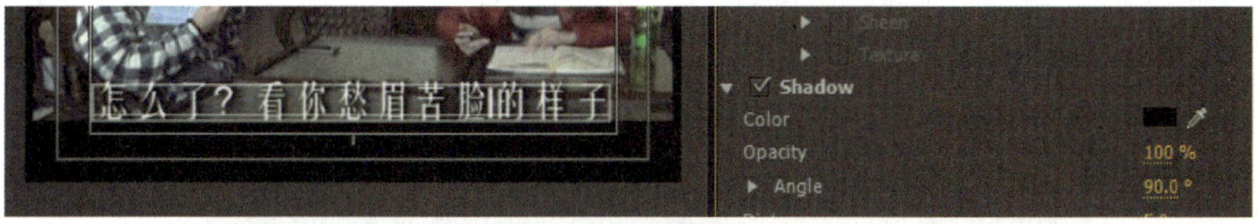

图 6-28　添加阴影

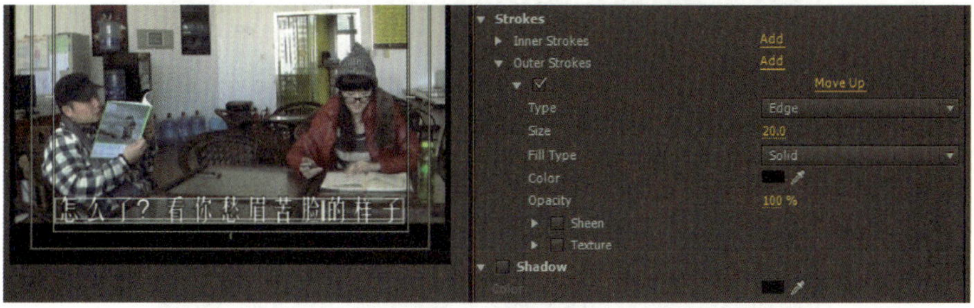

图 6-29　添加外侧描边

11. 关闭字幕编辑器，将刚才设置的字幕 Title 02 拖到 Sequence(序列)窗口 Video 2 轨道中对应语音对白的时间点，设置时间的入点与出点(见图 6-30)，此时就添加了一句对白的字幕。最后将场景保存，就可以在节目监视窗口中看到效果了。

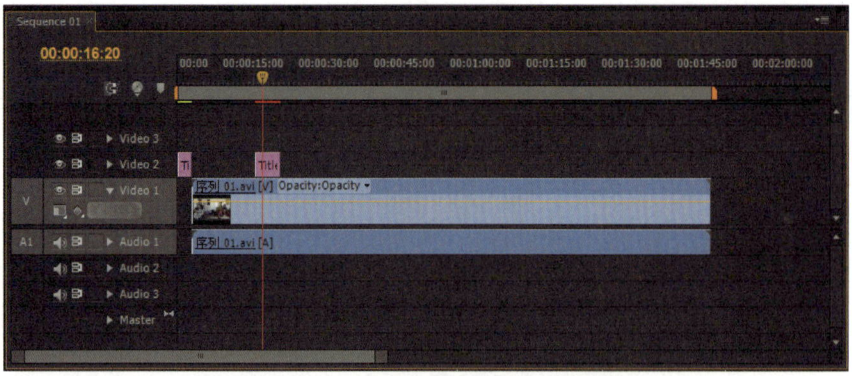

图 6-30　时间线轨道上调整字幕入出点

12. 继续创建其他的对白字幕，可以按照上述方法重复操作，也可以双击 Project 工程面板中刚刚创建的 Title 02 文字素材。弹出字幕设计对话框后，单击左上角的 New Title Based on Current Title(在当前字幕上的新字幕)按钮，创建新的 Title 03 文件素材；单击 Type Tool 工具，将之前的文字内容去掉，加入新的文字；关闭字幕设计对话框；把 Title 03 拖到 Sequence(序列)窗口 Video 2 轨道中对应语音对白的时间点，设置时间的入点与出点。

13. 片尾滚动字幕的创建。在 Timeline 面板中调整时间到短片最末尾，然后单击 File \ New \ Title(文件 \ 新建 \ 字幕)菜单命令，弹出 New Title(新建字幕)对话框，单击 OK 按钮，弹出字幕编辑器，单击字幕编辑器左上角 Roll/Crawl Options 按钮。(见图 6-31)

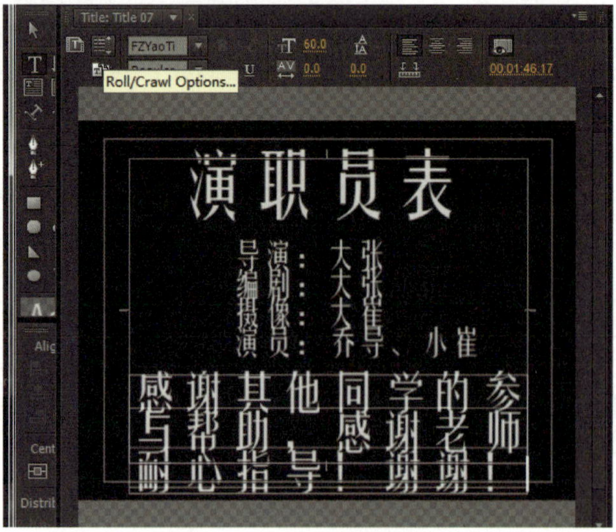

图 6-31　创建片尾的滚动字幕

14. 弹出 Roll/Crawl Options(滚动/游动选项)对话框，勾选 Start Off Screen(屏幕开始)和 End Off Screen(屏幕结束)(见图 6-32)，选择 Roll，勾选 Timing(时间)选项中的 Start off Screen 和 End off Screen，单击 OK 按钮即可设置为垂直滚动字幕。

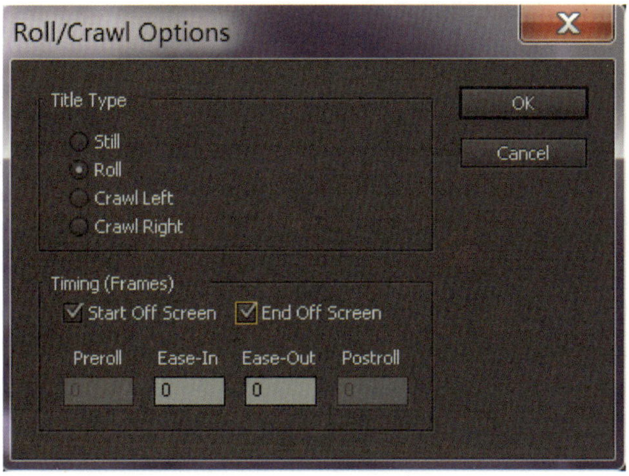

图 6-32　滚动字幕选项

15. 关闭字幕设计对话框，然后把 Title 07 拖到 Sequence(序列)窗口 Video 2 轨道中时间线最末尾的部分。按 Ctrl+S 组合键将场景保存，单击节目监视窗口播放按钮预览效果。

小贴士

如果经常使用某种自定义文字效果，可以把其存储为模板。当需要把当前字幕存储为模板时，可以单击菜单命令 Title/Templates(字幕/模板)弹出模板对话框，单击右上角“三角”按钮，在弹出的菜单中选择 Import Current Title as Templates(导出当前的字幕作为模板)即可。

6.4　新版更新

新版 Premiere 字幕创建部分做了较大的改进，可以直接使用工具箱里的 T 工具创建文字。创建文字后，切换到图形界面布局下，在基本图形的编辑属性下进行字幕对象的属性设置，其设置方式与前文所讲类似。这种方式创建字幕还有很多字幕模版可以直接套用。

思考与练习

1. 观察一些影视作品及电视栏目的字幕设计、字幕运动方式等。
2. 怎样创建字幕？怎样绘制不规则图形？有哪些方法？
3. 怎样创建滚动字幕？

拓展训练

1. 请设计一个电视节目导视的静态字幕。
2. 请给一个电视节目片尾设计制作上滚的工作人员字幕。
3. 党的二十大报告指出，中华优秀传统文化源远流长、博大精深，是中华文明的智慧结晶，其中蕴含的天下为公、民为邦本、为政以德、革故鼎新、任人唯贤、天人合一、自强不息、厚德载物、讲信修睦、亲仁善邻等，是中国人民在长期生产生活中积累的宇宙观、天下观、社会观、道德观的重要体现，同科学社会主义价值观主张具有高度契合性。

制作短视频，依据歌曲《定风波》选择相应的视频或图片素材进行编辑处理，并且利用所学字幕设计方法添加歌词字幕。

第 7 单元 Premiere 运动属性应用

学习目标

- □ 认识效果控制面板的功能，了解其各项参数的含义。
- □ 熟练根据需要设置运动效果的各项参数。
- □ 熟练关键帧的基本操作。
- □ 了解关键帧插值原理及学习更改关键帧插值类型。

Motion(运动)属性是 Premiere 中视频素材的固有效果，它包含了素材的基本二维属性：位置、大小、旋转角度等，可以通过修改素材的基本二维属性以及通过关键帧应用产生多种二维动画效果。

7.1 运动属性

7.1.1 效果控制面板

通过 Window \ Effect Controls(菜单窗口 \ 效果控制)打开效果控制面板，在时间线上单击选择一个素材后，效果控制面板的左侧显示该素材所具有的固有效果、已添加的效果等，右侧显示相应效果的关键帧设置。(见图 7-1)

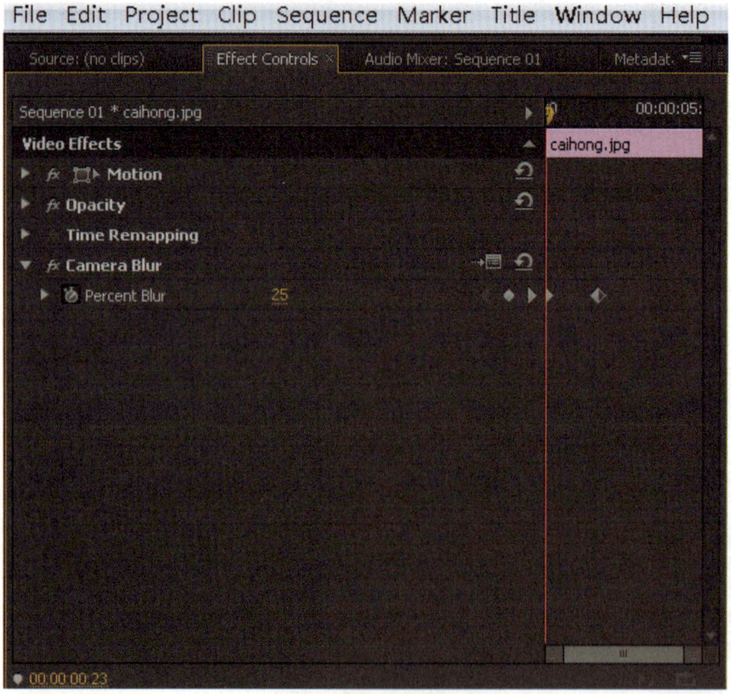

图 7-1 效果控制面板

7.1.2 运动属性

运动属性是显示放置在 Video(视频)轨道的素材的固有效果。它包含了素材的基本二维属性：Position(位置)、Scale(大小)，Rotation(旋转)、Anchor Point(定位点)等。(见图 7-2)

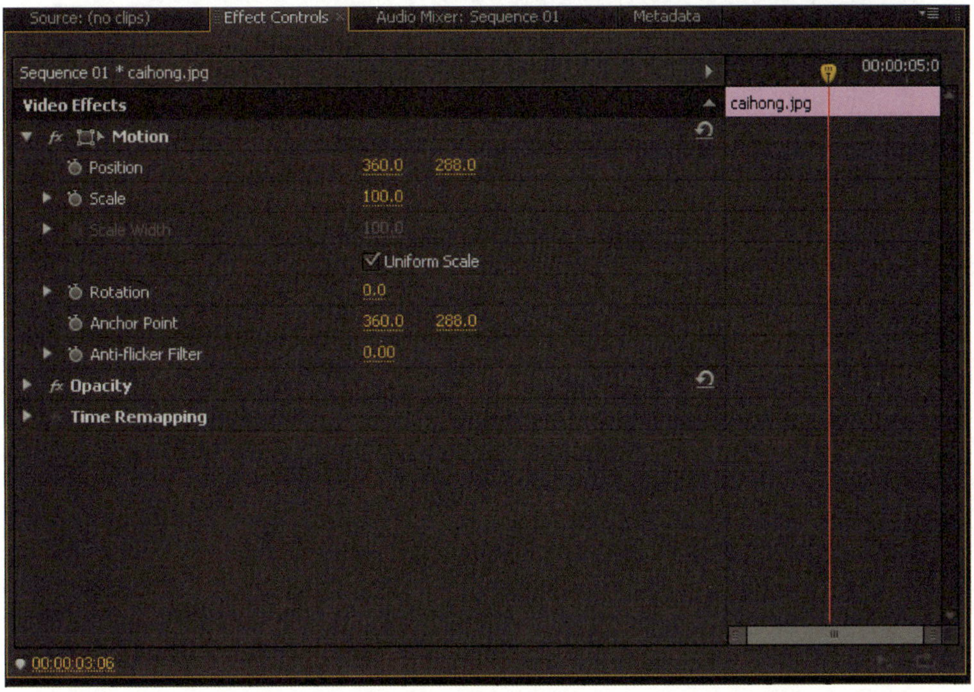

图 7-2　运动属性

Position(位置)：以素材的中心点的坐标为位置，调整 X 数值可以水平移动，调整 Y 数值可以上下移动，其中可视区的左上角的坐标为(0，0)，右下角的坐标为所建的序列的分辨率数值。

Scale(大小)：缩放比例，改变素材的大小。其中 Uniform Scale 为等比例缩放，可以根据需要进行选择。

Rotation(旋转)：旋转角度，改变素材的角度。输入 360 显示为 1×0.0°，输入 720 显示为 2×0.0°，大于 360 度用 1～n×0.0°等。

Anchor Point(定位点)：旋转中心，改变数值可以改变素材旋转中心点。

Anti-flicker Filter(去闪烁滤镜)：当素材作动画效果后，可以减少闪烁现象。

运动属性的数值修改常用的方法有三种：输入数值修改、拖动鼠标修改、点选 Motion后在右边的 Program 窗口直接修改。按  右上角的  可以复位到默认数值。

常用的设置素材的运动属性数值的方法主要有三种：

①直接在属性数值上点击鼠标左键，输入数值；

②将鼠标左键放在属性数值上按住不放，拖动鼠标；

③在时间线上点选素材后，在效果控制面板点击素材的 Motion(运动)属性，然后在 Program(节目)面板直接用鼠标调整。这种方法更直观，是一种常用的方法。(见图 7-3)

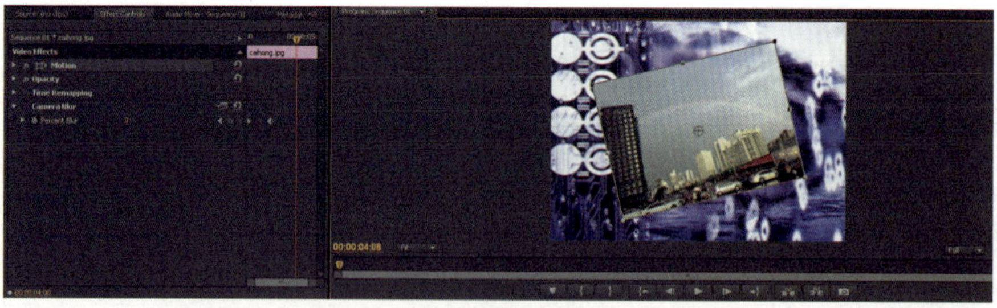

图 7-3　在 Program(节目)面板直接用鼠标调整

7.2　关键帧应用

7.2.1　关键帧概述

在传统的动画制作中，动画制作人员在把一个动作分解后，需要手工绘制动画中的各帧，而计算机制作动画中，只需要设置动作的关键帧(Keyframe)，关键帧之间的中间帧是计算机自动插补进来的。这就是关键帧动画。

7.2.2　关键帧基本操作

关键帧创建与修改在 Effect Controls 面板的右侧一栏。其中包括当前时间线指针、缩放控制、素材片段。关键帧的基本操作有：关键帧创建、关键帧修改、关键帧删除、关键帧复制、关键帧移动等。(见图 7-4)

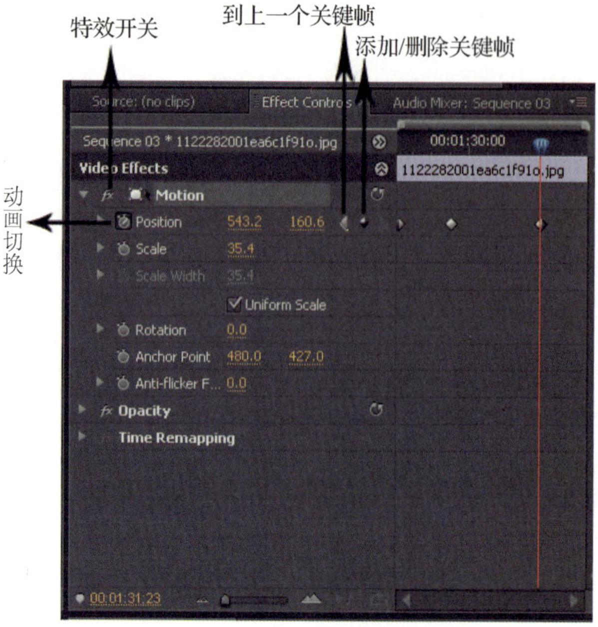

图 7-4　关键帧基本操作

（1）创建关键帧

通过设置关键帧可以为素材创建属性动画。第一个关键帧创建方法：在 Effect Controls 面板右侧一栏中移动鼠标到需要创建第一个关键帧的时间，点击如图 7-4 所示的属性动画切换按钮，即可创建一个关键帧，在右侧一栏显示为一个菱形块。移动时间线指针到新的时间点，修改所对应属性的数值或点击该属性的“添加/删除关键帧”按钮即可再创建一个新的关键帧。

（2）修改关键帧数值

点击如图 7-4 所示的该属性的“到上一个关键帧”按钮或“到下一个关键帧”按钮（快捷键为 PageUp \ PageDown），修改该关键帧数值即可。

（3）添加关键帧

添加关键帧有以下方法：移动时间线指针到所需添加关键帧的时间，直接修改数值；移动时间线指针到所需添加关键帧的时间，点击对应属性中的“添加/删除关键帧”按钮。

（4）移动关键帧

直接用鼠标拖动并移动已创建的关键帧到所需的时间点。关键帧之间的时间长短可以改变关键帧之间动画的速度。

（5）删除关键帧

删除关键帧有以下方法：选择需要删除的关键帧，按 Delete 键；移动时间线指针定位到所需删除的关键帧上，点击对应的“添加/删除关键帧”按钮。删除所有关键帧的方法：点击对应属性前的“动画切换”按钮可以实现。

（6）复制关键帧

选择需要复制的关键帧，可以多选，按 Ctrl＋C 组合键复制，移动时间线到所需复制的时间点，按 Ctrl＋V 组合键粘贴关键帧。

（7）复制运动属性

点击素材的运动属性，按 Ctrl＋C 组合键复制，选择其他视频素材，按 Ctrl＋V 组合键粘贴，可以将运动属性复制给其他素材。

（8）开关运动特效

按按钮可以打开/关闭运动属性。

（9）恢复系统默认属性数值

按按钮可以恢复运动属性的系统默认数值。

7.3　关键帧插值

从上面的实例中我们了解了计算机关键帧动画的基本操作方法，即定义动画的开始和结束两个关键帧数值。计算机自动计算出从第一个关键帧到第二个关键帧的中间的变化过程，这个过程就是插值运算的过程。要产生动画就需要有两个或两个以上有变化的关键帧。

默认情况下，从一个关键帧到下一个关键帧的变化是匀速的，但生活中更多的是变速变化，因此就需要调整关键帧的插值运算方法。

关键帧插值运算方法的改变可以调整时间速度的变化和空间运动轨迹的变化。因此分为空间关键帧和时间关键帧。（见图 7-5）

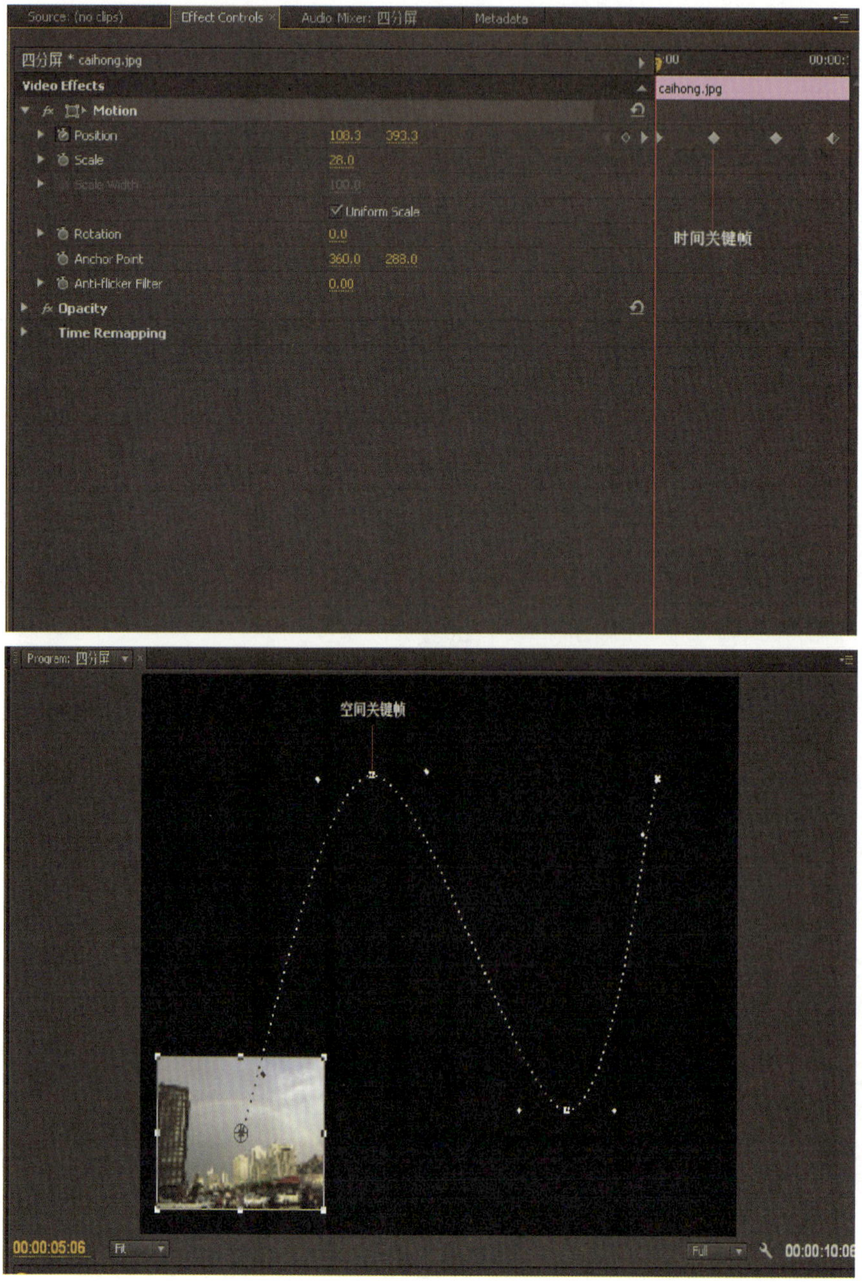

图 7-5　空间关键帧和时间关键帧

7.3.1 空间关键帧

在关键帧上单击右键，在出现的菜单中选择 Spatial Interpolation(空间关键帧)，有四种插值方式：Linear(线性)、Bezier(贝塞尔)、Auto Bezier(自动贝塞尔)、Continuous Bezier(连续贝塞尔)。(见图 7-6)

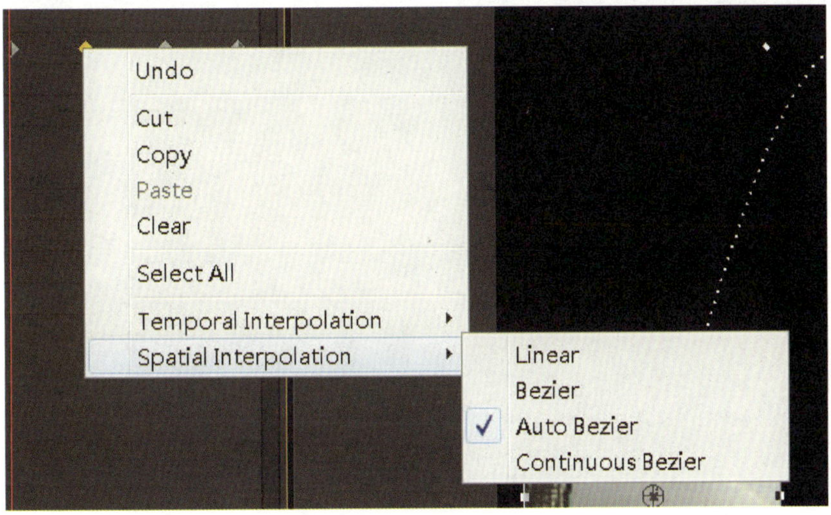

图 7-6　空间关键帧插值方式

1. Linear(线性)

当关键帧空间插值为线性插值方式时，其运动路径为直线。(见图 7-7)

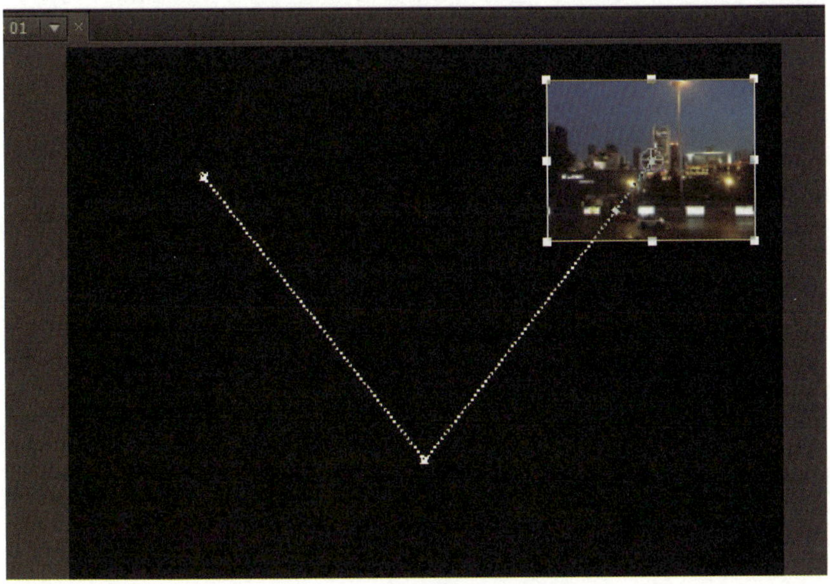

图 7-7　空间插值为线性插值方式

2. Bezier(贝塞尔)

当关键帧空间插值为贝塞尔插值方式时，其运动路径为自由曲线。(见图 7-8)

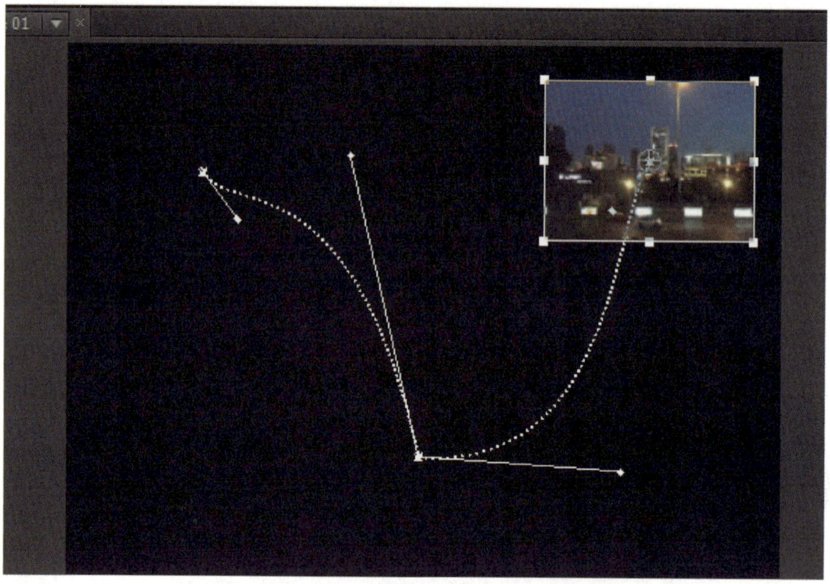

图 7-8 空间插值为贝塞尔插值方式

3. Auto Bezier(自动贝塞尔)

当关键帧空间插值为自动贝塞尔方式时，其运动路径为自动曲线。(见图 7-9)

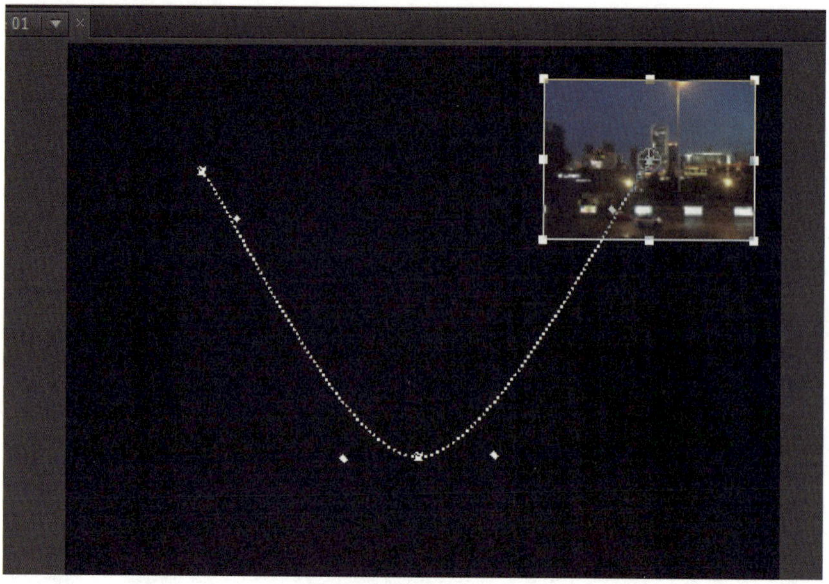

图 7-9 关键帧空间插值为自动贝塞尔方式

4. Continuous Bezier(连续贝塞尔)

当关键帧空间插值为连续贝塞尔方式时，其运动路径为连续曲线。(见图 7-10)

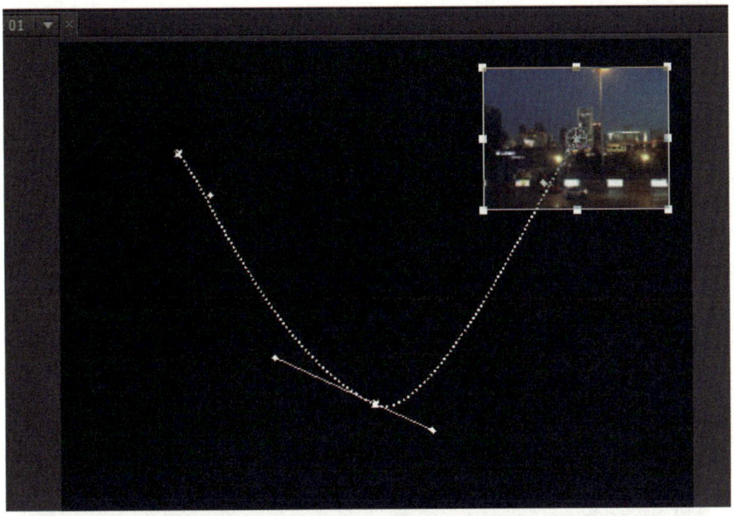

图 7-10 关键帧空间插值为连续贝塞尔方式

7.3.2 时间关键帧

在关键帧上单击右键，在出现的菜单中选择 Temporal Interpolation(时间关键帧)，有多种插值方式：Linear(线性)、Bezier(贝塞尔)、Auto Bezier(自动贝塞尔)、Continuous Bezier(连续贝塞尔)、Hold(保持)。展开属性前的三角形折叠按钮，可以观察其速度线或进行调整。(见图 7-11)

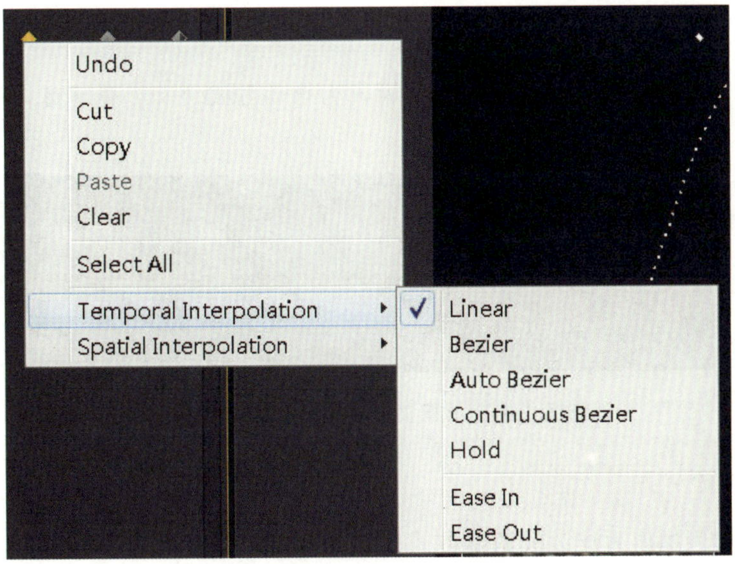

图 7-11 时间关键帧插值方式

1. Linear(线性)

当关键帧时间插值为线性方式时，表示从当前关键帧到下一关键帧的运动速度为匀速。(见图 7-12)

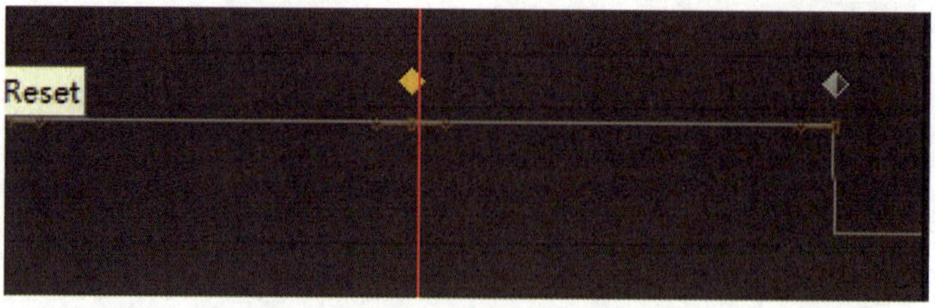

图 7-12 时间插值为线性方式

2. Bezier(贝塞尔)

当关键帧时间插值为贝塞尔方式时，表示从当前关键帧到下一关键帧的运动速度可为变速，可以分别调节关键帧的入、出速度变化。(见图 7-13)

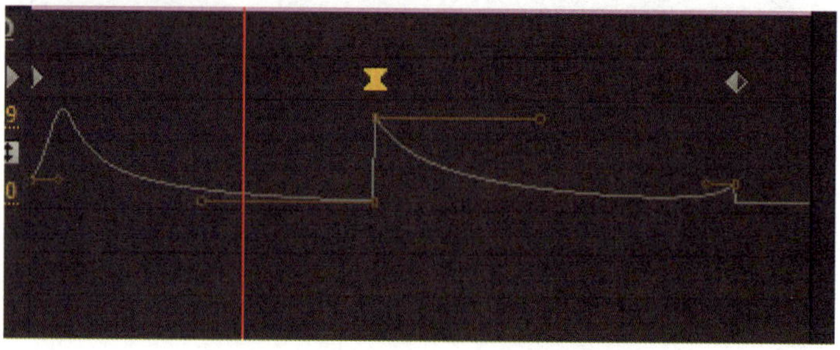

图 7-13 时间插值为贝塞尔方式

3. Auto Bezier(自动贝塞尔)

当关键帧时间插值为自动贝塞尔方式时，为自动方式缓和变化速度，同时影响关键帧的入和出速度变化。(见图 7-14)。

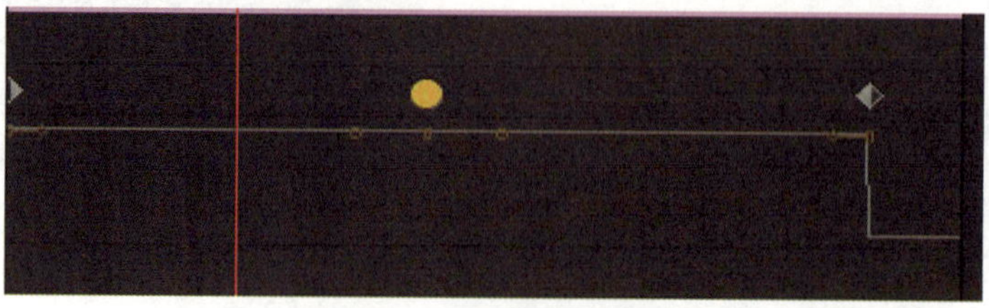

图 7-14 时间插值为自动贝塞尔方式

4. Continuous Bezier(连续贝塞尔)

当关键帧时间插值为连续贝塞尔方式时，表示调节关键帧入的速度时会同时影响调整出的速度。(见图 7-15)

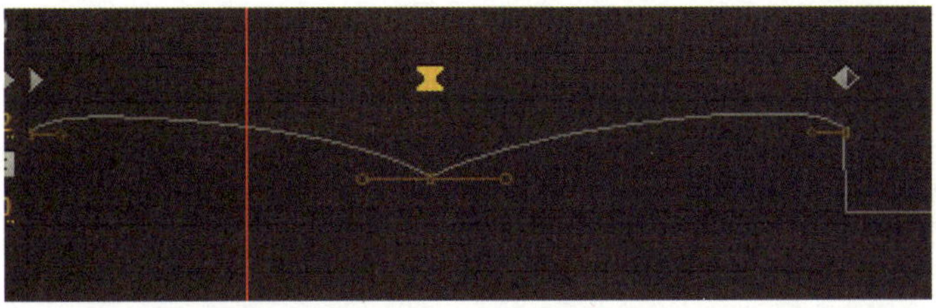

图 7-15 时间插值为连续贝塞尔方式

5. Hold(保持)

当关键帧时间插值为保持方式时，表示当前关键帧保持速度到下一关键帧，是突变的方式。(见图 7-16)

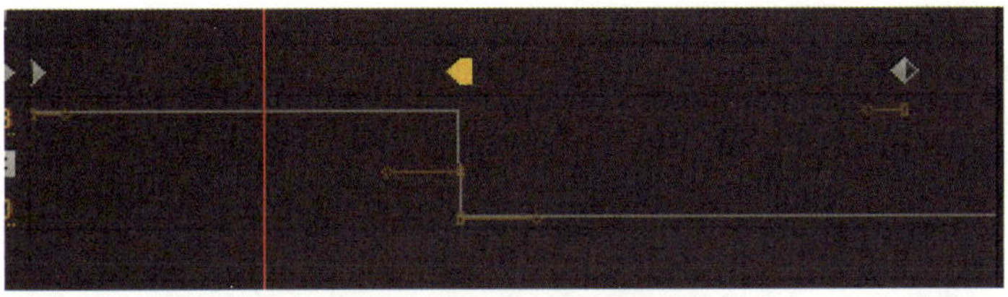

图 7-16 时间插值为保持方式

实例展示：利用运动属性制作四等分屏效果

1. 根据素材大小创建项目文件(本例中素材大小为 640 * 480，25 fps，方形像素)。(见图 7-17)

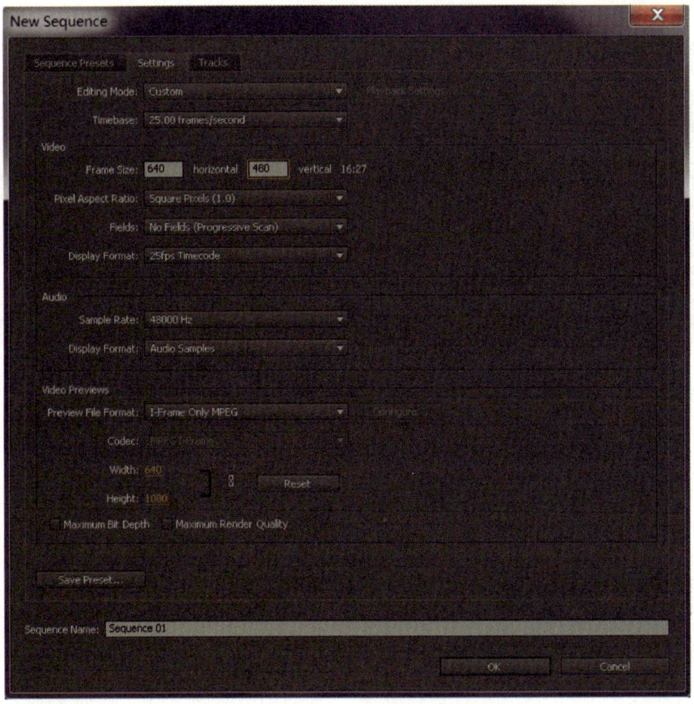

图 7-17 序列设置

2. 选择 File \ Import 命令或在项目窗口空白处双击鼠标左键将素材 1、2、3、4 导入。（见图 7-18）

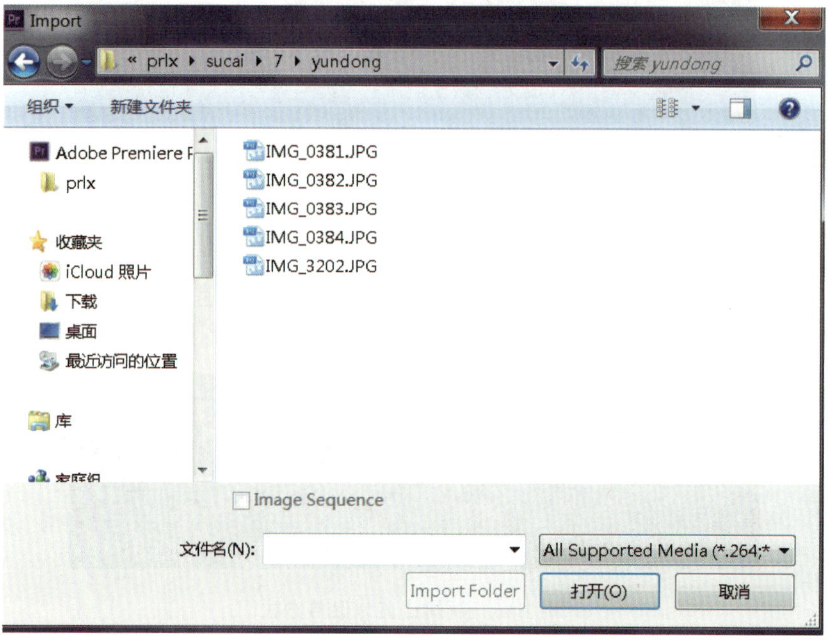

图 7-18　导入素材命令

3. 从项目窗口拖拽素材 1、2、3、4 到时间线视频轨道 Video1、2、3、4 上，每个素材入点依次推后 10 帧，将素材的末尾剪辑调整到一样长。（见图 7-19）

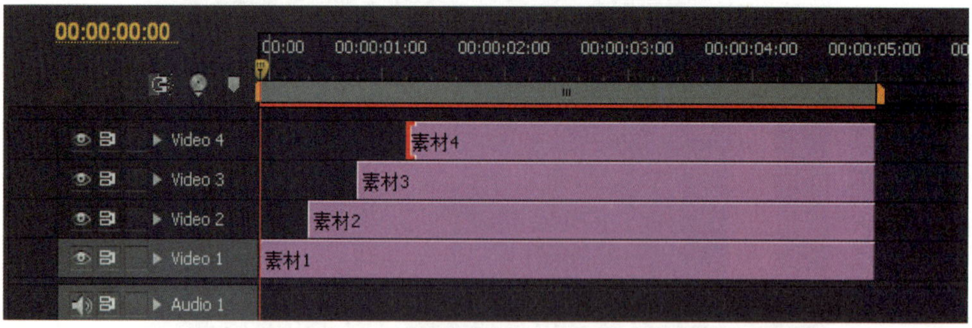

图 7-19　拖拽素材 1、2、3、4 到时间线视频轨道 Video1、2、3、4 上

小贴士

编辑时在时间线面板随时使用 — = \ 调整标尺的单位大小，以方便操作。（注意：在英文输入法下这三个快捷键才起作用）。

4. 将素材 2、3、4 轨道前的轨道显示控制按钮（眼睛图标）关闭，选择素材 1，将时间线指针调整到第 0 帧，在效果控制面板（Effect Controls）调整素材 1 的 Motion 属性参数为：Position：（800，240）；Scale：50；单击 Position 属性前的动画切换按钮定义第一个

关键帧。（见图 7-20）

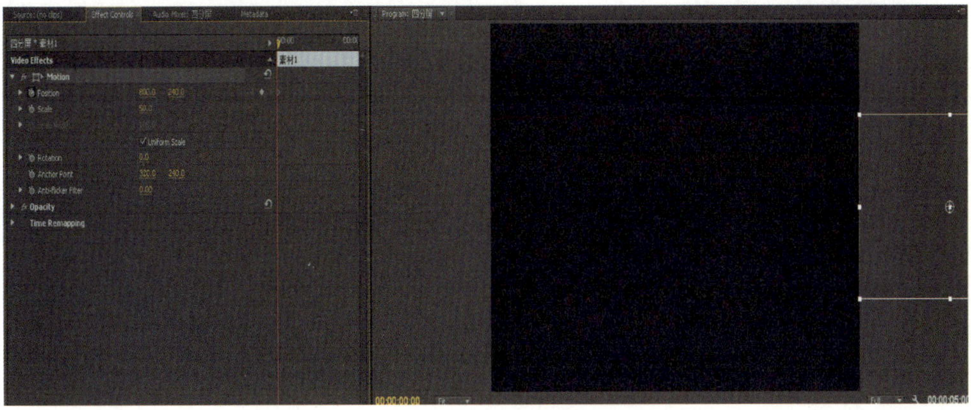

图 7-20　调整素材 1 的运动属性

5. 将时间线指针移动到第 10 帧的位置，调整 Position：（320，240）；同时单击 Rotation 属性前的动画切换按钮定义其第一个关键帧。（见图 7-21）

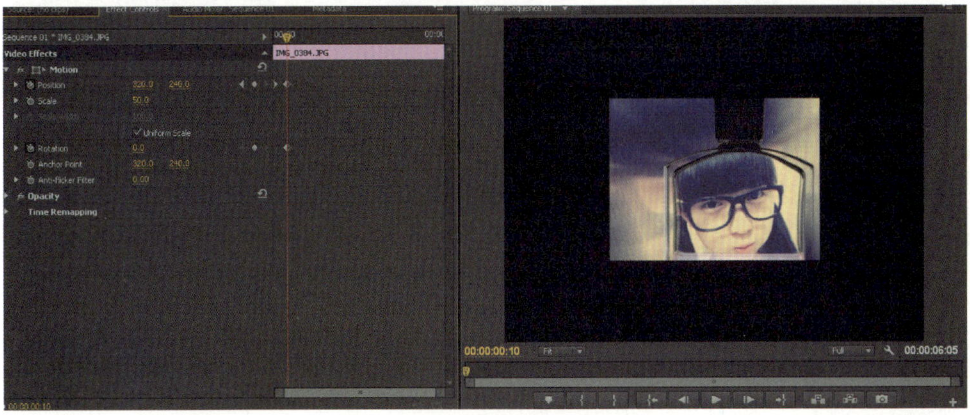

图 7-21　创建关键帧

小贴士

时间线指针定位可以用鼠标拖动的方法，还可以在时码显示位置单击鼠标后直接输入数值完成。

6. 将时间线指针移动到第 2 秒的位置，单击 Position 和 Rotation 属性中的“添加/删除关键帧”按钮为这两个属性的位置和旋转属性以当前值创建新的关键帧。（见图 7-22）

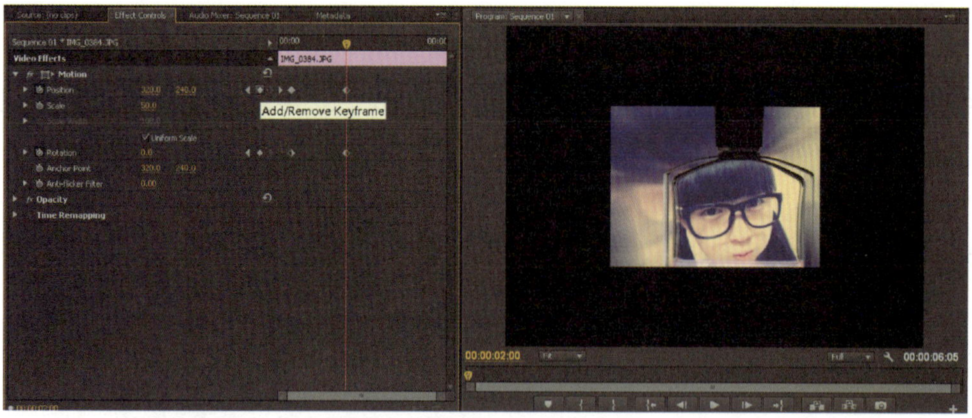

图 7-22 创建关键帧

7. 将时间线指针移动到第 2 秒 10 帧的位置，调整 Position：(160，120)；Rotation：360。(见图 7-23)

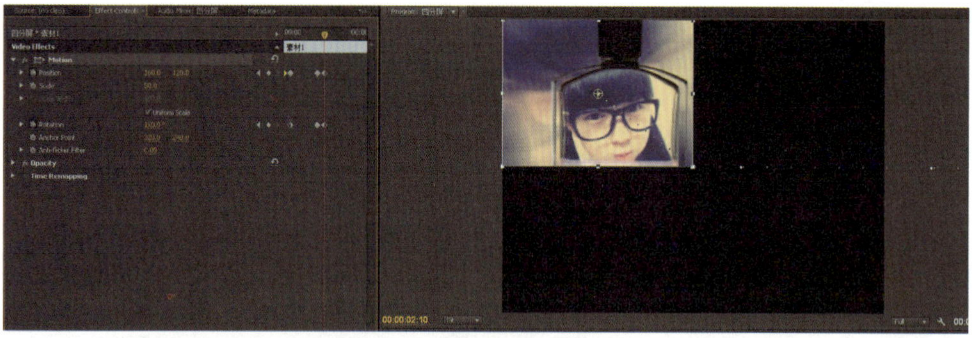

图 7-23 创建关键帧

8. 类似方式调整素材 2、3、4 制作四分屏效果。素材 2、3、4 的最后一个关键帧 Position 值分别调整为(480，120)；(160，360)；(480，360)；最后定版四分屏效果如图 7-24 所示。

图 7-24 四分屏效果

小贴士

调整参数时还可以直接在节目监视器用鼠标移动、缩放和旋转，另外也可以利用关键帧插值属性修改调整动画的速度。

想一想

素材 2、3、4 也可以利用复制素材 1 的运动属性后再做调整的方式完成吗？

9. 使用菜单 File \ Save(文件 \ 保存)命令存储工程文件。

10. 使用菜单 File \ Export \ Media(文件 \ 输出 \ 媒体)设置参数(见图 7-25)，单击 Export 按钮输出文件。

图 7-25　输出文件

思考与练习

1. 视频素材的运动属性主要包括哪些参数？
2. 如何创建关键帧，修改关键帧数值，复制、移动、删除关键帧？
3. 什么是关键帧插值？关键帧插值有哪些方式？

拓展训练

党的二十大报告指出，大自然是人类赖以生存发展的基本条件。尊重自然、顺应自然、保护自然，是全面建设社会主义现代化国家的内在要求。必须牢固树立和践行绿水青山就是金山银山的理念，站在人与自然和谐共生的高度谋划发展。我们要推进美丽中国建设，坚持山水林田湖草沙一体化保护和系统治理，统筹产业结构调整、污染治理、生态保护、应对气候变化，协同推进降碳、减污、扩绿、增长，推进生态优先、节约集约、绿色低碳发展。

请以《美丽中国》为主题，选择相应的视音频素材，运用本章节所学知识，创建一个介绍你的家乡美丽自然风光的短片。

第 8 单元

Premiere 合成技术

学习目标

- □ 了解和认识视频合成的基本原理及发展历史。
- □ 认识 Premiere 中键控的类型；学会根据素材选择适合的键控方法。
- □ 学习使用透明度进行合成，认识各种视频混合模式的混合效果；学会使用色度键控、亮度键控、遮罩键控等方法进行视频素材合成。

Premiere 中的视频轨道可以有很多条，默认情况下是上层轨道的视频素材遮挡其下层轨道的素材，但可以利用透明度、键控等技术使多条轨道的素材进行合成。这在后期编辑创作中应用非常广泛。

8.1 合成简介

在影视节目制作中，常常要把多条素材通过一定的方式混合叠加起来，这就是合成。Premiere 中的合成有很多方式，其中主要的有透明度、叠加模式、色度键控、亮度键控、Alpha 通道、轨道遮罩等合成技术。

8.2 使用透明度合成

8.2.1 透明度属性

在 Premiere 中，视频轨道上的素材的固有属性除了 Motion(运动)外，还有一个固有属性 Opacity(透明度)。(见图 8-1)

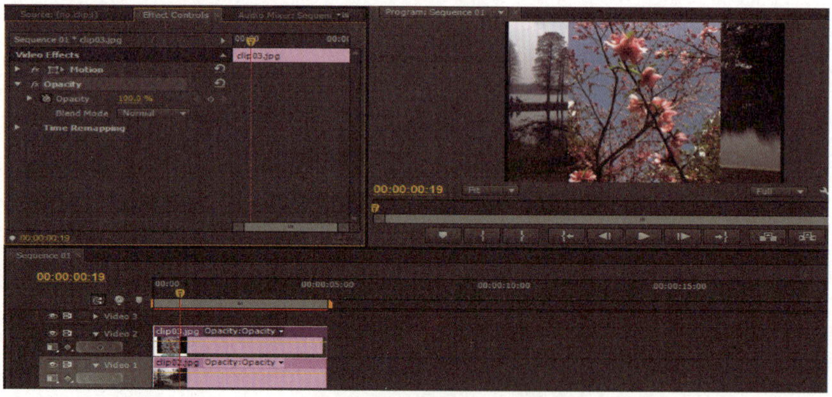

图 8-1 透明度属性

修改 Opacity(透明度)数值，其取值范围是 0～100。当值小于 100 时，处于半透明状态，可以显示出下层轨道的素材，两层轨道素材混合。(见图 8-2)

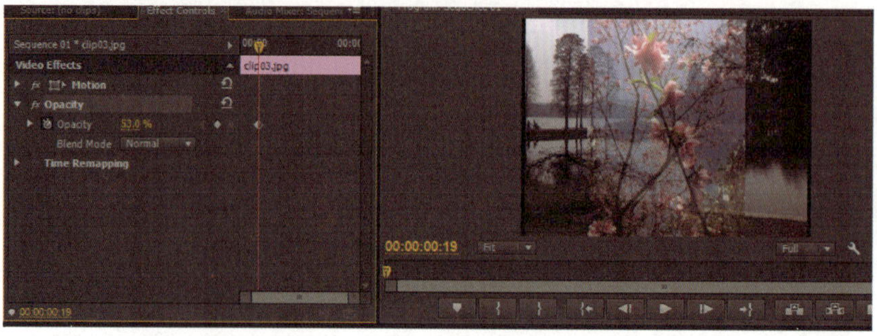

图 8-2 半透明

另外，和运动一样，透明度也可以添加关键帧，使透明度属性随时间产生变化。（见图 8-3）

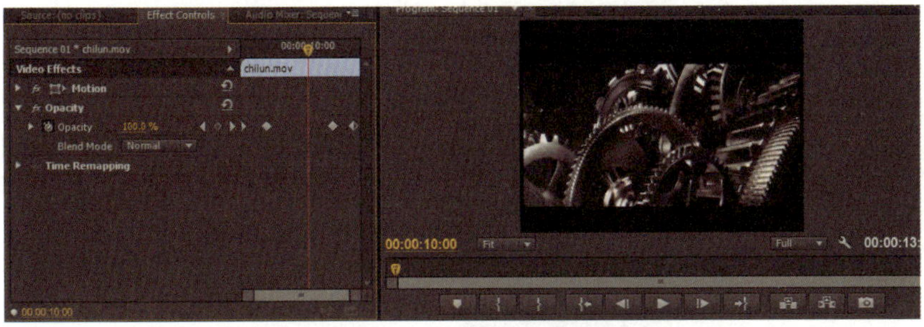

图 8-3　设置透明度关键帧

Opacity（透明度）属性也可以通过修改 TimeLine（时间线）上素材的不透明度线修改。（见图 8-4）

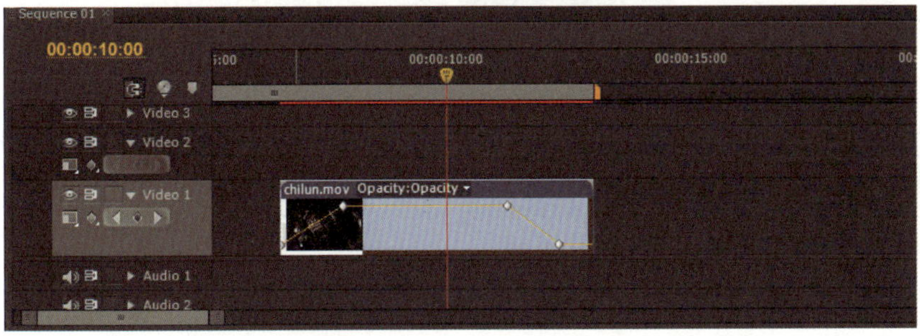

图 8-4　修改素材的不透明度线

在 Opacity（透明度）属性中，还有一项设置是 Blend Mode（混合模式），可以通过修改混合模式来制作特殊混合效果。（见图 8-5）

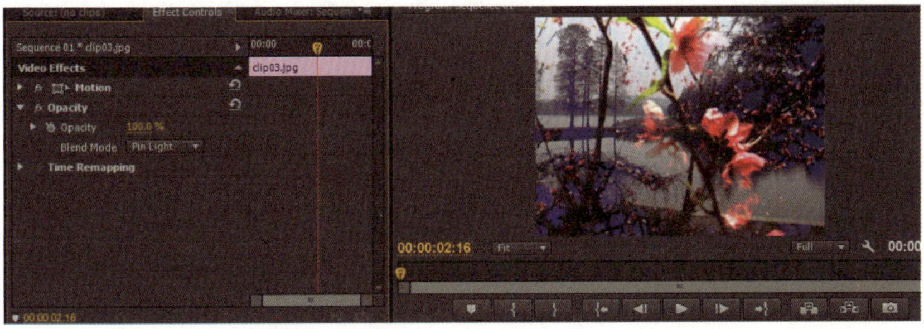

图 8-5　混合模式

8.2.2 更改混合模式

Blend Mode（混合模式）是将本层轨道素材的像素和下层轨道素材的像素通过运算合成新的亮度、色度、饱和度，得到一种新的合成效果，主要有 6 组 27 种混合方式。（见图 8-6）

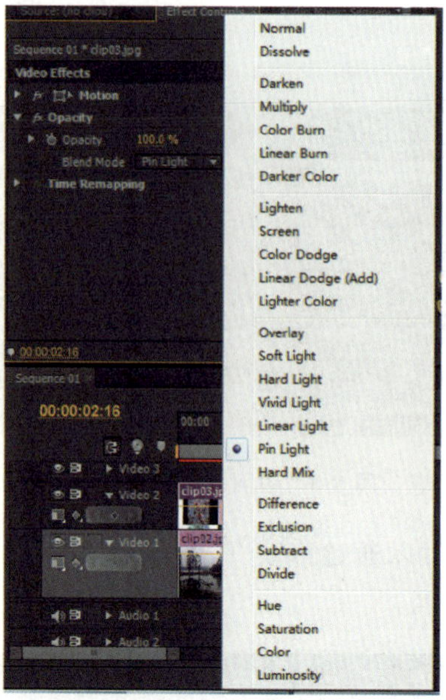

图 8-6 混合模式类型

(1)普通混合模式

这组混合模式中产生的合成效果的颜色不受下层轨道素材像素颜色的影响，包括 Normal(正常)和 Dissolve(溶解)混合模式。

(2)变暗混合模式

这组混合模式中产生的合成效果是比较当前轨道和下层轨道素材的颜色亮度保留较暗的颜色部分，包括 Darken(变暗)、Multiply(正片叠底)、Color Burn(颜色加深)、Linear Burn(线性加深)、Darken Color(变暗颜色)混合模式。

(3)变亮混合模式

这组混合模式中产生的合成效果是比较当前轨道和下层轨道素材的颜色亮度保留较亮的颜色部分，包括 Lighten(变亮)、Screen(屏幕)、Color Dodge(颜色减淡)、Linear Dodge(Add)(线性减淡)、Lighten Color(变亮颜色)混合模式。

(4)叠加混合模式

这组混合模式中产生的合成效果是比较当前轨道和下层轨道素材的颜色亮度是否低于 50%的灰度，然后创建不同的叠加混合效果，包括 Overlay(叠加)、Soft Light(柔光)、Hard Light(强光)、Vivid Light(艳光)、Linear Light(线性光)、Pin Light(点光)、Hard Mix(增强混合)混合模式。

(5)差异混合模式

这组混合模式中产生的合成效果是比较当前轨道和下层轨道素材的颜色差异来产生混合效果，包括 Difference(差值)、Exclusion(排除)、Subtract(相减)、Divide(划分)混合模式。

(6)色彩混合模式

这组混合模式中产生的合成效果是比较当前轨道和下层轨道素材的颜色，混合结果只改变色相、饱和度、颜色、亮度中的一个值，其余保持不变，包括 Hue(色相)、Saturation(饱和度)、Color(颜色)、Luminosity(亮度)混合模式。

8.3　使用键控合成

在非线性编辑系统中，键控(Keying)是应用最为广泛的一种视频素材合成技术。键控，也叫作抠像，是指以某种关键值为依据，将素材中的这种关键值抠除，使其透明，从而可以透出下层轨道的素材，实现多轨道视频素材的合成。Premiere 中的键控在 Effects(效果)面板中的 Video Effects(视频效果)中的 Keying(键控)中。(见图 8-7)

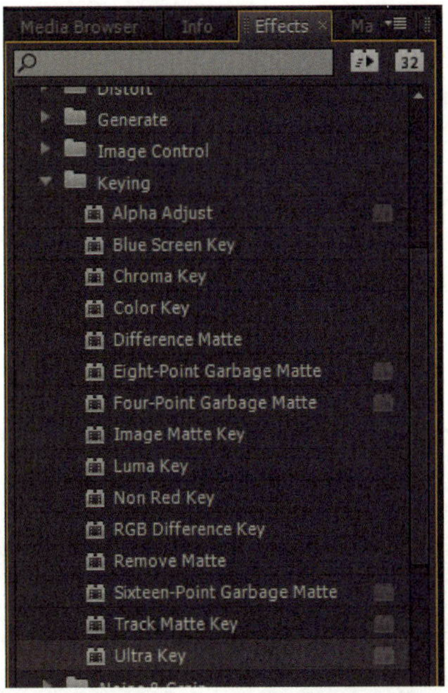

图 8-7　键控效果

色度键控，即以某种颜色范围为依据，在这种颜色范围内的被抠掉，其余保留，从而进行合成。更多情况下，我们选择蓝色或绿色范围为键控背景，主要因为人的皮肤中不包含这两种颜色。在 Premiere 中色度键控主要有 Blue Screen Key(蓝屏键控)、Chroma Key(色度键控)、Non Red Key(非红键控)等。

8.3.1　蓝屏键控

Blue Screen Key(蓝屏键控)用于抠除素材中的蓝色范围。如图 8-8 所示，在蓝色背景的素材上应用 Blue Screen Key(蓝屏键控)，可以抠除蓝色范围。

图 8-8　蓝屏键控效果前

Blue Screen Key(蓝屏键控)参数设置：

Threshold(阈值)：设置蓝色透明区域的范围。

Cutoff(切除)：设置不透明区域的不透明度。

Smoothing(平滑)：设置透明区域和不透明区域的平滑过渡程度。

Mask Only(仅蒙版)：勾选后只显示素材片段的 Alpha 通道，白色为不透明区域，灰色为半透明区域。

合成结果如图 8-9 所示。

图 8-9　蓝屏键控效果后

参数 Mask Only(仅蒙版)打钩时，未被抠除的部分会用白色填充，半透明的部分填充灰色。如果底层素材被关闭，完全被抠除的部分显示黑色(见图 8-10)。利用这点，可以帮助使用者更准确地调整参数，得到更干净、更好的抠像效果。

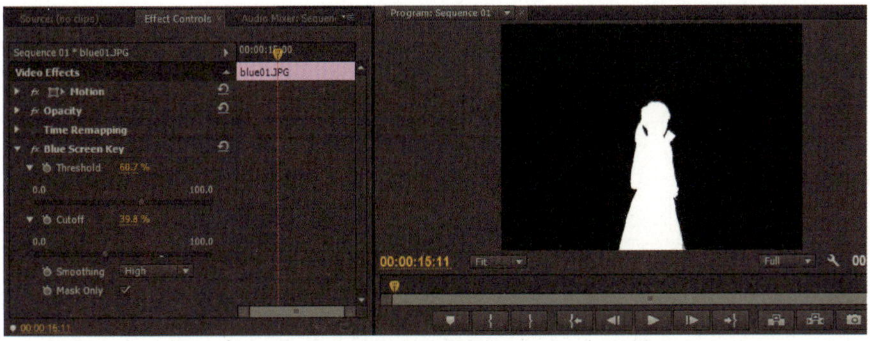

图 8-10 仅蒙版显示

8.3.2 色度键控

Chroma Key(色度键控)是根据某一个颜色范围去进行抠除。如图 8-11 所示，在图中抠除粉色背景。

图 8-11 色度键控效果前

Chroma Key(色度键控)参数设置：

Color(颜色)：选择要抠除的颜色，有两种方法。一种是点击 Color 后的颜色块，打开拾色器选择颜色；另一种是用吸管工具在素材上取样颜色。调整参数结果如图 8-12 所示。

Similarity(相似度)：设置透明色彩的相似范围。数值越大，透明区域越大。

Blend(混合)：调整抠像素材和下层素材的混合程度。数值越大，混合度越高。

Threshold(阈值)：控制透明色彩区域的阴影数量。数值越大，阴影越多。

Cuttoff(切除)：设置阴影的明暗。

Smoothing(平滑)：设置透明区域和不透明区域的平滑过渡程度。

Mask Only(仅蒙版)：勾选后只显示素材片段的 Alpha 通道，白色为不透明区域，灰色为半透明区域。

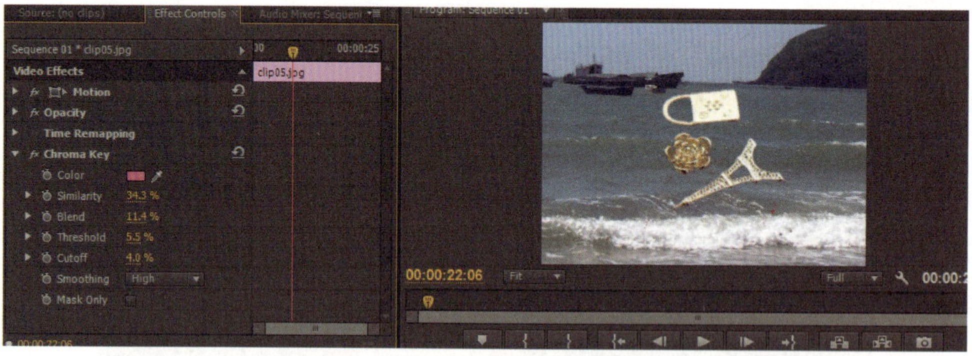

图 8-12　色度键控效果后

8.3.3 极致键控

Ultra Key(极致键控)是 Premiere 升级版本中的一个升级键控效果，它能够更好地设置键控参数，更加完美地合成画面。如图 8-13 所示的素材。

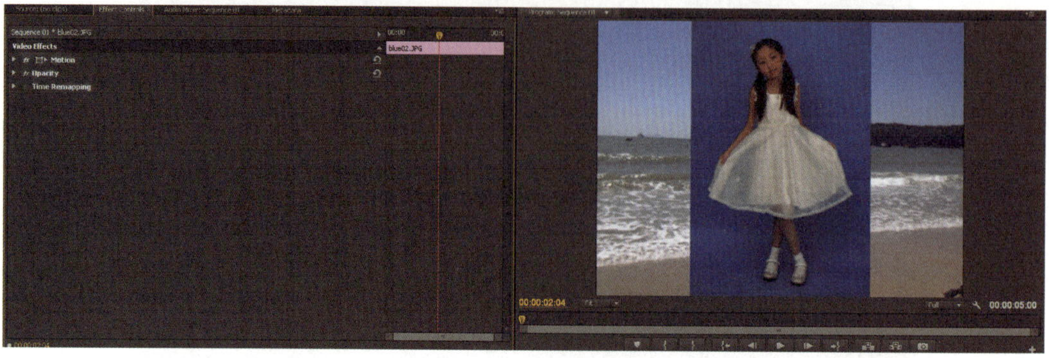

图 8-13　极致键控效果前

添加 Ultra Key(极致键控)并调整参数后合成效果如图 8-14 所示。

图 8-14　极致键控效果后

Ultra Key(极致键控)参数设置：

Output(输出显示)：选择以何种方式输出预览。

Setting(设置)：定义参数设置的方式，包括自定义参数和自动设置的几种参数。

Key Color(键出色)：定义要抠除的颜色。

Matte Generation(遮罩产生)：调整遮罩的范围。

Matte Cleanup(遮罩清除)：对遮罩的边缘进行处理。

Spill Suppression(溢色)：抑制抠像溢出颜色。

Color Correction(色彩校正)：对抠像的结果进行色相、饱和度、亮度的调整。

8.3.4 亮度键控

在非线性编辑系统中，根据亮度进行键控也是一种常用的技术(见图 8-15)。在 Premiere 中可以使用 Luma Key(亮度键控)合成，可以指定键控范围为亮的部分或暗的部分。

素材1　　素材2　　合成后

图 8-15　亮度键控素材及合成效果

Luma Key(亮度键)参数设置：

Threshold(阈值)：设置键出的亮度范围。

Cuttoff(切除)：设置选择的亮度范围的大小。

8.4 使用遮罩合成

8.4.1 Alpha 通道键控

除了以上的叠加合成技术，非线性编辑系统中还有一种常用的技术，即利用 Alpha 通道合成，Alpha 通道保存素材的透明信息，其中只有黑白灰，一般黑色代表透明部分，白色代表不透明部分，灰色代表不同程度的半透明。Alpha 通道一般是软件制作的。这在 Premiere 的键控效果是 Alpha Channel（Alpha 通道键控）。图 8-16 是带 Alpha 通道的素材（在 Photoshop 中的显示）。

图 8-16 Alpha 通道

将其导入 Premiere 后，Alpha 通道会按照通道中的黑白来进行合成叠加。（见图 8-17）

图 8-17　Alpha 通道素材合成效果

Alpha Channel(Alpha 通道键控)参数设置:

Opacity(透明度):设置素材的透明度。

Ignore Alpha(忽略 Alpha):关闭 Alpha 通道。

Invert Alpha(翻转 Alpha):反相 Alpha 通道。

Mask Only(仅蒙版):以黑白灰显示素材片段的 Alpha 通道。

8.4.2 轨道遮罩键

当一个素材不带有 Alpha 通道时,Track Matte Key(轨道遮罩键)可以利用其他素材的亮度或其他素材的 Alpha 通道来决定素材的透明与不透明部分的方法。一般是白色覆盖的部分为不透明,黑色覆盖的部分为透明,灰色覆盖的部分为半透明。(见图 8-18,8-19)

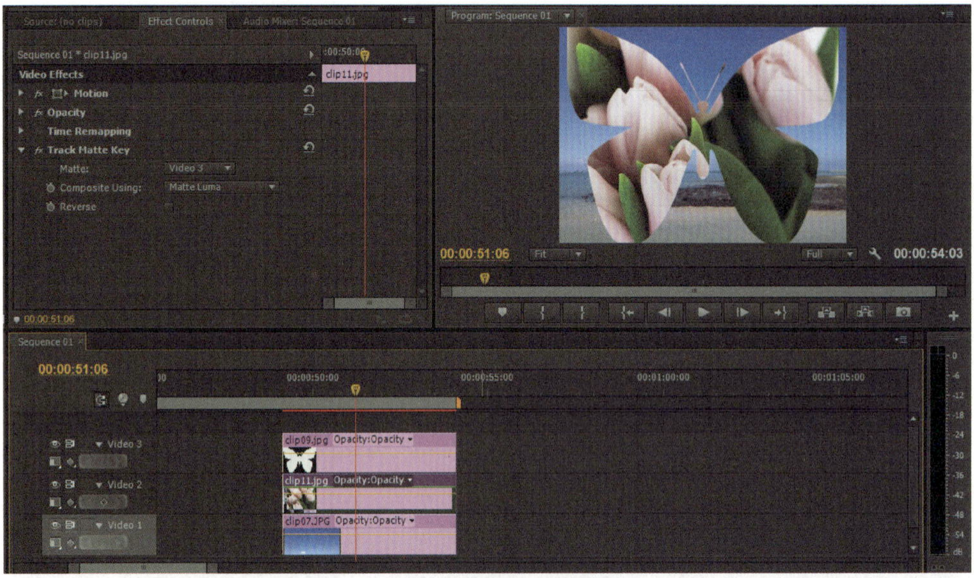

图 8-18　轨道遮罩键合成效果

图 8-19　轨道遮罩键合成效果

Track Matte Key(轨道遮罩键)参数设置：

Matte(遮罩)：指定哪条轨道的素材为遮罩。

Composite Using(合成方式)：指定是利用遮罩素材的 Matte Alpha(Alpha 通道)信息，还是 Matte Luma(亮度)信息为遮罩。

Reverse(反转)：使遮罩的黑白信息反相。

8.4.3 多边形遮罩合成

多边形遮罩，即以多边形为界限，在多边形内部的不透明，在多边形外部的透明。Premiere 中的多边形遮罩有 Four-point Garbage Matte(4 点无用信号遮罩)、Eight-point Garbage Matte(8 点无用信号遮罩)、Sixteen-point Garbage Matte(16 点无用信号遮罩)。一般此类遮罩用来抠除素材多余的部分，如话筒、灯等。

如图 8-20 所示，先用 Eight-point Garbage Matte 抠除灯得到图 8-21 所示效果，再用 Ultra Key(极致键控)抠除蓝色背景得到图 8-22 所示效果。

图 8-20 多边形遮罩效果前

图 8-21 多边形遮罩效果后

图 8-22 极致键控效果后

多边形遮罩参数设置：各个控制点的坐标值。

思考与练习

1. 理解 Premiere 中键控合成的原理和键控的类型。如何选择合适的键控方法？
2. 练习使用色度、亮度、轨道遮罩键控方法。

拓展训练

自己拍摄蓝屏素材进行后期合成练习。

第 9 单元

Premiere 音频素材编辑处理

学习目标

☐ 明确了解如何编辑音频。

☐ 通过对音频特效的认识，能够掌握音频的制作方法，音频特效的应用范围。

☐ 根据需要灵活运用音频编辑，用简单的技术手段丰富音频制作。

一个好的影视作品离不开声音素材，声音的效果给影视节目带来的冲击力是令人震撼的。Premiere Pro CS6 同样给声音提供了许多处理手段，使得声音的编辑和合成一点也不比图像逊色。

9.1 音频编辑

声音素材按照声道划分，常见的有三种类型：单声道、立体声和 5.1 声道格式。Premiere Pro CS6 的音频轨道分为 Audio(普通音频轨道)、Submix(子混合轨道)、Master(主混合轨道)。普通音频轨道可以承载使用者添加的音频，子混合轨道可以对普通音频轨道进行一些混合操作，主混合音频是对子混合轨道以及普通音频轨道进行总体的混合效果处理。主混合有一条，普通音频轨道和子混合轨道可以有多条。

9.1.1 音频导入

Premiere Pro CS6 的音频导入方式与视频导入相同。使用 File \ Import(文件 \ 导入)命令将声音素材导入到项目面板中。双击项目面板中的音频素材，在源监视器中打开，预听声音内容，同时显示其波形。(见图 9-1)

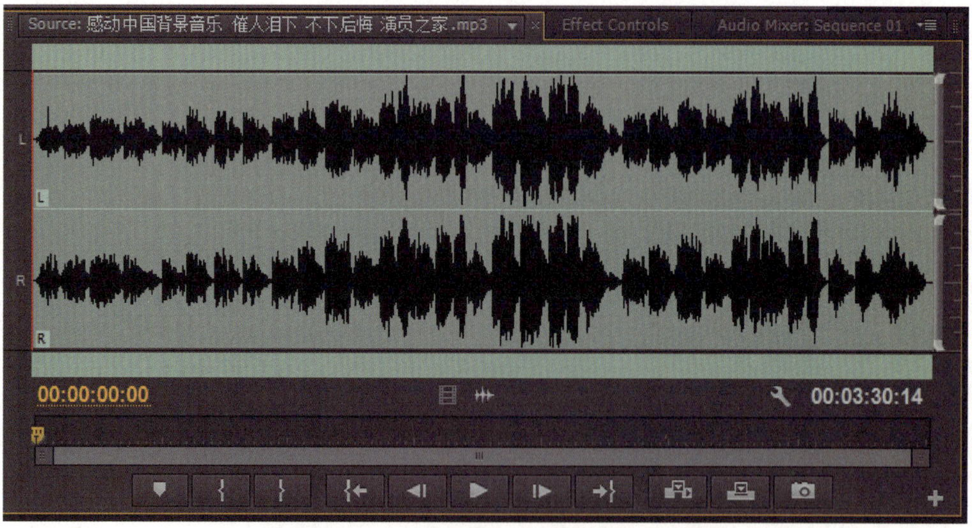

图 9-1 源监视器显示音频波形

然后将音频素材拖到时间线面板中的音频轨道里，展开轨道前的三角形展开按钮，也可以在监听播放的同时查看音频轨道的波形。(见图 9-2)

图 9-2　音频轨道里查看波形

9.1.2　音频编辑

在 Premiere Pro CS6 中音频剪辑与视频剪辑的方式是一样的，可以将鼠标置于素材的出入点位置直接拖拽进行裁切，可以在时间线面板中执行一些简单的编辑。用户可以解除音频与视频的链接并移动音频，以便附加音频的不同部分；可以使用剃刀工具进行切割。工具栏中可以对视频素材施加的工具在音频素材中一样有效。

9.1.3　调节音量

调整音频素材的音量主要有以下几种方法。

方法一：在音频轨道中点击三角形折叠按钮展开轨道，音频片段上的黄色细线代表的是音量线，用鼠标上下拖动黄线，可以降低或提高素材的音量大小；还可以配合关键帧，调整音量。（见图 9-3）

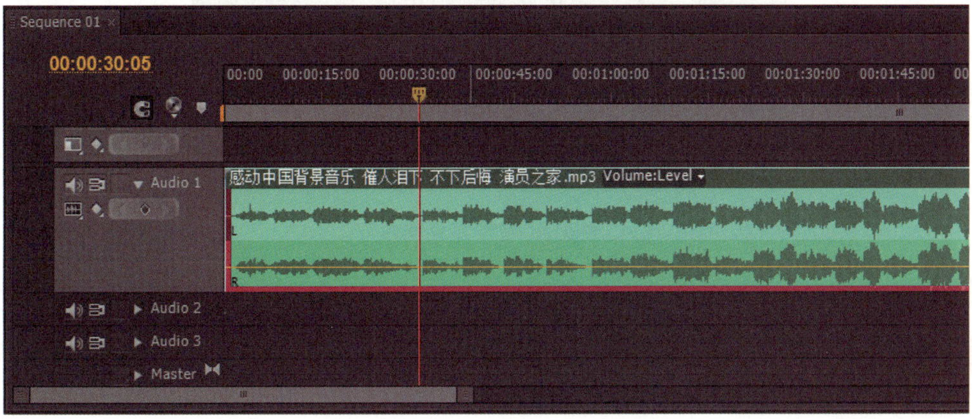

图 9-3　音频轨道中调整音量

方法二：增益命令用于通过提高或降低音频增益（以分贝为单位）来更改整个素材的声音级别。鼠标右键单击音频素材，打开 Audio Gain（音频增益），通过调节 Adjust Gain

by(调节音频增益)来降低或提高素材的音量大小。(见图 9-4)

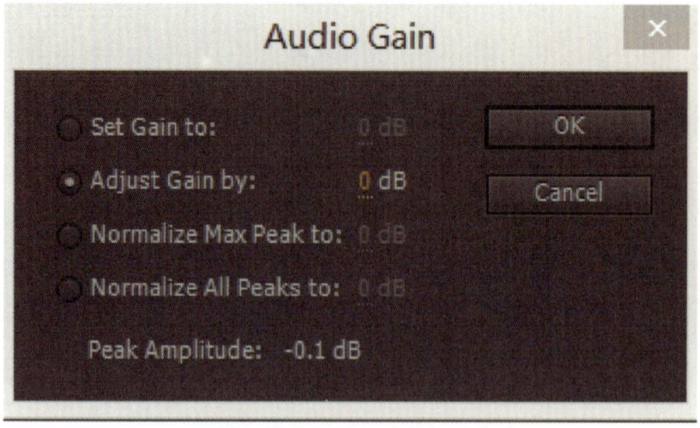

图 9-4 调节音频增益

方法三：调节效果控制面板中的素材的 Volume(音量)或(Channel Volume)通道音量属性参数。(见图 9-5)

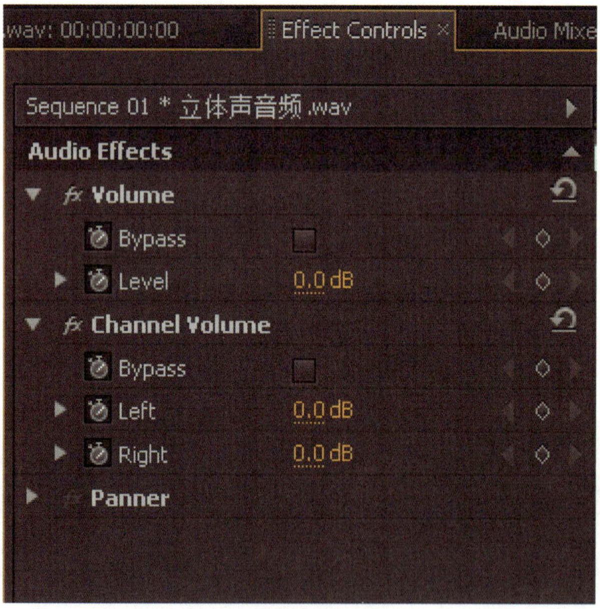

图 9-5 音量属性调整

方法四：利用音频特效中的音量调整相关特效。

9.1.4 声像平衡

Pan(声像)指音频在声道间的移动。使用声像，可以在多声道轨道中，对声道进行定位。Balance(平衡)是在多声道音频轨道之间重新分配声道中的音频信号。

方法一：单击音频轨道前的三角形折叠按钮，展开音频轨道。在 Track：Volume(音量)下拉列表中选择 Panner \ Balance(声像器 \ 平衡)命令。显示的黄色线变为调节声像平

衡的线，用鼠标上下拖动黄线，可以改变素材的声像平衡，也可以配合关键帧，创建动态声像平衡。（见图 9-6）

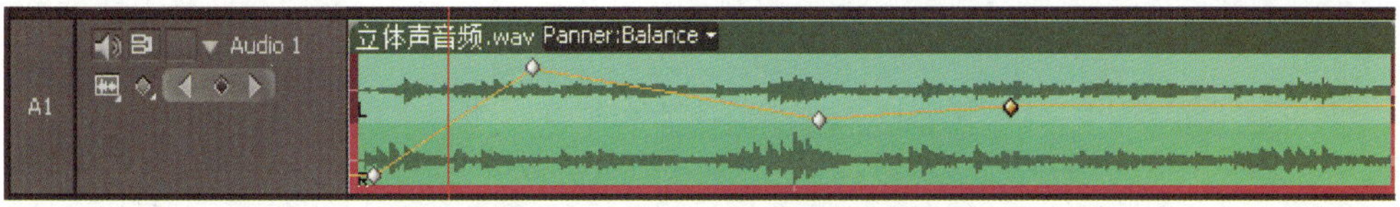

图 9-6　音频轨道里调节声像平衡

方法二：调节效果控制面板中素材的 Panner \ Balance（声像器 \ 平衡）属性参数。

方法三：利用音频特效中的平衡特效调整。

9.2　音频转场

利用音频转场能够使音频之间的连接更加和谐，过渡更加自然。添加音频转场比添加视频转场要简单得多。在 Effects（效果）面板中的 Audio Transition（音频转场）的 Crossfade（交叉渐隐）下，保存了 Premiere Pro CS6 内置的音频转场效果，包括 Constant Gain（衡量增益）、Constant Power（持续声量）、Exponential（指数型淡入淡出）三个音频转场效果（见图 9-7）。它可以使前一个素材的增益逐渐减小，后一个素材的增益逐渐增大，从而实现一个淡入淡出的音频过渡效果，即音频交叉渐隐效果。

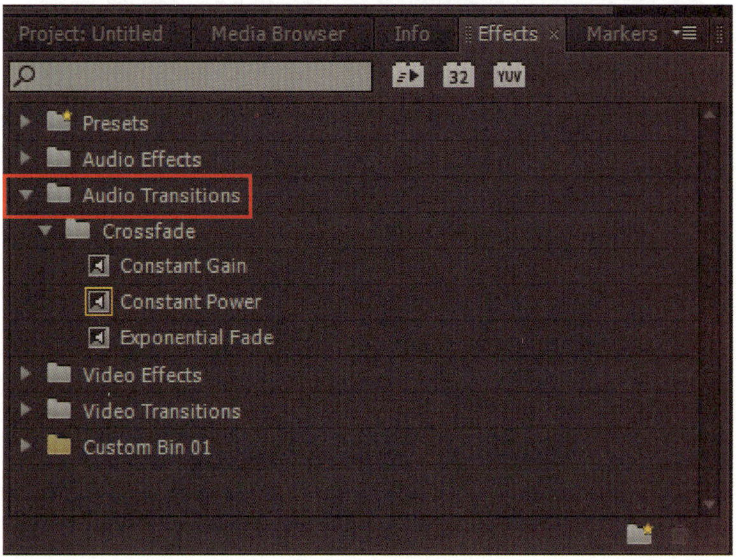

图 9-7　音频转场

添加转场的方法：将音频转场效果拖至两段声音素材的连接处，或者声音素材的入点或出点位置。（见图 9-8）

图 9-8　添加音频转场

9.3　音频滤镜效果

Premiere Pro CS6 音频滤镜存放在 Effects（效果）的面板中的 Audio Effects（音频特效）文件夹内。这些滤镜，可以用来创作特殊的音频效果，包括带通、混响、延时、反射、频率均衡、消除噪音、左右声道控制等音频效果。（见图 9-9）。添加音频滤镜的方法和使用视频特效一样，只要将需要的特效用鼠标拖动到要应用效果的音频素材上即可。

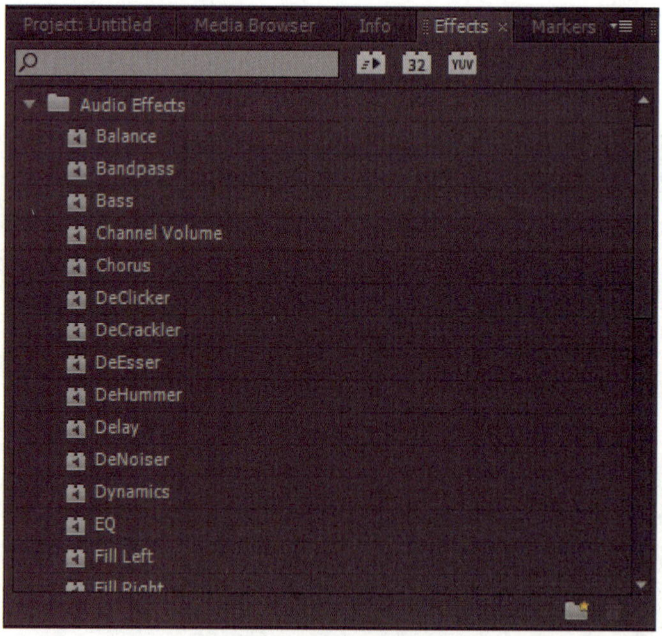

图 9-9　音频滤镜效果

9.4　调音台

Audio Mixer（调音台）又称为混音器。混音器相当于一个音频的控制平台，它为每一个音频通道提供了一个单独的控制。使用混音器，可以及时调整声音的音量与平衡，即实现声音音量和声道平衡的调整。另外，它还可以录制音频，或者在播放其他音频轨道中的素材时单独倾听一个独奏音频轨道中的声音。

1. 轨道音量控制

用户可以通过上下拖动音量控件来调整轨道音量。(见图 9-10)

图 9-10　调整轨道音量

2. 自动模式设置

Premiere Pro CS6 的调音台之所以使用“自动化”，是因为它能自动化调整，并将调整保存为关键帧。(见图 9-11)

(1)Off(关)

在播放期间，将轨道设置为 Off 模式，在这种情况下就无法听到声音。

(2)Read(只读)

在播放期间，设置此设置会播放每个轨道的自动模式设置，如果在播放期间调整音量，就会在轨道的 V 电平表中听到、看到更改。

(3)Latch(锁存)

锁存与“写入”一样，此设置会保存调整，并在时间线中创建关键帧。但是，只有开始调整之后，自动化才开始。

(4)Touch(触动)

与“锁存”一样，此设置会保存调整，在时间线中创建关键帧，并且再更改控件值时才会进行调整。

(5)Write(写入)

此设置立刻把所做的调整保存到轨道，并在反映音频调整的时间线面板中创建关键帧。

图 9-11 自动模式设置

实例展示一：声音素材片段剪辑

1. 新建一个名为“音乐片段的剪辑”的项目文件，选择国内电视制式通用的“DV-PAL”下的“标准 48 Hz”。

2. 导入“英语对话原声”WAW 和“逃出克隆岛”WAV 文件，并将“英语对话原声”WAV 拖至时间线音频 1 轨道，“逃出克隆岛”WAV 拖至音频 2 轨道。

3. 播放时间线，监听声音。通过时间线中的波形中的波纹能看到在前面有一个空场，没有声音，因此此波段是直线。(见图 9-12)

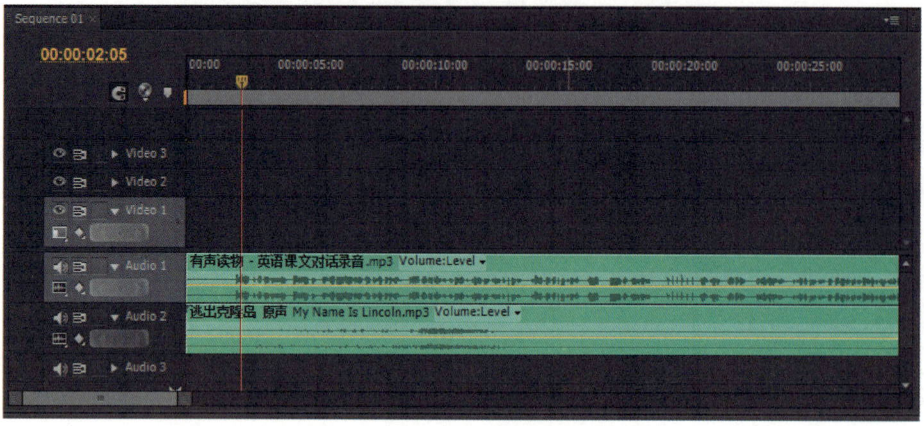

图 9-12 时间线轨道查看素材音量

4. 将时间指针移至 04 秒 06 帧位置，在工具栏中选择剃刀工具，在音频轨道上时间指针位置上单击。（见图 9-13）

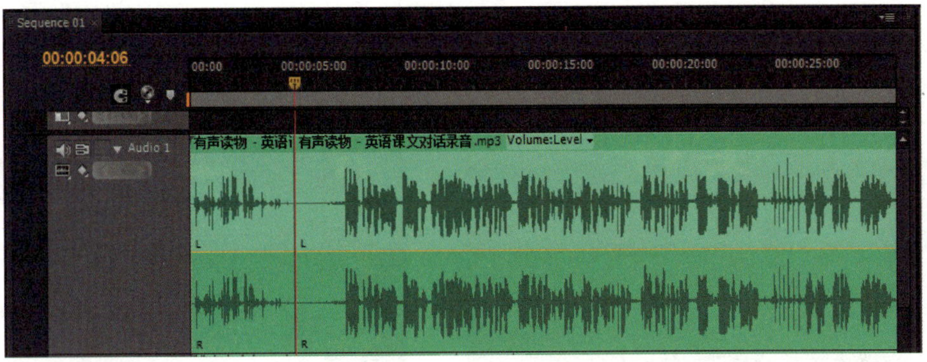

图 9-13 剪切音频素材

5. 选中被分割的前一段，在该素材上单击右键，选择“波纹删除”（见图 9-14），则该片段被删除，同时后面的素材自动前移。

6. 用同样方法，修改音频 2 轨道。

7. 按空格键播放，用户可以听到两个声音，一个是人声，一个是配乐。配乐是起辅助作用的，音量需要变弱。

8. 展开音频 2 轨道的轨道拓展按钮，单击轨道显示按钮选择“显示素材关键帧”（见图 9-15），可以在素材上看到一条黄色的线。

图 9-14 波纹删除

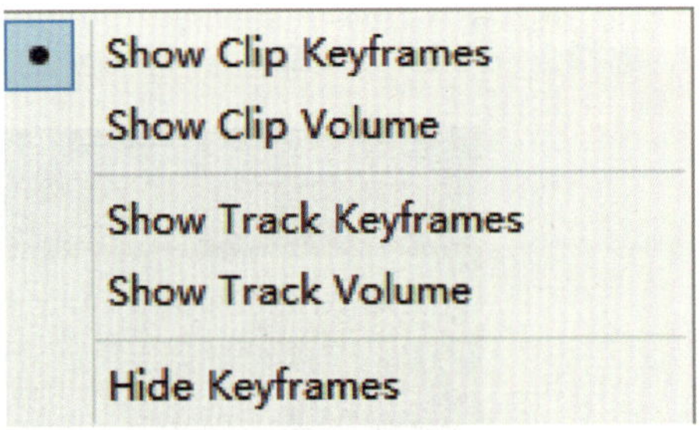

图 9-15 显示素材关键帧

9. 在工具栏中使用选择工具，在黄色的线上向下拖动，代表当前素材音量减弱。也可以使用钢笔工具增加控制点。（见图 9-16）

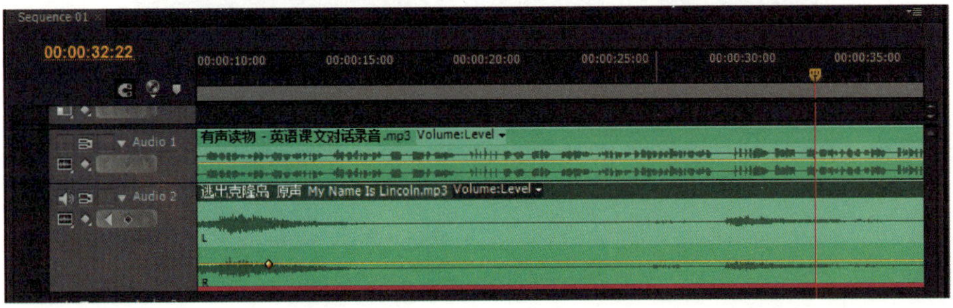

图 9-16 使用钢笔工具增加控制点

10. 按空格键播放监听效果。

实例展示二：改变音频素材的通道类型及音量调整

1. 选择 File \ New \ Project 命令，在 New Project 对话框中设置项目的储存位置和文件名，然后单击 OK 按钮(见图 9-17)。在打开的 New Sequence 对话框中选择一个预置或创建一个自定义设置，单击 OK 按钮创建一个新的序列。(见图 9-18)

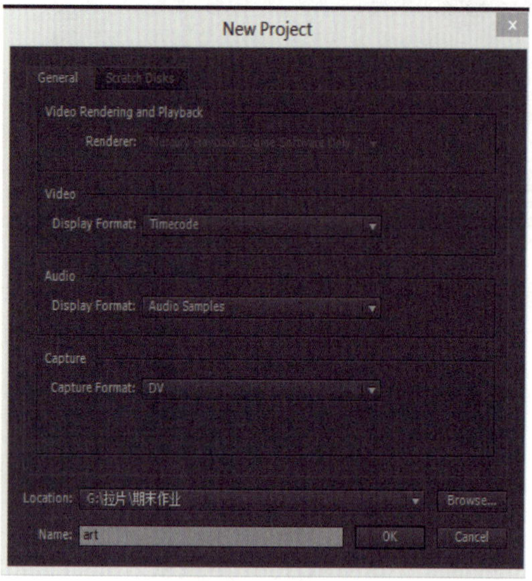

图 9-17 新建项目

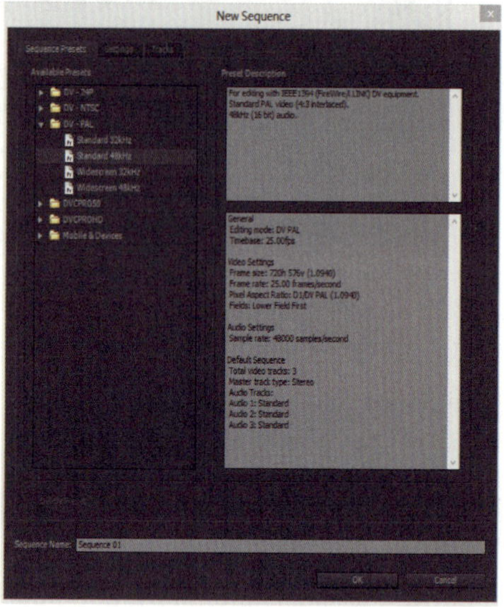

图 9-18 新建序列

2. 选择 File \ Import 命令，将需要的素材导入 Project 面板中。(见图 9-19)

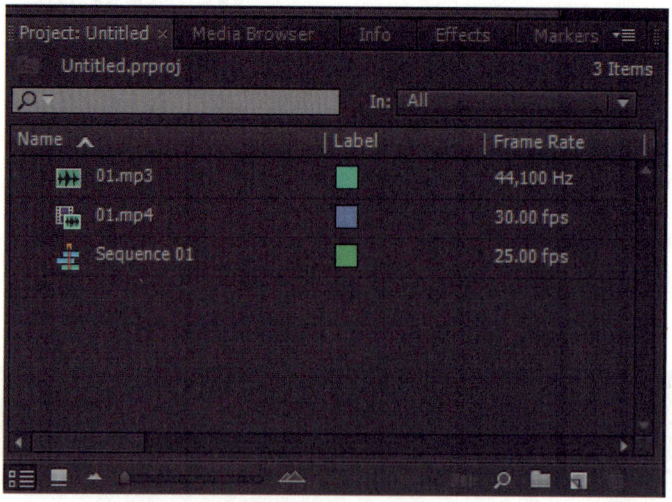

图 9-19 导入素材到项目面板

3. 在 Project 面板中选择音频素材 01，并选择 Clip \ Modify \ Audion Channels 菜单命令(见图 9-20)。在 Modify Clip 对话框中将该音频转换成 Stereo(立体声道)，然后单击 OK 按钮。

图 9-20　将该音频转换成立体声道

4. 将视频和音频拖到时间线轨道。(见图 9-21)

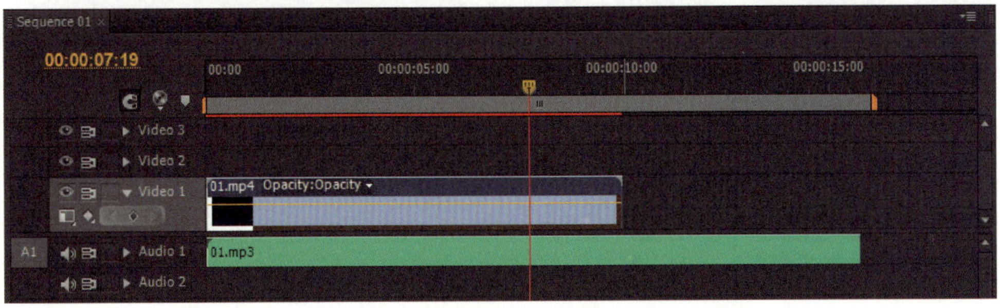

图 9-21　将视频和音频拖到时间线轨道

5. 在时间线面板中将时间指针拖到视频素材的出点处，然后使用剃刀工具在此将音频素材切割开。(见图 9-22)

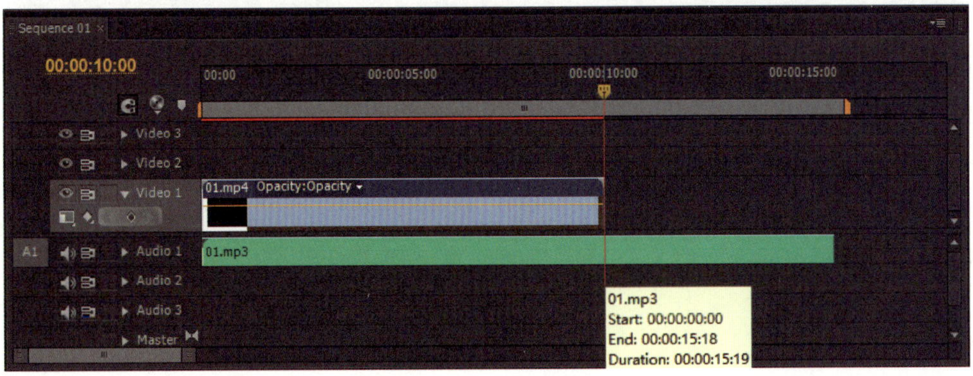

图 9-22　切割音频素材

6. 使用选择工具选择后面部分的音频素材，然后按 Delete 键将其删除。(见图 9-23)

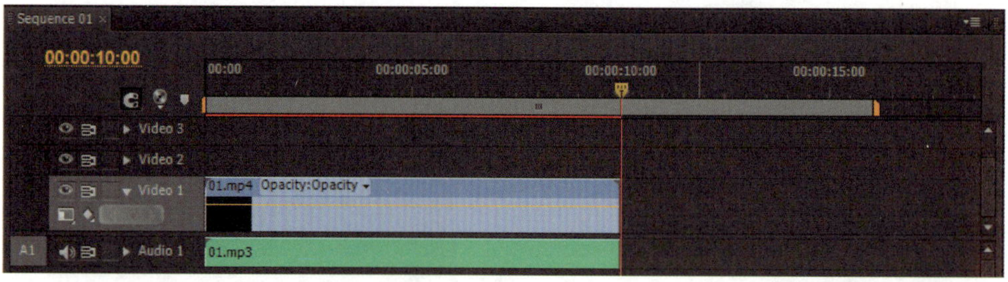

图 9-23　删除多余素材

7. 展开音频轨道，选择“Show Waveform”，此时一条黄色的图线出现在音频轨道中。(见图 9-24)

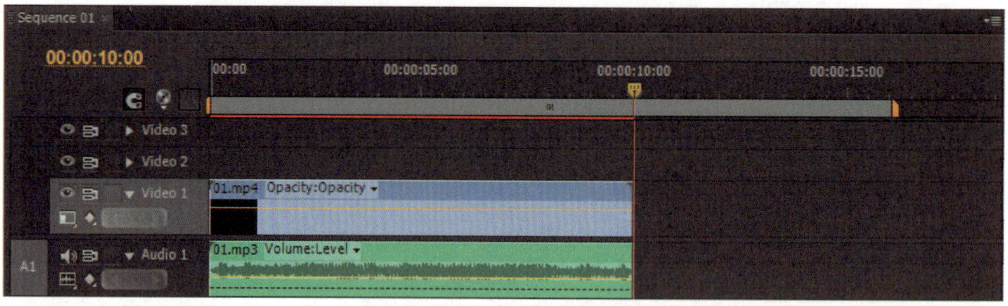

图 9-24　显示音量线

8. 按住 Ctrl 键的同时，在音频黄色线上单击，创建关键帧(在创建时将出现一个加号)。(见图 9-25)

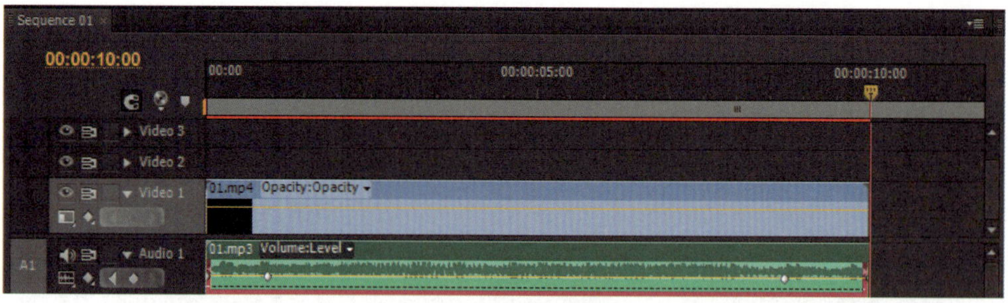

图 9-25　创建音量关键帧

9. 将素材开始处关键帧向下拖动，这会使音频素材逐渐淡入(将关键帧向上拖动可提高声音)。在单击并拖动时，会有一个读数显示当前时间线位置和分贝的更改。(见图 9-26)

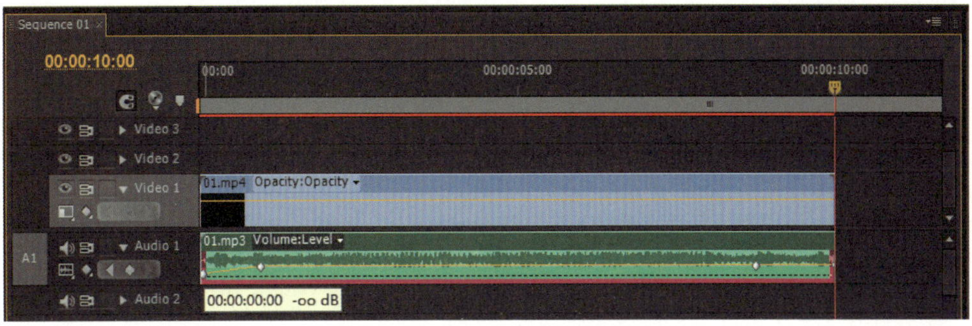

图 9-26　使音频素材逐渐淡入

10. 将素材结束处的关键帧向下拖动，使音频素材淡出。（见图 9-27）

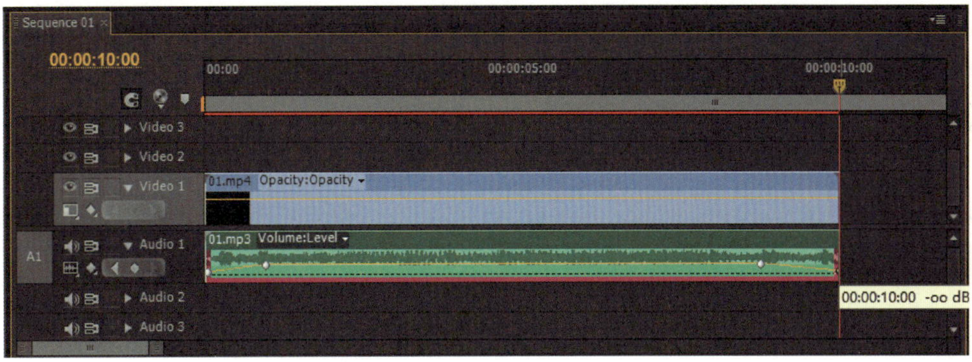

图 9-27　使音频素材淡出

11. 按 Ctrl＋M 组合键，在该对话框中设置影片保存的位置和名称，然后单击Export 按钮。（见图 9-28）

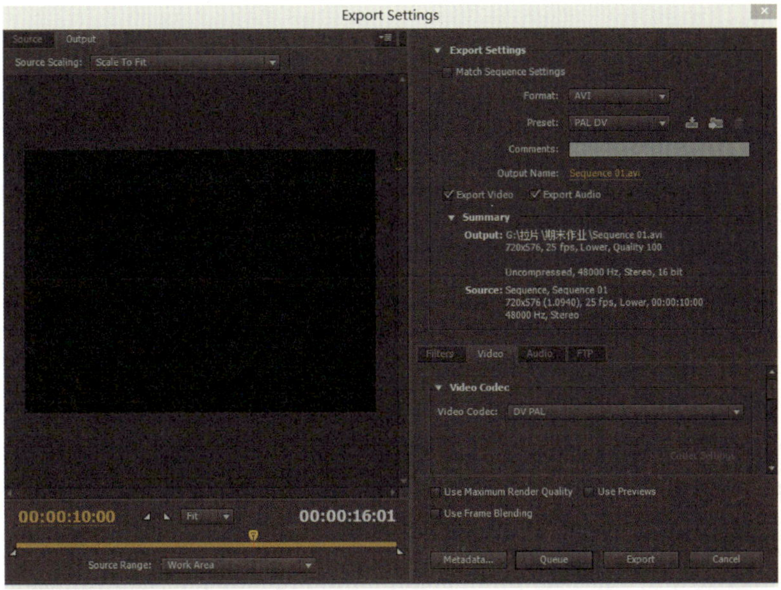

图 9-28　输出文件

思考与练习

1. 掌握编辑音频的基本操作方法。
2. 通过对音频特效的认识，了解音频特效的应用范围。
3. 调节音量和声像平衡有哪些方法？

拓展训练

灵活使用音频编辑技巧，将两首或多首歌曲编辑成一首串烧音乐。

第10单元 Premiere视频特效应用

学习目标

□ 认识和了解 Premiere 视频特效的作用。
□ 掌握 Premiere 视频特效的应用与基本操作方式。
□ 了解 Premiere 外置特效插件的安装与使用。

在影视后期制作过程中，有时需要为图像做一些特殊的处理，使影像产生诸如动态的扭曲、模糊、风吹、变色等效果，这样的处理被称为添加视频特效。视频特效的处理过程实际上就是在原有的素材上，经过软件内置的数字运算和处理后再次应用这些素材。这项技术的应用，增强了画面的艺术效果，增强了画面的形式感和观赏性，甚至通过这种处理，达到创作者的主观表达。

10.1 视频特效分类及基本操作

Premiere 内置了多种视频效果，还有很多类似 Magic Bullet Looks 的外置插件，甚至支持使用 After Effects 和 Photoshop 中的效果和滤镜插件，使后期制作效果更为丰富多样。不同版本的 Premiere 内置的效果有少许不同，下面介绍 Premiere Pro CS6 中视频特效的基本操作与应用。

10.1.1 视频特效的分类

Premiere Pro CS6 中，视频特效单独成为一个文件夹，因此应用滤镜时要找到 Effects(效果)面板。如果界面没有出现 Effects 面板，用户可以在 Window(窗口)菜单栏中打开 Effects 面板，前面打“√”符号的即为已显示的面板。(见图 10-1)

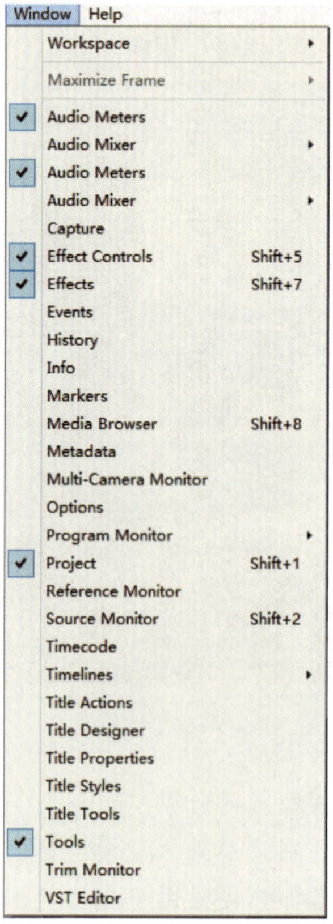

图 10-1 效果面板开关菜单

所有的滤镜效果都保存在 Video Effects(视频特效)文件夹中，单击效果文件夹左边的三角形按钮，展开文件夹中所有效果滤镜文件夹。不同的滤镜效果存放于不同的文件夹中，相近的特效存放在相应的文件夹中。例如，所有能产生模糊、锐化效果的都放在 Blur & Sharpen(模糊 & 锐化)文件夹中，所有能产生变形效果的都放在 Distort(扭曲)文件夹里。继续展开滤镜分类的文件夹，看到带有效果名称的图标即软件所拥有的滤镜效果。(见图 10-2)

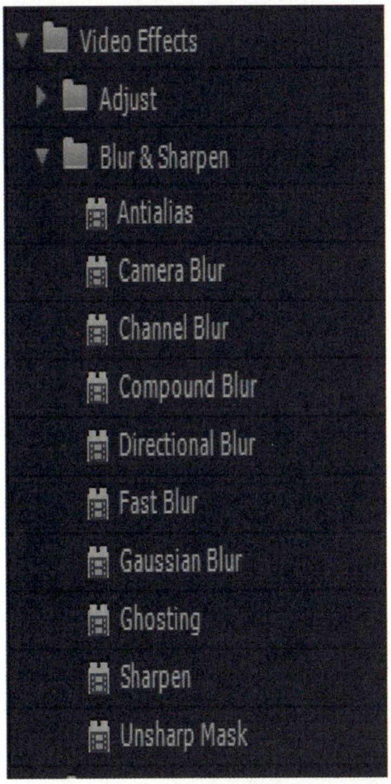

图 10-2　视频特效

10.1.2　视频特效的基本操作

1. 应用视频特效

在 Premiere 中，用户可以将视频特效应用到时间线上的任意视频上，只需将其中的视频特效图标拖放到时间线上的素材片段上，就可为其添加特效。添加视频特效的方式还可以直接将视频特效拖放到该素材的特效控制台中，具体方法：

方法一：直接将选择的效果拖放至时间线窗口中要应用的素材上。

方法二：单击所需添加特效的素材片段，然后点开特效控制台面板，直接将选择的特效拖放至特效控制台面板中。(见图 10-3)

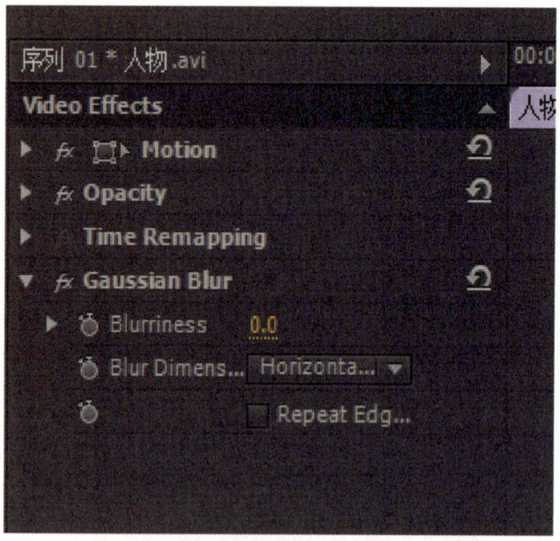

图 10-3　将选择的特效拖放至特效控制台面板中

如果使用上述方法一，单击所添加完效果的素材片段，然后点开特效控制面板，将显示在此片段上添加的视频特效。

同一段素材可以根据需要添加多个特效，但是有些特效应用后会导致有少许功能无法应用，如 Warp Stabilization(变形稳定器)视频特效不可与 Speed Duration(速度)调节一起使用(见图 10-4)。如遇到这种情况，可先将此段视频导出，然后再导入软件，分开使用。

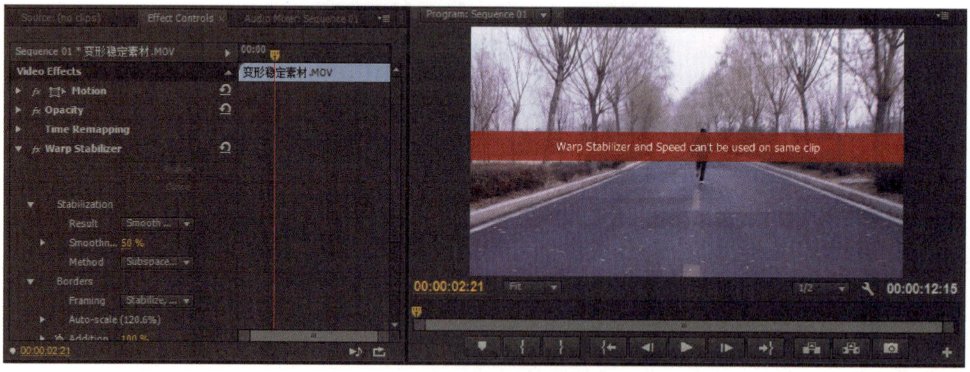

图 10-4　变形稳定器视频特效

2. 视频特效参数设置

当添加了视频特效以后，通常需要对效果的参数进行设置。因为 Premiere、After Effects 和 Photoshop 这一类软件中，很多效果是需要人为控制使用。

具体方法如下：

打开 Effect Controls(特效控制台)面板，每个视频片段都包含固定的基本效果，即运动、不透明度和时间重映射效果。当为视频施加效果后，特效控制台面板中还会显示当前所选的素材片段添加的视频特效。在面板中展开视频素材中相应的视频特效选项，继续展开视频特效的拓展按钮即可打开该效果的参数控制。在参数数值上左右拖动鼠标，可以修改数值，调节参数(见图 10-5)。数值还原的时候直接点击重置(Reset)按钮(见图 10-6)。

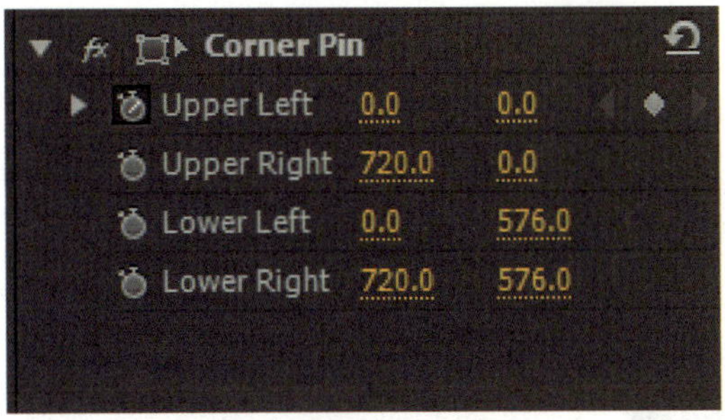

图 10-5　视频特效参数修改

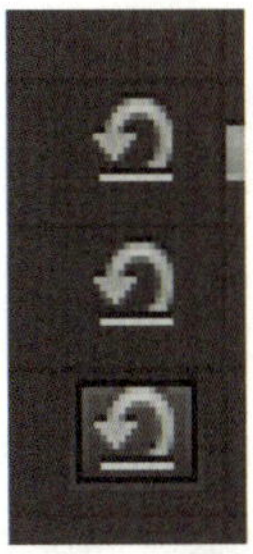

图 10-6　数值重置

3. 利用关键帧制作动态特效

在 Premiere 提供的效果中，很多效果是可以随时间产生动态变化的，这些动态变化的效果需要依靠关键帧技术来实现。使用关键帧可以使视频特效随时间的改变而改变。关键帧和视频运动设置方法一样，每个关键帧都可以为其设置相应的特效效果，具体方法如下：

将素材导入时间线，在效果面板中选择某种视频特效应用到素材上。特别注意要保持此段素材一直处于被选中状态。

打开 Effect Controls(特效控制台)面板，在视频特效下面出现刚刚应用的视频特效。展开左边的三角按钮的参数调节选项，看到每一个参数旁边都有一个动画切换按钮，表明该选项可以使用关键帧进行设置。(见图 10-7)

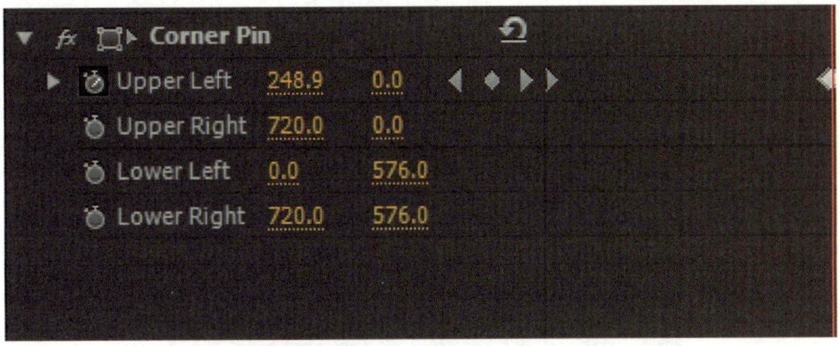

图 10-7　动画切换按钮

将时间线指针移动到所需要移动到的位置，然后点击关键帧动画按钮，该位置被记录关键帧，通过两个以上关键帧自动创建的运动来实现随着时间变化的效果。

播放，预览应用的特效动态效果。

4. 视频特效的其他操作

(1)视频特效的删除

对于不使用或添加错误的特效，可以关闭特效开关或者在 Effect Controls(特效控制台)中选中，按 Delete 键直接删除。

(2)保存自定义效果设置

对于做好的效果特效，若想以后重复使用，可以在特效控制台面板选中该效果，单击右键弹出菜单 Save Preset(保存预设)。(见图 10-8)

在其中输入效果名称和相关描述，并选择添加方式种类(见图 10-9)，此效果便会被保存在 Effects(效果)面板中的 Presets(预设)文件夹中，随时调用。

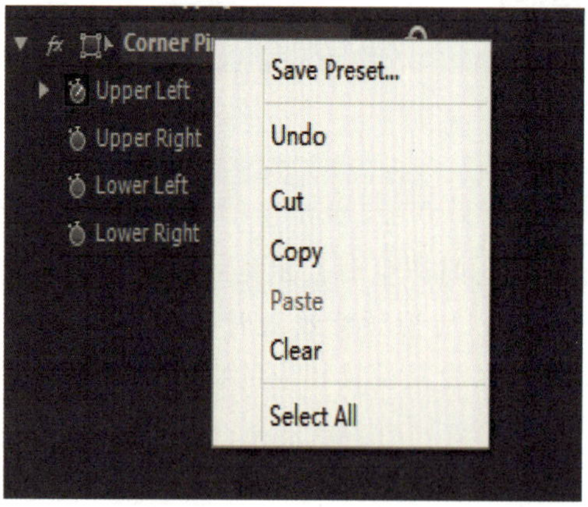

图 10-8　保存特效预设

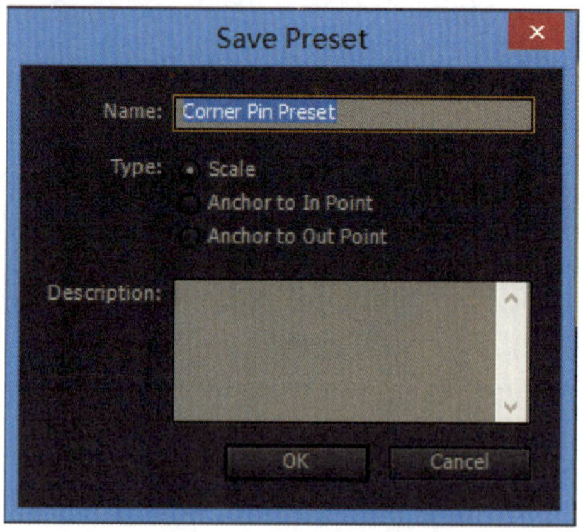

图 10-9　保存预设设置

(3)保存常用视频特效

对于自己常用的视频特效，为了方便以后使用，可以单击效果面板底部 New Custom Bin(新建自定义文件夹)按钮，将该特效拖拽至文件夹内，或者直接在视频效果面板单击右键，选择 New Custom Bin(新建自定义文件夹)。(见图 10-10)

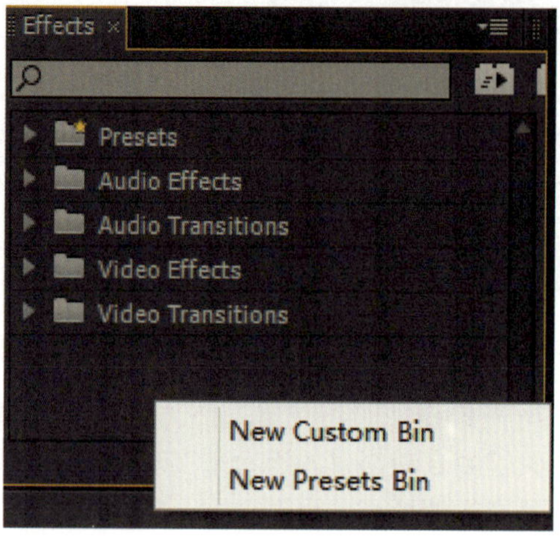

图 10-10　新建自定义效果文件夹

(4)视频特效的复制与粘贴

用户有时在将一个或者多个效果应用到一个素材之后，还希望将这些效果及其设置应用到其他的素材上，这时可以将视频特效进行复制与粘贴，具体方法如下：

选择时间线中应用特效的剪辑片段，在特效控制台中选择该特效，按 Ctrl+C 组合键；选择时间线中另外需要应用的剪辑片段，在“效果控制台”空白处单击，或者选择剪辑片段后(出现“效果控制台”)，直接按 Ctrl+V 组合键。

对于视频特效的学习，这一部分的重点和难点之一就是不同的特效效果、参数的调整对画面的影响。由于不一样的参数有不一样的画面效果，需要通过多次练习和实践才能掌握参数设置的精确度。

小贴士

对于拍摄的画面来说，不是加的效果越多越好，选自己需要的，才是最好的。

10.2　色彩校正

色彩校正是非线性编辑中的一项重要功能，也是我们在电视制作流程中必不可少的工序之一。

10.2.1　色彩在影视作品中的作用

对于电影或者电视，色彩的鲜艳程度直接影响着作品的视觉效果。在影视作品中，我们经常碰到色彩变幻的例子。调色在整个后期制作中是非常重要的技术，可以改善画面中有缺陷的颜色，还可以丰富画面的表现力，创建独特的视觉效果，增强画面的艺术性。

10.2.2　调色基本原理

三基色是颜色校正的重点。中学物理课中我们都做过棱镜的实验。白光透过棱镜后被分解成多种颜色逐渐过渡的色谱，颜色依次为红、橙、黄、绿、青、蓝、紫，这就是可见光谱。其中，人眼对红、绿、蓝最为敏感，而且其他颜色都可由这三色按照一定比例混合出来，而这三色中的任意一色都不能由另外两种原色混合产生，色度学上将这三种独立的颜色称为三基色。黄色、青色、品红都是由两种基色混合而成，所以它们又被称为相加二次色。青色、黄色、品红分别又是红色、蓝色、绿色的补色。

用相加混合色三基色原理所表示的颜色模式称为 RGB 模式，而用相减混合色三基色原理所表示的颜色模式称为 CMYK 模式，它们广泛用于绘画和印刷领域。RGB 模式是绘图软件最常用的一种颜色模式，在这种颜色模式下，处理图像比较方便，且 RGB 储存的图像比 CMYK 图像要小，可以节省内存和空间。CMYK 模式是一种颜色模式，所以它属于印刷模式，但本质上与 RGB 模式没有区别，只是生产颜色的方式不同。例如，显示器采用 RGB 模式，就是因为显示器是电子光束轰击荧光屏上的荧光材料发出亮光从而产生颜色。当没有光的时候为黑色，光线加到最大的时候为白色。

从人的视觉系统来看，色彩可用 HLS-Hue(色相)、Luminance(亮度)、Saturation(饱和度)来描述。人们看到的任一彩色光都是这三个特性的综合效果，因此，这三个特性可以说是色彩的三要素。

另外还有一个概念，就是 Contrast(对比度)。对比度是指不同颜色之间的差异。对比度越大，两种颜色之间的相差越大，反之，就越接近。例如，一幅灰度图，提高它的对比度，会使其黑白更加分明；调到极限时，会变成黑白图像；反之，将得到一幅灰色的图像。

10.2.3 Premiere Pro 色彩校正基本操作

在 Premiere Pro CS6 中，对影像的调色、校色、润色是通过添加特效来实现的。在视频特效面板中，主要通过 Color Correction(颜色校正)、Image Control(图像控制)、Adjust(调节)等特效组中的特效来完成。

Color Correction(颜色校正)是为专业的调色而设计的，分别为 Brightness(亮度)和 Contrast(对比度)、Broadcast Colors(广播颜色)、Change Color(改变颜色)、Change To Color(改变到颜色)、Channel Mixer(通道混合器)、Color Balance(颜色平衡)、Color Balance (HLS)(颜色平衡(HLS))、Equalize(均衡器)、Fast Color Corrector(快速颜色校正)、Leave Color(保留颜色)、Luma Corrector(亮度调整)、Luma Curves(亮度曲线)、RGB Color Corrector(RGB 颜色调整)、RGB Curves(RGB 曲线)、Three-Way Color Corrector(三法颜色校正)、Tint(染色)、Video Limiter(视频限制)等多种效果。

Adjust(调整)主要是用于修复原始素材的偏色或者曝光不足等方面的缺陷，也可以调整颜色或者亮度来制作特殊的色彩效果，分别为(Convolution Kernel)卷积内核、Extract(提取)、(Lighting Effects)照明效果、Auto Contrast(自动对比度)、Auto Levels(自动色阶)、Auto Color(自动颜色)、Levels(色阶)和 Shadow/Highlight(阴影/高光)8 种效果。

Image Control(图像控制)主要是通过各种方法对素材图像中的特定颜色像素进行处理，从而制作出特殊的视觉效果，分别为 Gamma Correction(灰度系数校正)、Color Pass(色彩传递)、Color Balance(颜色平衡)(RGB)、Color Replace(颜色替换)、Black&white(黑白)5 种效果。

10.3 其他视频特效预览

✲ Blur & Sharpen(模糊与锐化)效果用于柔化或者锐化图像或边缘过于清晰或者对比度过强的图像区域，甚至把原本清晰的图像变得很朦胧，以至模糊不清楚。

✲ Channel(通道)效果是利用图像通道的转换与插入等方式来改变图像，从而制作出各种特殊效果。Invert(反相)效果可将画面的色彩变换成相反的色彩，如原始图片上的白色反相后成为黑色、红色成为绿色等。

✲ Distort(扭曲)效果通过对图像进行几何扭曲变形来制作各种各样画面变形效果，可以实现偏移、变换、弯曲、放大、旋转、波动弯曲、球面化、紊乱置换、边角固定、镜像和镜头扭曲等效果。

✲ Generate(生成)效果是经过优化分类后新增加的一类效果。主要有书写、发光、吸色管填充、四色渐变、圆形、棋盘、油漆桶、渐变、网格、蜂巢图案、镜头光晕和闪电等效果。

✲ Noise Grain(噪波与颗粒)效果用于去除画面中的噪点或者在画面中增加噪点。

✲ Perspective(透视)效果用于制作三维立体效果和空间效果。

✲ Stylize(风格化)效果是通过改变图像中的像素或者对图像的色彩进行处理，从而产生各种抽象派或者印象派的作品效果，也可以模仿其他门类的艺术作品，如浮雕、素描等。

✲ Time(时间)效果是通过处理视频的相邻帧变化来制作特殊的视觉效果，包括抽帧、时间偏差和重影等效果。

✲ Transform(变换)效果是通过对图像的位置、方向和距离等参数进行调节，从而制作出画面视角变化的效果。

✲ Transition(过渡)效果用于场景过渡(转换)，其用法与“视频切换”类似，但是需要设置关键帧才能产生转场效果。

✲ Utility(实用)效果是通过调整画面的黑白斑来调整画面的整体效果，它只有 Cineon Converter(电影转换)1 种效果。

✲ Video(视频)效果是通过对素材上添加时间码，显示当前影片播放的时间，只有 Timecode(时间码)1 种效果。

10.4　外置插件的安装与使用

由于 Abode 公司奉行开放式的开发策略，公开它的编程接口，所以 Premiere 拥有众多的第三方插件。这些插件可以和 Premiere 实现无缝连接。

10.4.1　外置插件的辅助作用

外置插件也称为第三方插件。我们可以把外置特效插件看作是内置特效的拓展，但它拥有比内置特效易用的特点。外置特效插件种类繁多，功能各异，产生的效果极为丰富，而且制作效率成倍提高。Premiere 虽是剪辑软件，但是在处理过程中如果有了插件的技术支持，就能拥有丰富的视觉效果。

10.4.2　外置插件的两种安装方法

对于外置插件，基本上都安装在根目录下“\ Programe Files \ Adobe \ Adobe Premiere Pro CS6 \ Plug-ins”文件夹中；如果在安装软件时选择了 C 盘外的其他盘符，就在安装的盘符中找到“Adobe Premiere Pro CS6 \ Plug-ins”文件夹。下面介绍两种常见的安装方法。

1. 直接复制法

复制外置特效文件到 Adobe Premiere Pro CS6 \ Plug-ins 路径下。

2. 标准安装法

标准安装法是根据标准的 Windows 软件安装流程安装，即双击运行扩展名为 .exe 的可执行文件启动安装程序，并在安装过程中，正确选择安装的路径。在安装过程中，有些插件可以自动搜索并定位到 Premiere Pro 软件的插件文件夹，非常人性化；而有些插件则需要用手动指定到“Adobe Premiere Pro CS6 \ Plug-ins”文件夹。

实例展示一：局部马赛克

在某些新闻或者专题片中，很多影视资料或者新闻采访会应用局部马赛克效果。基本操作如下。

1. 新建一个名为“局部马赛克”的项目文件，选择国内电视制式通用的“DV-PAL”下的“标准 48kHz”。

2. 导入文件“人物 . avi”。

3. 将文件分别导入 Video 1（视频 1）轨道和 Video 2（视频 2）轨道，使两段视频重叠在一起。（见图 10-11）

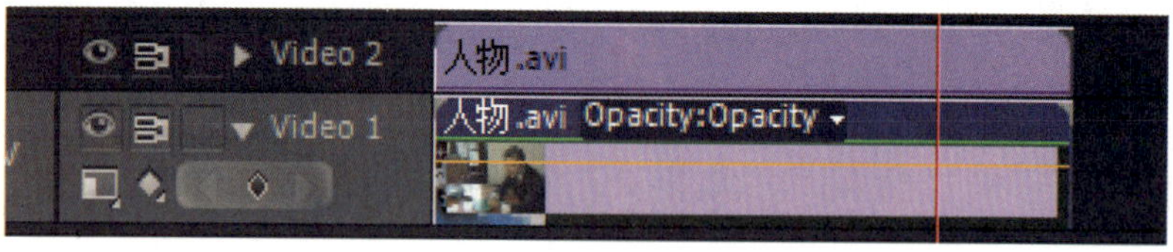

图 10-11　导入素材到视频轨道

4. 预览素材，可以发现人物面部在画面位置上发生的变化。

5. 打开 Effect（效果）面板，找到 Video Effects（视频特效）的 Transform（变换）文件夹，将 Crop（裁剪）特效拖至视频 2 轨道素材上，暂时关闭视频 1 轨道的显示，只显示视频 2 轨道。

6. 将时间指针置于 0 帧位置，选择视频 2 轨道素材，在效果控制台面板中打开，调整特效参数。单击特效 Crop（裁剪）前面的码表，设置当前时间的参数值为 Left（左）60，Top（顶）0，Right（右）15，Bottom（底）55。

7. 在效果控制面板中，确认选中 Crop（裁剪），这样剪切范围的线框将在预览窗口中显示。播放时间指针，当指针走过 1 秒 16 帧的位置时，人物面部与剪切范围线框中有些偏离，用鼠标在节目监视器中直接移动范围线框，使人物面部处于线框中，会自动添加新的关键帧，同时自动记录线框移动的关键帧动画。

8. 继续用同样的方法，每当人物面部与移动剪切范围线框发生偏离时，用鼠标移动剪切范围线框，一直确保人物面部处于线框中，同时在移动时，裁剪下的参数自动记录变化的关键帧。（见图 10-12）

9. 找到视频特效中的 Stylize（风格化）文件夹，将 Mosaic（马赛克）拖至视频 2 轨道素材上。

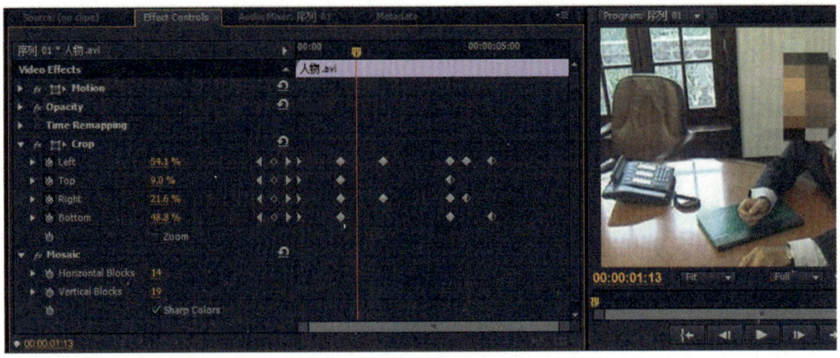

图 10-12　设置关键帧动画

10. 可以看到视频 2 轨道素材被应用了马赛克效果，打开效果控制面板，调整马赛克滤镜参数，将 Horizontal Blocks(水平块)和 Vertical Blocks(垂直块)都设置为 22。(见图 10-13)

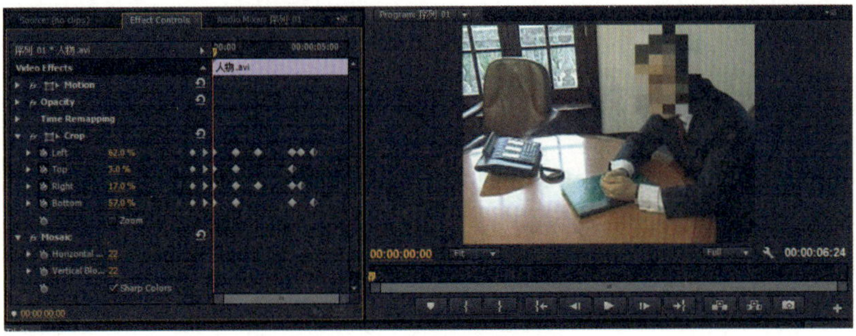

图 10-13　设置特效参数

11. 恢复视频 1 轨道的显示开关。播放预览局部马赛克效果，可以看到虽然人物面部在移动，但是通过给“裁剪”的参数记录了关键帧动画，视频 2 轨道上的素材的马赛克始终没有离开人物面部。

实例展示二：水墨画效果

本实训要将拍摄好的彩色风景画处理成水墨画效果，给人一种回味悠长的感觉。

1. 新建一个名为“水墨画”的项目文件，选择国内电视制式通用的“DV-PAL”下的“标准 48kHz”。

2. 导入素材“yunwu. jpg”“题词 . tif”，并将“yunwu. jpg” 拖至视频 2 轨道。

3. 在 Effects 面板中选择 Video Effects 下的 Image Control，选择 Black &White(黑白)特效，拖至 Video2 轨道的素材上。

4. 可以看到，在效果控制窗口中 Black White(黑白)特效是个没有参数的视频特效，此时在节目监视器中图像已经变成黑白画面了，将彩色画面处理成了黑白颜色。

5. 继续在 Effects 面板中选择 Video Effects 下的 Stylize(风格化)，选择 Find Edges(查找边缘)特效，将其拖至 Video2 轨道素材上。

6. 在 Effects Controls 窗口中设置参数，将 Blend With Original(与原始元素混合)设为 50%，勾勒出画面中图形的轮廓。(见图 10-14)

图 10-14　设置参数

7. 继续在 Effects 面板中选择 Video Effects 下的 Adjust(调节)，选择 Levels(色阶)特效，将其拖至 Video2 轨道素材上。

8. 在 Effects Controls 效果控制窗口中设置色阶滤镜参数，单击色阶滤镜下的按钮，打开该滤镜的设置窗口。输入色阶显示下方的三个三角形，分别代表黑、灰、白的输入值，向左或向右拖动三个三角形，代表图像的黑值、灰值，或者白值的减少或增加，从而影响图像的暗部、中间部、亮部区域的画面效果，同时输入色阶的三个数值也会跟随三角形的拖动而发生变化。

9. 将输入色阶图示下方左右两个三角形小图标向中间移动，分别增大其 Black Input Level(黑输入值)，减少其 White Input Level(白输入值)，使得 Black Input Level(黑输入值)为 103，White Input Level(白输入值)为 215。之后可以从右侧的预览区看到，增大黑输入值时暗部变暗，减少白输入值时亮部变亮，数值与效果成反比的。

10. 单击 OK 按钮，这时可以看到，画面中的图形更加明显，图片有了水墨画的效果。(见图 10-15)

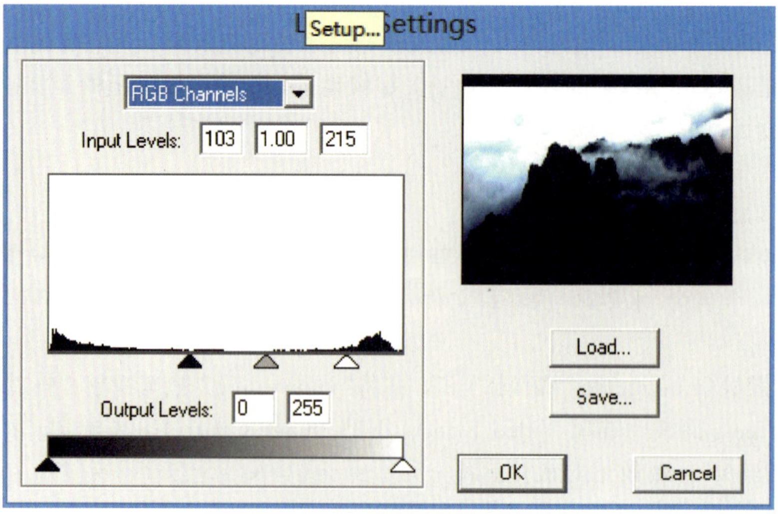

图 10-15　调整特效参数

11. 继续在 Effects 面板中选择 Video Effects 下的 Blur & Sharpen(模糊和锐化)，选择 Gaussian Blur(高斯模糊)特效，将其拖至 Video2 轨道素材上，并在效果控制窗口中设置模糊滤镜参数，将其 Blurriness(模糊程度)设为 5，产生更形象的水墨画效果。

12. 在项目窗口中再次选择“题词 tif”文件，并拖至 Video3 轨道。

13. 在 Effects 面板中选择 Video Effects 下的 Key(键控)，选择 Luma Key(亮度键)特效，将其拖至 Video3 轨道素材上，可以看到其白色的背景为透明，只剩下文字，并将其入点位置添加 Wipe(擦除)切换效果。(见图 10-16)

图 10-16　添加切换效果

14. 继续为素材添加一个背景，单击项目窗口的右下角新建项目彩色蒙版，在弹出的拾色器中选择灰绿色，将其拖至 Video1 轨道。(见图 10-17)

图 10-17　添加背景素材

15. 为 Video2 轨道素材继续添加 Crop 滤镜(裁剪)。在特效控制面板中，将裁剪滤镜参数中的顶设为 12，底设为 10，并选择“运动”选项，拖动图片至合适位置。(见图 10-18)

播放预览效果，使用纸色的背景作为装饰，效果更形象、生动。

实例展示三：外置插件的应用

Premiere Pro 软件的插件种类比较多，如调色插件 Looks、画面降噪插件 Neat Video

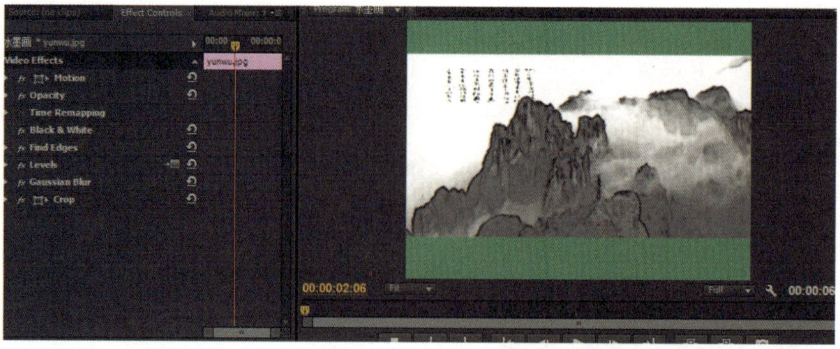

图 10-18　添加特效

等都是目前很常用的插件。Trapcode、FE 等著名公司的插件系列，在 After Effects 和 Premiere Pro 等视频软件中更受用户青睐。

Magic Bullet Looks 插件 是 Red Giant(红巨星)一款非常实用简单的调色插件，功能很强大，适用于 Adobe 的视频编辑软件 Premiere 以及合成软件 After Effects。简单实用的操作就可以达到完美的调色水准，几乎能让普通视频素材一下子上升到电影级别，深受网友的喜爱和青睐。

Magic Bullet Looks 插件的应用：

1. 新建一个名为“looks 调色”的项目文件。

2. 导入“looks 调色 . mov”，并将其拖至时间线 1 轨道上。

3. 在“效果”面板中展开“视频特效”下的“Magic Bullet Looks”，选择“Looks”特效，将其拖至“视频 1”轨道素材上。

4. 在特效控制台面板中，展开“Looks”的参数，单击“Looks”下的“Edit”按钮(见图 10-19)，打开设置窗口。(见图 10-20)

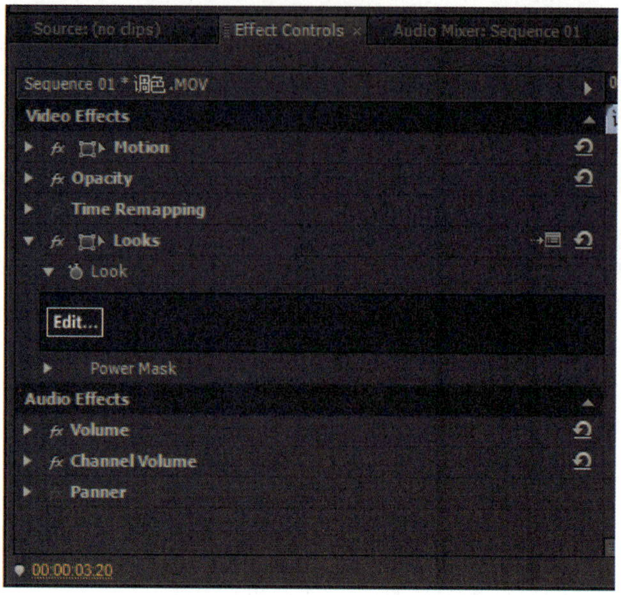

图 10-19　添加 Looks 特效

图 10-20　打开设置窗口

5. Looks 窗口左侧是预设特效效果，单击选中某一个后即可应用这个特效，应用了这个特效，就会在设置窗口下部显示该画面效果所使用的特效。(见图 10-21)

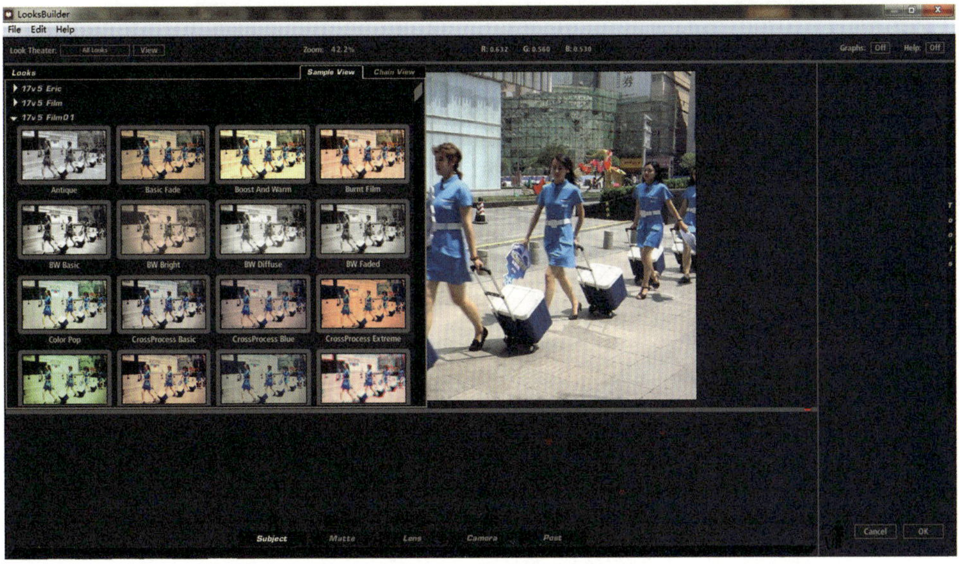

图 10-21　Looks 窗口预设效果

6. 在设置窗口上方的 Looks Theater 后，点击 All Looks，将弹出预设特效组菜单，可以选中其中的特效组，然后激活 View，可以以幻灯片的方式自动显示这些预设特效的效果。(见图 10-22)

7. 如果没有合适的效果，用户可以自己为画面添加效果。在右侧 Tool 栏处，会显示特效工具，分为 Subject、Matte、Lens、Camera 和 Post 五部分，对应窗口下方的效果显示。调整这些特效的参数，在窗口下部选中某个特效后，会在窗口右部显示出其设置调整选项，再次调整参数。(见图 10-23)

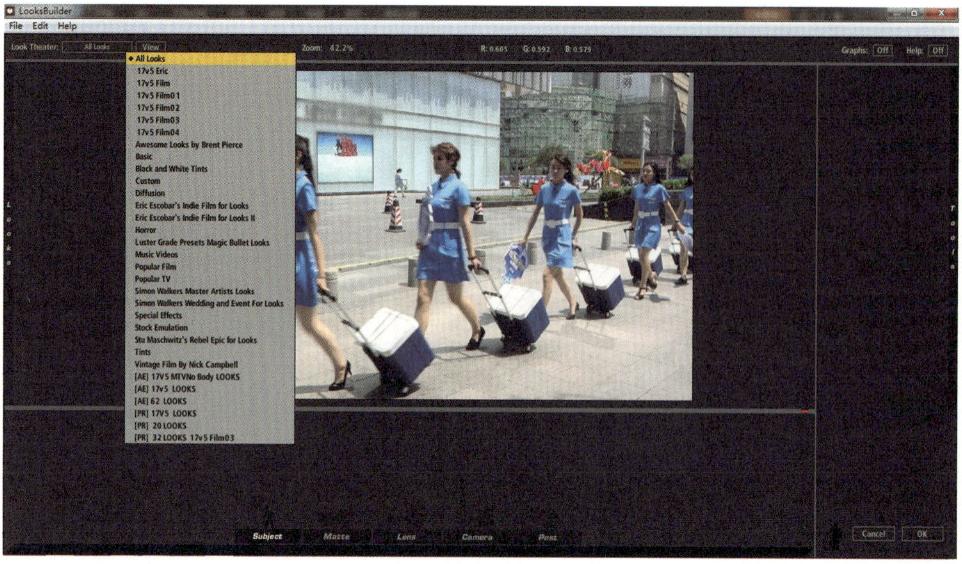

图 10-22　预设特效组菜单

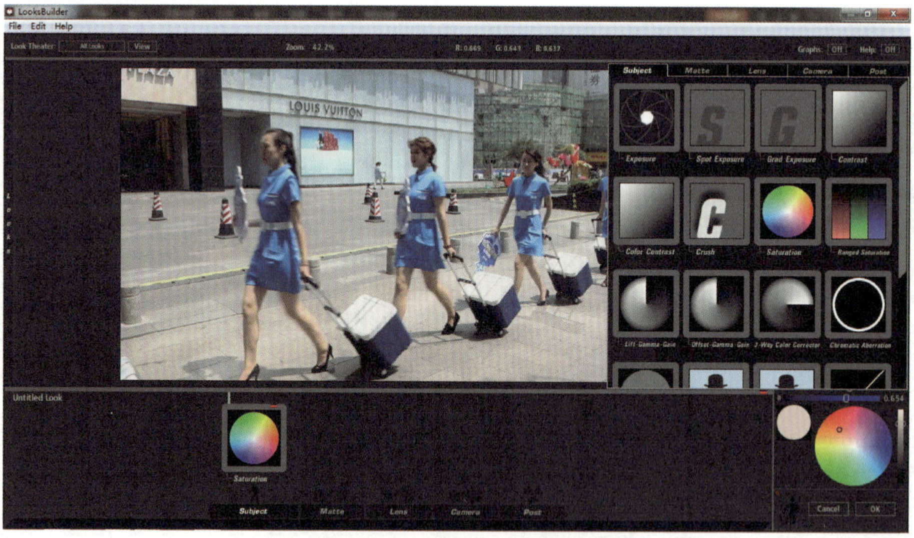

图 10-23　调整 Looks 特效的参数

8. 设置窗口下方已添加的特效工具，还可以通过单击其特效图标右上角的短线开关按钮切换关闭和使用状态。（见图 10-24）

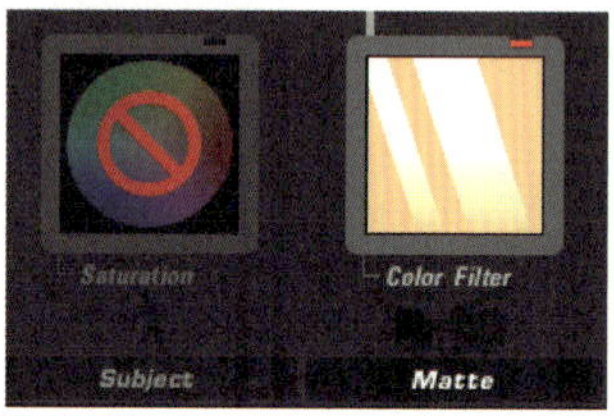

图 10-24　特效开关按钮

9. 当设置好素材调色效果后，单击 OK 按钮，应用特效，并关闭 Looks Builder 设置窗口，在特效控制窗口的 Edit 后会显示所使用的相应的特效工具。（见图 10-25）

图 10-25 调色效果

10.5 新版更新

新版 Premiere 色彩调整部分做了较大的改进，除了前面所讲的调色特效，还可以直接切换到颜色界面布局下，在 Lumetri 颜色面板中直接进行色彩调整。

思考与练习

1. 练习使用各类视频特效。
2. 练习使用调色特效。
3. 有哪些方法可以用来给素材添加局部特效？

拓展训练

练习外挂插件的安装方式和基本操作。

第11单元

Premiere 成品输出

学习目标

□ 认识 Premiere 中输出媒体文件时各项参数的具体设置。

□ 学会使用 Adobe Media Encoder 进行输出。

项目文件经过反复修改，才能成为最终的作品。这时为了使成品在不同媒介发布播放，用户要将项目文件输出成各种所需的格式。Premiere 可以根据用户的需求进行不同形式的输出。

11.1 输出文件

经过素材的采集与导入、素材的剪辑组接、转场及特效处理，音频混合处理、字幕制作等环节，节目制作完成，接下来需要根据播放媒介进行输出操作。

11.1.1 渲染序列

在 Premiere Pro CS6 中，当用户在编辑处理节目时，使用多层或复杂的特效时，会遇到在节目监视器窗口中预览节目时卡顿、不流畅的现象，这表明其不能进行实时预览，同时在时间线标尺对应的地方会出现一条红色线条。如果想要实时流畅地播放，通常需要设置红色区域为工作区(鼠标双击时间线标尺，调整工作区起始点设置工作区的持续时间)(见图 11-1)，使用命令 Sequence \ Render Effects in Work Area(序列 \ 渲染工作区中的效果)来进行渲染(见图 11-2)，快捷键为 Enter(回车键)。

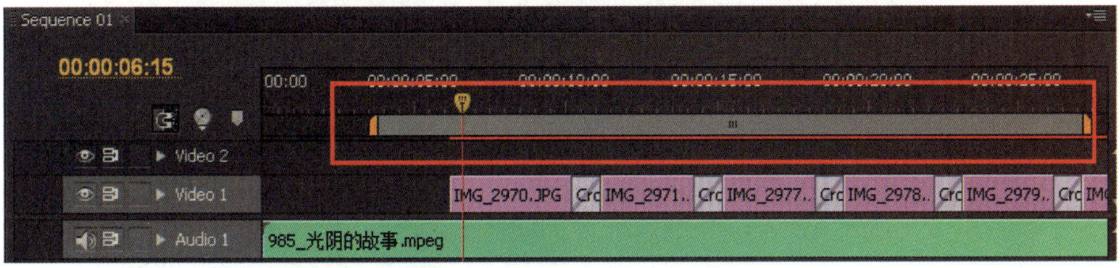

图 11-1 设置工作区范围

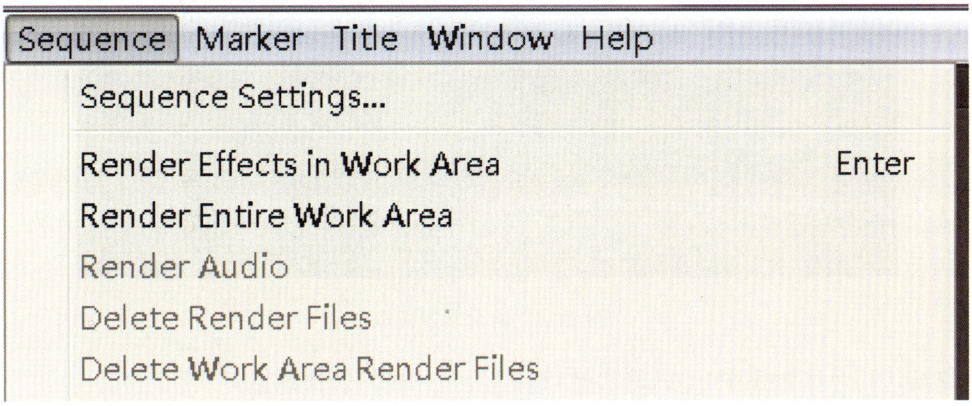

图 11-2 渲染工作区中的效果

11.1.2 输出设置面板

作品修改完成后，选择输出菜单，可以进行不同类型的输出，输出媒体文件、输出字幕、输出到磁带、输出 EDL、OMF、AAF、Final Cut Pro XML 等不同形式。（见图 11-3）

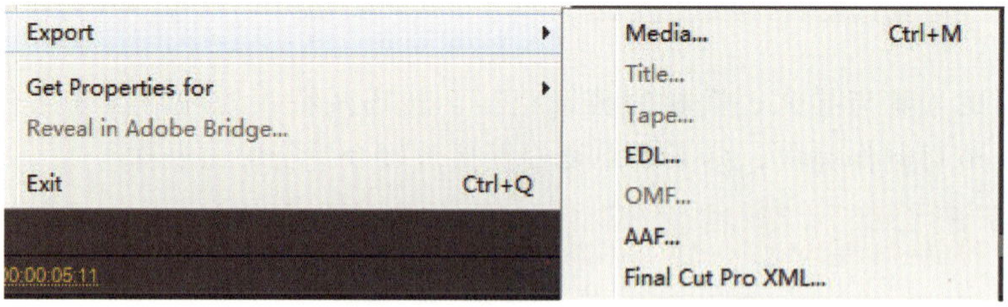

图 11-3　输出菜单

Export \ Media（输出 \ 媒体）是用途最多的一种输出方式。可以定义好输出范围工作区（Work Area），根据输出文件的用途及播放媒介将序列输出为各种媒体格式，包括视音频文件、图片文件及音频文件等。选择 Export \ Media（输出 \ 媒体）菜单后，弹出输出设置面板。（见图 11-4）

图 11-4　输出设置面板

预览区：通过标签 Source（源素材）和 Output（输出）切换预览。

输出范围设置区：选择输出范围是 Entire Sequence（整个序列）、Sequence In/Out（序列入/出点范围）、Work Area（工作区）、Custom（自定义）。通常系统默认输出范围为工作区。

格式设置区：用来设置输出文件的封装格式、预设格式、输出文件路径及文件名等。输出封装格式包括视音频文件格式、音频文件格式、图片文件格式等。（见图 11-5）

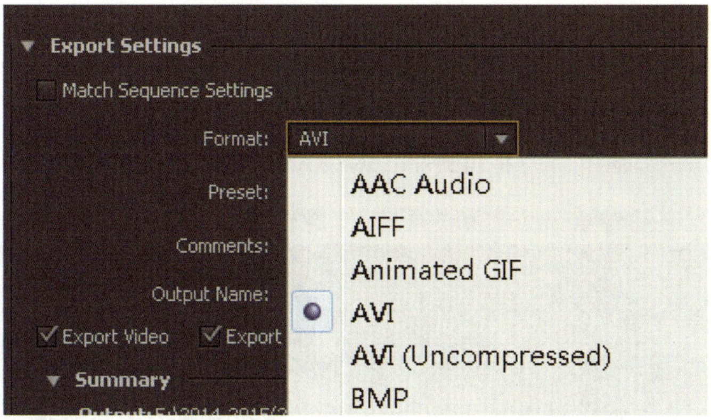

图 11-5　格式设置

编码设置区：用来对所选封装格式设置 Video（视频）和 Audio（音频）的 Codec（编码）方式，包括视频编码、分辨率、帧速率、场序、像素宽高比、音频编码、采样率、通道数等参数的设置。（见图 11-6）

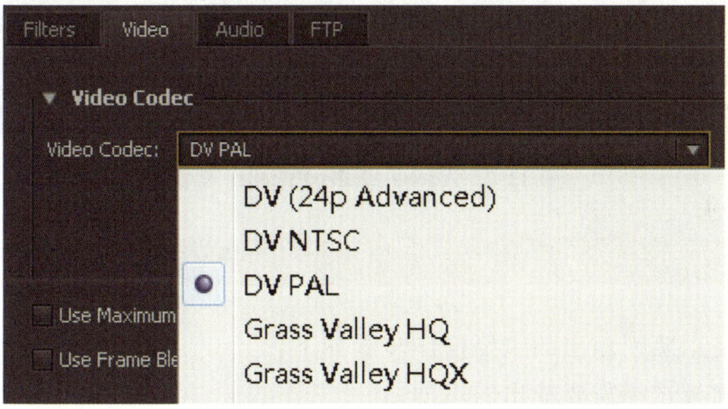

图 11-6　编码设置

输出区：可以选择输出 Metadata（元数据）、Queue（队列输出）、Export（文件输出）等进行输出。

输出媒体的主要操作步骤如下：

①在时间线面板选择需要输出的序列。

②设置工作区范围以确定输出范围。

③点击菜单 Export \ Media（输出 \ 媒体）。

④在格式设置区选择输出的封装格式，输出路径及文件名等。

⑤在编码设置区选择视频音频编码方式及各项参数设置。

⑥在输出区选择 Export（输出）按钮进行输出。

11.2　使用 Adobe Media Encoder 输出

在输出区选择 Queue（队列）输出时，将打开 Adobe Media Encoder 输出器进行输出。Adobe Media Encoder 输出器具备直观的界面和后台编码、简便的预设功能，能够进行快速的批量输出工作。

11.2.1 Adobe Media Encoder 面板

选择 Queue(队列)输出时。将打开 Adobe Media Encoder 面板。(见图 11-7)

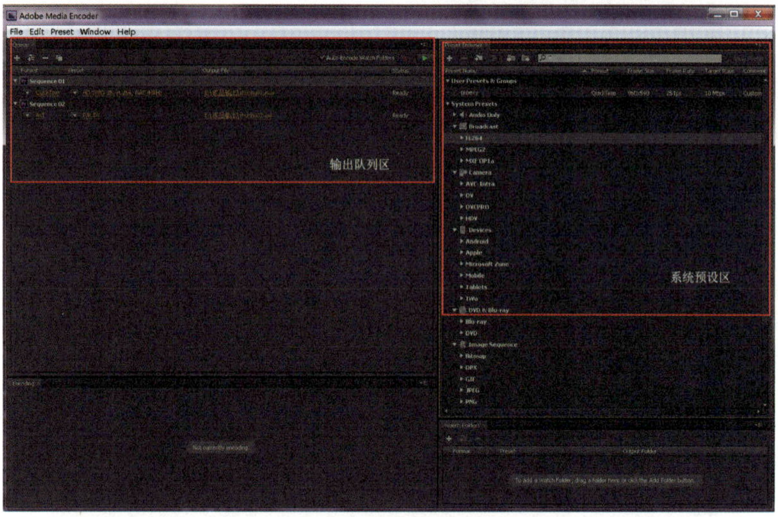

图 11-7 Adobe Media Encoder 面板

11.2.2 队列参数设置

一般来说，使用队列输出的主要操作步骤如下：

①在时间线面板选择需要输出的序列。

②设置工作区范围以确定输出范围。

③点击菜单 Export \ Media(输出 \ 媒体)。

④在格式设置区选择输出的封装格式、输出路径及文件名等。

⑤在编码设置区选择视频音频编码方式及各项参数设置。

⑥在输出区单击 Queue(队列)按钮，将输出任务添加到 Adobe Media Encoder 输出队列中。

⑦最小化 Adobe Media Encoder 面板，重复上面步骤，添加新的输出任务到队列中。

⑧也可以在 Adobe Media Encoder 面板中添加输出任务。

⑨任务添加完成后可以单击输出队列区的 Start Queue(开始队列)按钮进行批量输出。

思考与练习

1. 请将你的作品输出为不同的视频格式，如 AVI、Quicktime、Mpeg-Dvd、序列文件等，并进行参数设置及比较。

2. 熟悉使用 Adobe Media Encoder 进行队列输出。

第12单元

EDIUS 影视编辑基础

学习目标

- □ 认识 EDIUS 的基本界面。
- □ 学习添加视频、音频素材。
- □ 学习使用代理模式。
- □ 学习使用多机位编辑模式。

12.1 EDIUS7 的功能介绍

EDIUS 7 是一款专为广播和后期制作环境而设计的非线性编辑软件，特别是针对无带化视频制播和存储。除了标准的 EDIUS 系列格式，还支持 Infinity、JPEG 2000、DVCPRO、P2、VariCam、Ikegami、GigaFlash、MXF、XDCAM 和 XDCAM EX 视频素材。中文版 EDIUS 7 同时支持所有 DV、HDV 摄像机和录像机，拥有完善的基于文件的工作流程，提供了实时、多轨道、多格式混编、合成、色键、字幕和时间线输出功能。（见图 12-1 ）

图 12-1　Edius 的整体布局

EDIUS 意味着“随时、随地，任意编辑”，并有更多的分辨率选择、无限轨道和实时编辑能力。无论是标准版 EDIUS Pro 7，还是网络版 EDIUS Elite 7，在广播新闻、新闻杂志内容、工作室节目、纪录片，甚至 4K 影视制作方面，都是使用者的最佳选择工具。更多创造性工具和对于所有标清、高清格式的实时、无须渲染即可编辑的特性，使 EDIUS 7 成为当前最实用和实现快速编辑的工具之一。由于是专为 Windows 7 和 Windows 8 开发的原生 64 位应用程序，EDIUS 7 可以充分利用最多达 512 GB(Windows 8 企业和专业版)，或者最多 192 GB(Windows 7 旗舰、企业和专业版)物理内存供素材操作的快速存取，特别是画中画、3D、多机位和多轨 4K 编辑。EDIUS 7 利用现代的 64 位计算机技术，带来了更快的、更具创造性的编辑体验。它还具有如下优势。

✽ 多种格式实时混编，不限轨道数量，以及同一时间线的实时帧速率转换，令剪辑师的编辑工作更快、更具创意。

✽ 高级 4K 工作流程，包括支持的 Blackmagic Design 的 DeckLink 4K Extreme 和 EDL 导入/导出，与达芬奇调色软件进行相互调用。

✲ 打开第三方 I / O 硬件，兼容 Blackmagic Design、Matrox 公司和 AJA。

✲ 编辑媒体文件不同的分辨率，从 24×24 到 4K×2K，为同一时间轴上的帧速率的实时转换提供了更高效的编辑。

✲ 快速、灵活的用户界面，包括无限的视频、音频、标题和图形轨道。

✲ 支持最新的文件格式(索尼 XAVC / XVAC S、松下 AVC-Ultra 和佳能 1D C M-JPEG)。

✲ 支持许多不同的视频格式，如索尼的 XDCAM、松下的 P2、池上的 GF、佳能的 XF 格式和 EOS 的电影格式，是市场上最快的 AVCHD 编辑(最多 3 + 实时流)。

✲ 可同时多镜头编辑多达 16 个不同源，支持视频输出。

✲ 改进的 MPEG 编码器速度和质量。

✲ 改进的 H. 264/AVC 解码器。

✲ 对第四代 Intel Core i 架构进行了优化。

✲ 精简的实时编辑，可用最大内存访问 64 位本地处理。

✲ 较慢计算机上的代理模式工作流程，有助于延长其可用性，并提高投资回报率。

✲ 支持英特尔的 Ivy Bridge / Sandy Bridge 出口和蓝光光盘刻录速度极快的硬件。

✲ 快速处理大量的静止图像文件，如 JPG、TGA、DPX 等。

✲ 3D 立体编辑。

✲ 内置响度表。

✲ 影像稳定器。

✲ 直接到蓝光光盘和 DVD 的时间表出口。

更多的分辨率选择、无限轨道和实时编辑能力。更多的创造性工具和对所有标清、高清格式的实时、无须渲染即可编辑的特性，使 EDIUS 7 成为当前最实用和实现快速编辑的非线性编辑工具之一。

12. 1. 1　基本界面

EDIUS Pro 7 的启动界面如图 12-2 所示。

图 12-2　基本界面

工程文件夹设置如图 12-3 所示。

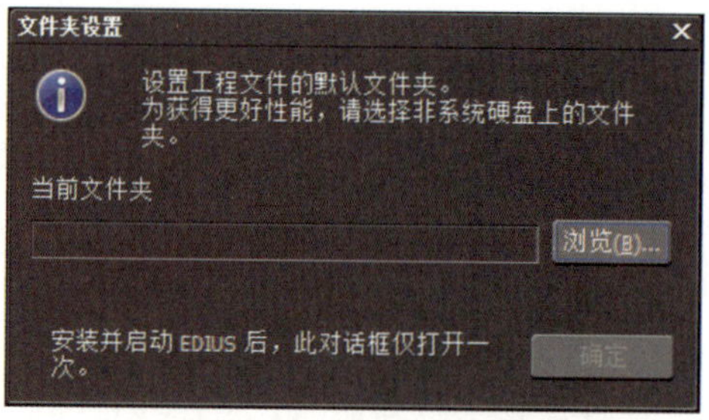

图 12-3　工程文件存放位置

12.1.2　自定义界面

自定义工程设置如图 12-4 所示。

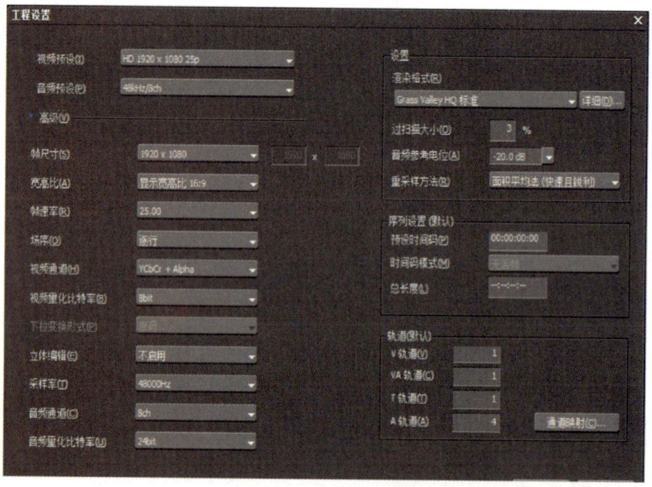

图 12-4　自定义工程设置

12.2　参数设置

EDIUS 的系统设置主要包括应用设置、硬件设置和特效设置，它们都位于主菜单的设置命令下。选择主菜单中的“设置”|“系统设置”命令，打开“系统设置”面板。系统设置中包含大量内容，可用来调整 EDIUS 的回放、采集、工作界面、导入导出以及外挂特效等各个方面，参数众多，多数默认即可正常工作。

12.2.1　系统设置

选择主菜单中的“设置|系统设置”命令，打开“系统设置”面板(见图 12-5)。系统设置中包含大量内容，可用来调整 EDIUS 的回放、采集、工作界面、导入导出以及外挂特

效等各个方面，参数众多，多默认即可正常工作。

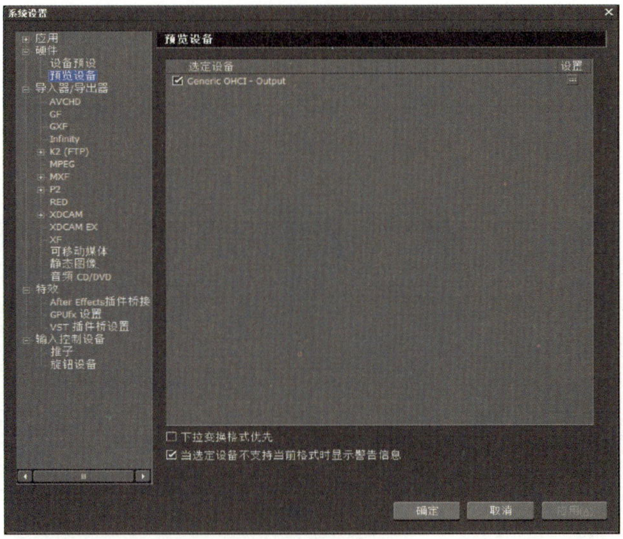

图 12-5　系统设置

12.2.2 用户设置

选择主菜单中的“设置｜用户设置”命令，打开“用户设置”面板(见图 12-6)。用户设置中包含 EDIUS 的代理模式、工程文件和用户界面等设置，默认即可正常工作。

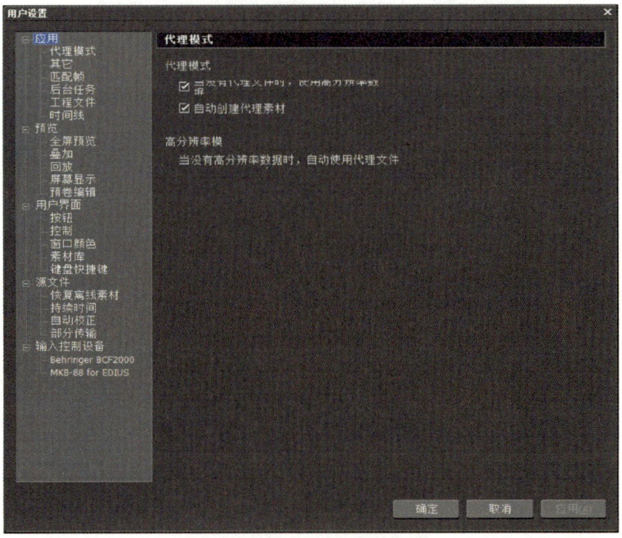

图 12-6　用户设置

12.2.3 工程设置

工程预设对于希望在多个不同 EDIUS 系统之间工作的人员来说非常方便，一个预设文件即可让后期编辑马上回到熟悉的环境中工作。在编辑过程中，EDIUS 可以随时在多个用户偏好设置文件之间切换，制作人员完全可以为自己预设多个对应不同任务的软件环境。EDIUS 拥有几乎所有的广播级播出视频设置，只需设置一次，系统就会将当前设置保存为一个工程预设。每次新建工程或者调整工程设置的时候，只要选择需要的工程预设图标即可。同样，用户也可以将工程设置保存为一个工程预设文件(.epp 文件)供导入导出(右键菜单)。这里可以找到高清、标清、PAL、NTSC 或 24Hz 电影帧频等几乎所有播出级视频预设。(见图 12-7)

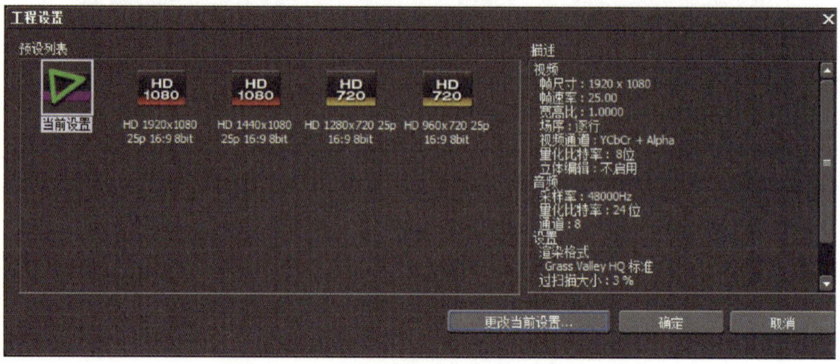

图 12-7　系统设置下的工程预设

单击“预设向导”按钮，弹出“创建工程预设”对话框，勾选需要的选项，然后单击“下一步”按钮，选择需要创建的预设。(见图 12-8)

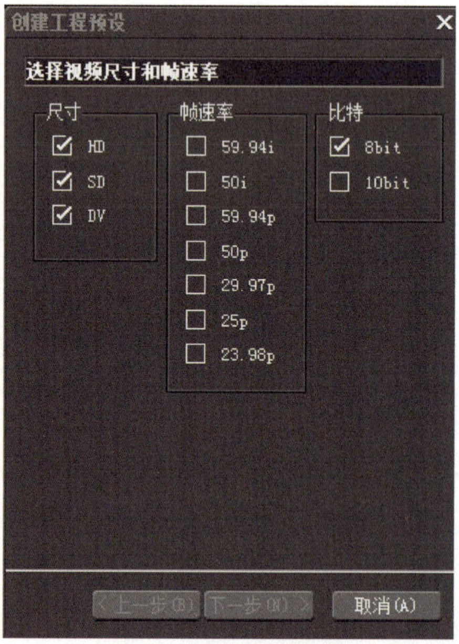

图 12-8　创建工程预设

12.3　基本编辑

使用 EDIUS 进行剪辑，最基础的就是组织需要的素材，包括导入图片、导入视频和音频。为了避免不必要的麻烦，要养成管理素材的好习惯。

12.3.1 导入素材

1. 导入视频或静态图片

在素材面板单击“添加素材”，或者在素材库空白处双击，在弹出的对话框中浏览并选择需要的素材即可。（见图 12-9）

图 12-9　“添加素材”后选择导入的素材

2. 导入图像序列

若需要打开图像序列，只需勾选下方的“序列素材”，然后单击任意一张图片即可。（见图 12-10）

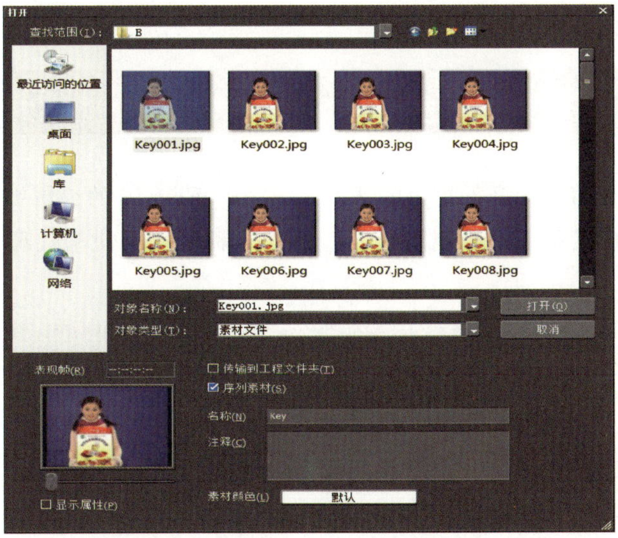

图 12-10　“添加素材”后导入“图片序列素材”

12.3.2 编辑素材

在素材库中选择了素材，可以直接进行复制、剪切、粘贴和删除操作。

为便于管理素材可在素材窗口对素材进行排列。(见图 12-11)

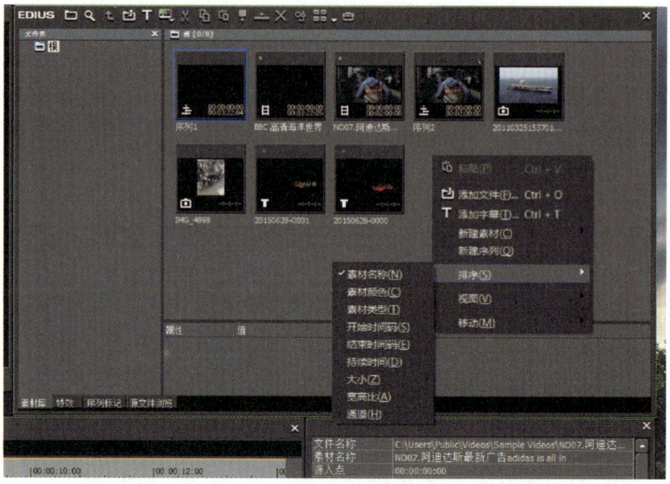

图 12-11 管理素材

设置素材标签的颜色。素材也可通过标签不同的颜色进行分组。

创建文件夹对素材进行分类。素材特别多时，就必须创建好文件夹来管理了，这样才能提高效率。

12.3.3 剪辑模式

EDIUS 中默认的是插入模式。添加一个新的素材到时间线上，在插入点之后的就会自动向后移动相应的长度。单击插入模式会切换到覆盖模式下，在覆盖模式下插入素材不会影响后面素材的位置。

12.4 高级编辑

代理模式是从 EDIUS6 开始推出的新模式。虽然 EDIUS 的编辑引擎支持混编，但有些对配置要求甚高的素材还是会出现卡顿。针对这种情况，使用代理模式应该是很好的选择。

12.4.1 代理模式

EDIUS 在默认的状态下只要切换为代理模式，后台即自动进行代理文件的生产。代理文件与高分辨率的文件相比，画面质量较差，码率较低，但文件要小很多，对于 EDIUS 来说非常好处理。

1. 自动生成代理文件

导入一些高分辨率的素材。

在菜单“模式”下点击选项“代理模式”。（见图 12-12）

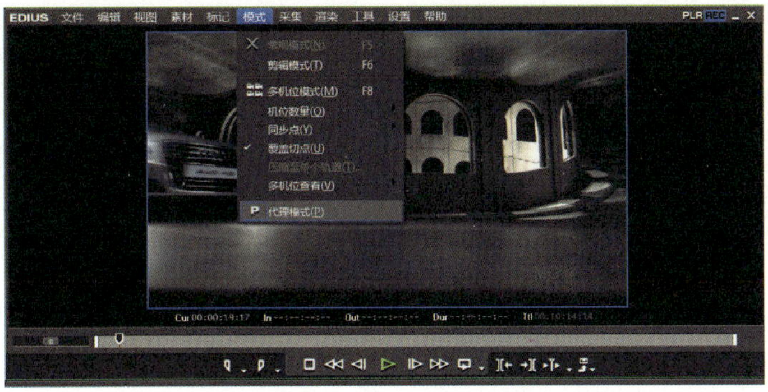

图 12-12　进入“代理模式”

当切换模式后，EDIUS 会立即为所有素材进行代理文件的生成。素材的缩略图上有个蓝色的“P”字样，表示正在进行代理文件的生成。（见图 12-13）

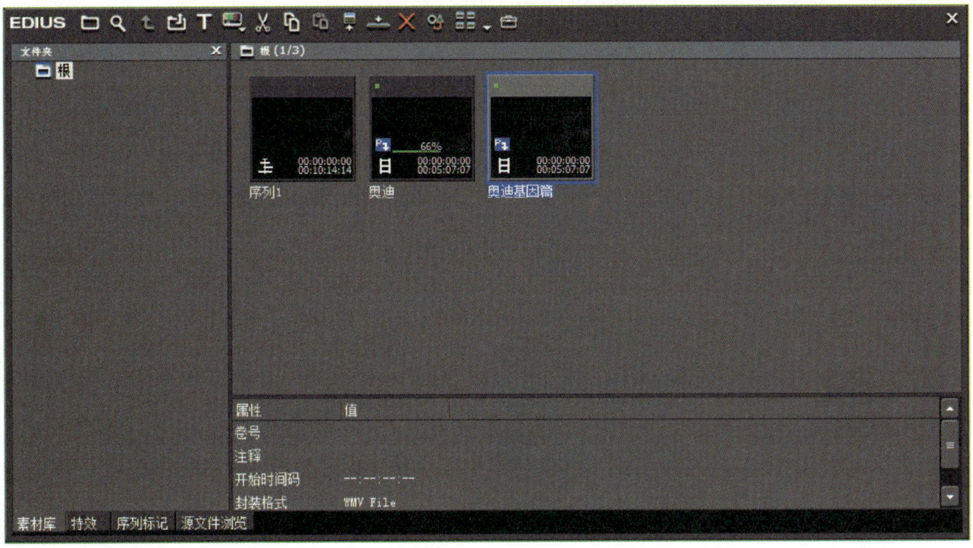

图 12-13　生成代理文件

EDIUS 有强大的后台工作引擎，因此在生成代理文件的时候，用户仍然可以继续进行剪辑工作或者其他操作。EDIUS 生成的代理文件是逐段生成的，没有生成好的素材拖到时间线是斜线，生成好的素材是棋盘图案。（见图 12-14）

生成的代理文件存放的路径是和源文件在一起的，且不能变更位置，也无法单独调入 EDIUS 里使用，必须在代理模式下系统自动识别。

与常规的操作一样，可以使用 EDIUS 下的任何工具，完成后在菜单栏再次选择代理

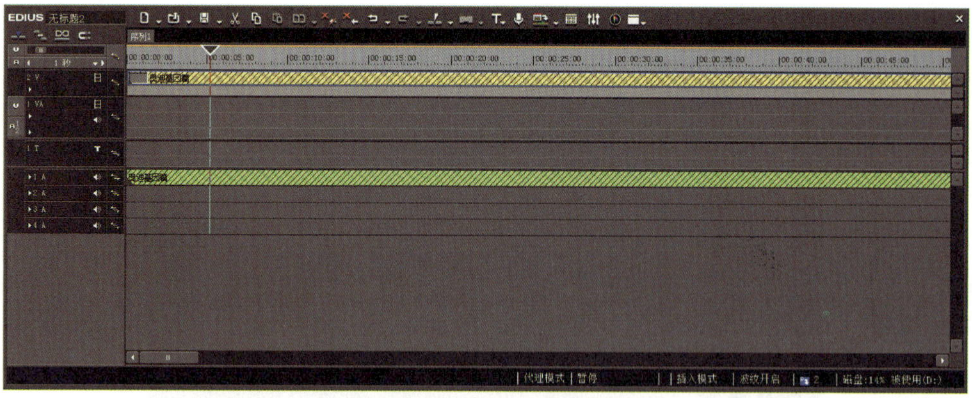

图 12-14　代理文件的图案样式

模式就恢复到了高分辨模式。

2. 手动生成代理文件

虽然 EDIUS 可以自动生成代理文件，但有时在联网编辑环境会占用过多的宽带，出于此种或其他考虑，EDIUS 还可以选择手动生成代理文件。

关闭自动生成的开关，在菜单栏“设置—用户设置”里。

在“用户设置—应用—代理模式”下把“自动创建代理素材”复选框关闭。

这时在菜单栏选择“模式—代理模式”，切换成代理模式后，就没有自动的转换。在素材库的素材上单击右键，就会看到“创建代理数据”命令。

小贴士

EDIUS 下不支持为单帧图片、图片序列、字幕、彩条、色块进行代理文件的生成。

12.4.2 多机位编辑模式

大型活动的节目剪辑往往需要多机位、多角度同时拍摄，但对多机位的剪辑，尤其是有同期声的情况下，在过去是一件非常头疼的事——因为严格对准时间点非常麻烦。

EDIUS 的多机位模式非常方便，它可以支持最多 16 机位素材的同时剪辑。

1. 多机位同步

多机位编辑最核心的步骤就是素材的对齐，也就是各个机位的素材如何放到时间线上。

EDIUS 当中提供了 4 种同步方式，分别是时间码、录制时间、素材入点和素材出点，它们都在“模式 | 同步点”菜单内。(见图 12-15)

时间码：EDIUS 时间线上的素材都有两个时间码，一个是自带的源时间码，另一个是放置在时间线上的时间码。可以右键时间线上的素材，选择“属性”命令来查看素材的源时间码。Src 指源时间码，Rcd 指时间线时间码。

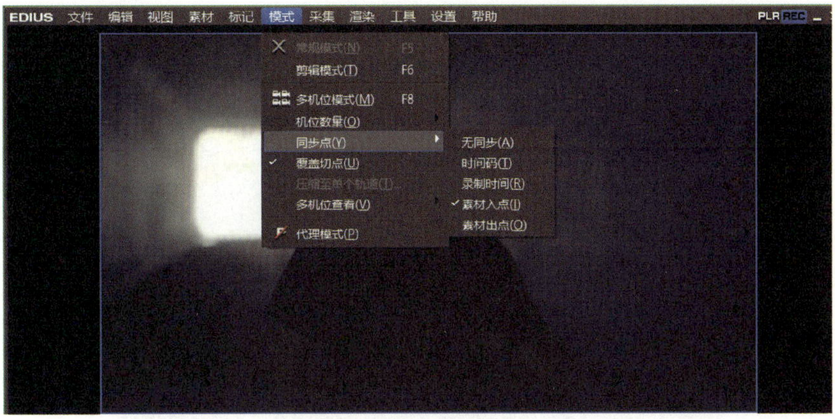

图 12-15　多机位同步

同步方式中的“时间码”指的是素材源时间码。它来自磁带、EFP 系统，或者无带化拍摄时摄像机的设置。

录制时间：数字摄像机录制时，视频文件上会带有录制时间信息。

素材入点和素材出点：以视频文件的起始点或者结束点进行同步对齐，现实情况中大家一起开始录制，或者结束录制。

小贴士

以上几种方式在进行多机位拍摄时，应充分考虑到后期剪辑的困难，最好在拍摄前做好准备事项，如调整摄像机设备时间码。

2. 多机位剪辑

若前期准备充分，后期的剪辑步骤非常简单。

将素材导入，其中有三个机位。（见图 12-16）

图 12-16　导入多机位素材

选择机位数 3，并单击多机位模式，或者按下 F8 键也可以进入多机位模式。（见图 12-17）

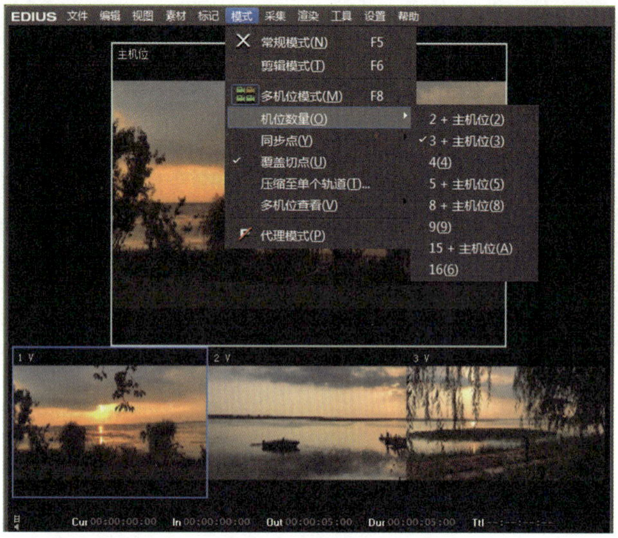

图 12-17　选择机位模式

选择同步方式，菜单“模式 ｜ 同步点”，选择“素材入点”。（见图 12-18）

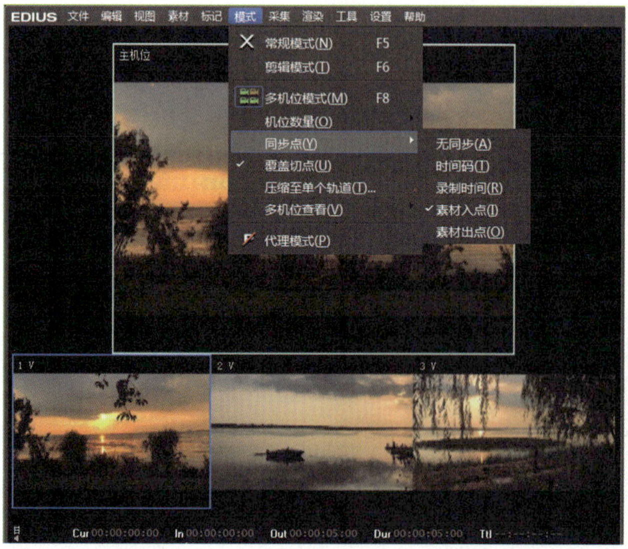

图 12-18　多机位模式下的素材入点

将三个机位的素材同时拖入时间线，它们并列排在时间线上。若轨道不足，EDIUS 会根据情况补足。

按空格键开始播放时间线，此时可以根据画面调度，使用鼠标单击机位预览窗口，也可用小键盘上的数字键 1、2、3 来根据需要切换机位。（见图 12-19）

图 12-19 根据需要选择机位

每次单击，时间线上都会留下一个蓝色的小三角标记，代表剪辑点。时间线走完，初剪就完成了，激活的是用到的机位素材，暗淡的是未使用到的机位素材。(见图 12-20)

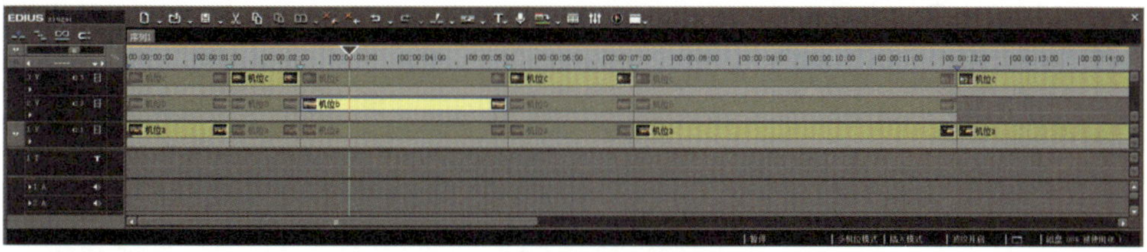

图 12-20 初剪模样完成

修改可以直接拖曳蓝色三角标记的剪辑点。

若要切换选中的机位，首先移动时间线到相应的时间点，然后单击需要的机位。

初剪完成，需要将所有的选中机位的素材整理到一条轨道上，单击“模式｜压缩｜新建轨道”。新建的 VA 轨道是第 4 条 VA 轨。(见图 12-21)

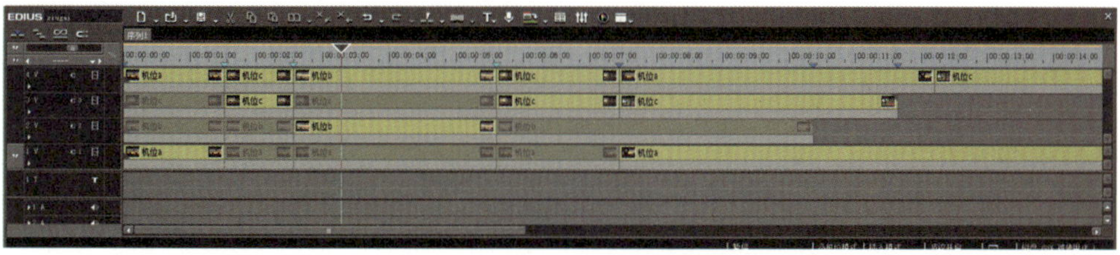

图 12-21 整理合并到一个轨道

返回到常规模式，并使用这条新的轨道继续调整、剪辑、补充镜头等工作。

思考与练习

1. 尝试着导入自己用摄像机或者单反相机拍摄的素材。
2. 初剪并输出到文件。

拓展训练

1. 代理模式下如何设计自己在教室和寝室协同编辑工作。
2. 多机位编辑时，时间码模式是怎样对齐的？

第13单元

EDIUS 视频特效

学习目标

- ☐ 认识和了解 EDIUS 中的视频滤镜。
- ☐ 认识和了解 EDIUS 中的音频滤镜。

13.1 特效面板

13.1.1 特效概述

EDIUS 的特效和转场滤镜有许多，并且还可以安装许多第三方插件。丰富的特效滤镜使得用户在运用 EDIUS 处理素材时显得得心应手，分别是系统预设、视频滤镜、音频滤镜、转场、音频淡入淡出、字幕混合、键七类。

13.1.2 视频滤镜

在视频滤镜右侧文件夹中列出了视频滤镜的缩略图，共 41 项，其中 26 个视频滤镜加 15 个特效预设。(见图 13-1)

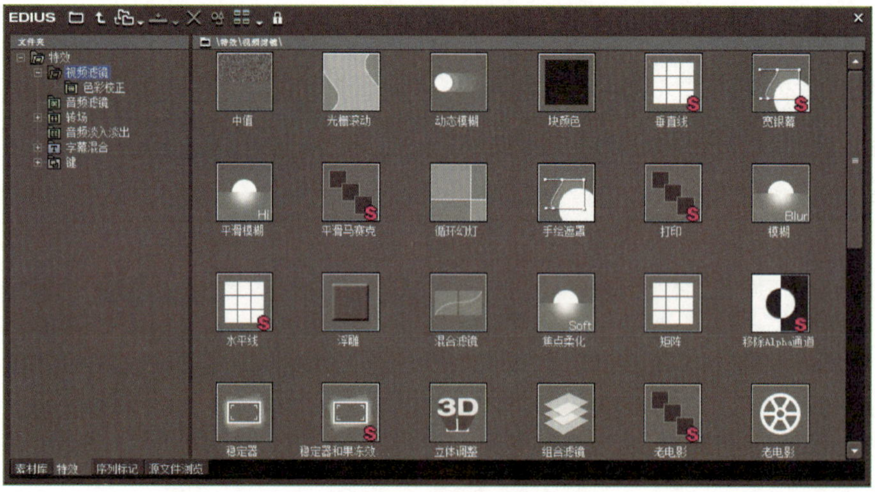

图 13-1 视频滤镜

光栅滚动：可以为画面创建类似波浪扭曲的变形效果，一般与其他滤镜配合使用。图 13-2 为使用该滤镜前后对比图。

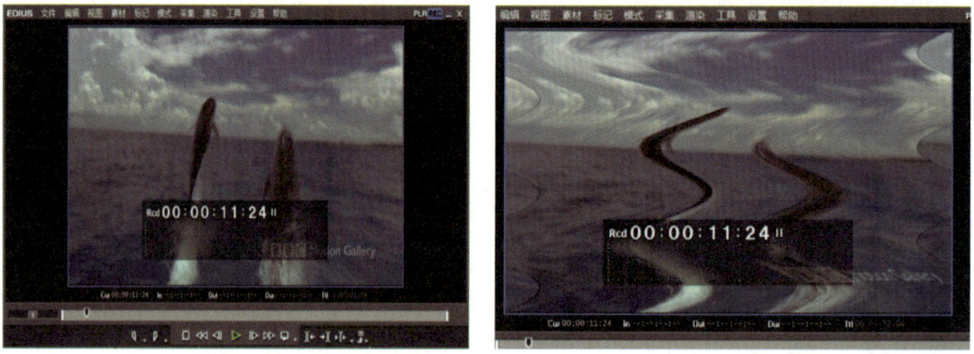

图 13-2 “光栅滚动”滤镜

平滑模糊：可以使画面产生模糊效果，使用较大的模糊值时画面效果更好。（见图 13-3）

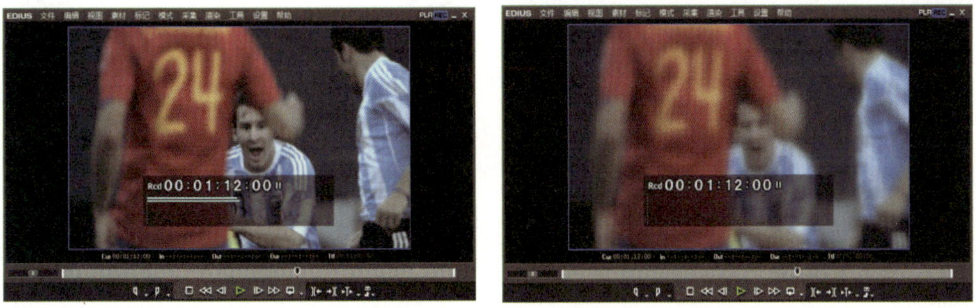

图 13-3 “动态模糊”滤镜

浮雕：画面产生立体感，像是石雕。（见图 13-4）

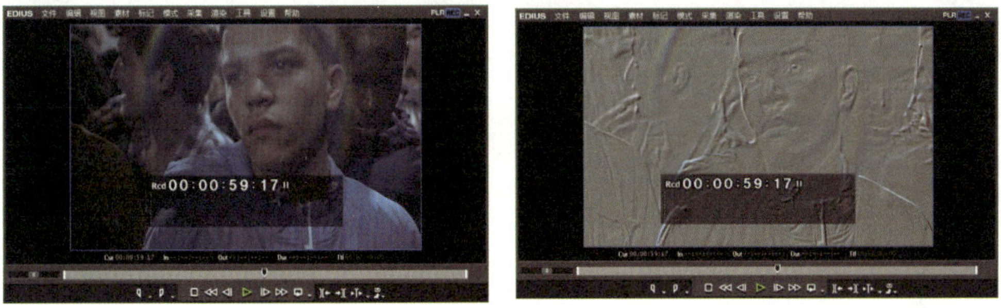

图 13-4 “浮雕”滤镜

老电影：老电影特效有两个。一个是混合特效，包含色彩平衡和视频噪声，可以使画面产生毛发、灰尘等看似时间久远的效果(见图 13-5)。另一个是单独的色彩平衡特效。

图 13-5 “老电影”滤镜

铅笔画：可以让画面看起来像铅笔素描一样。（见图 13-6）

图 13-6 “铅笔画”滤镜

马赛克：默认效果是将整个画面加上马赛克，通常和“区域”滤镜组合使用。（见图 13-7）

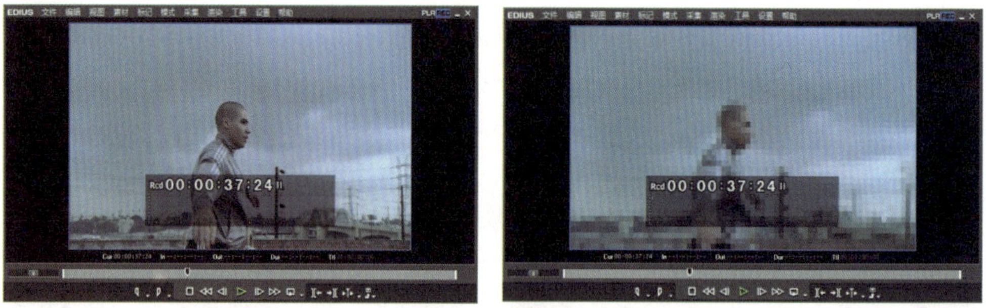

图 13-7 “马赛克”滤镜

13.1.3 色彩校正滤镜

“色彩校正滤镜”属于“视频滤镜”的一个子项，总共有 14 组不同滤镜可以作初级校色。（见图 13-8）

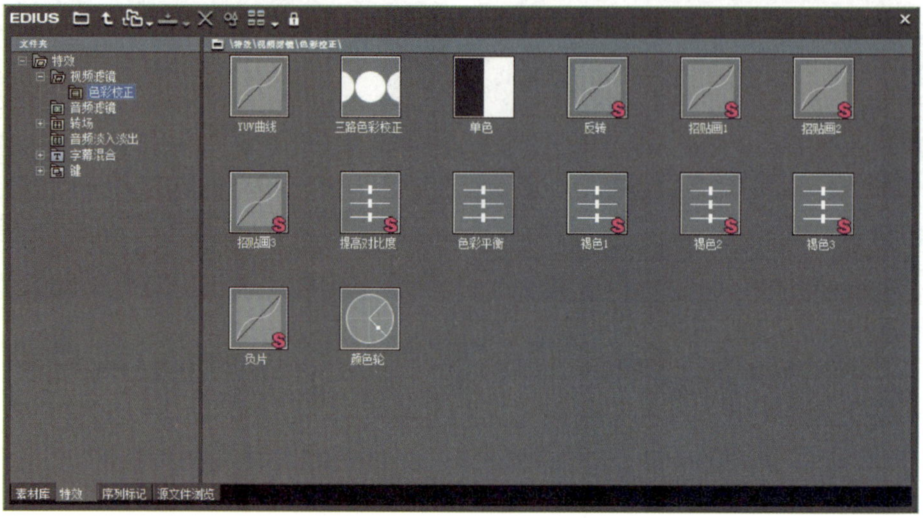

图 13-8 色彩校正

YUV 曲线：亮度信号被称为 Y，色度信号是由两个独立的信号组成的。视颜色系统和格式不同，两种色度信号经常被称为 U 和 V，或 Pb 和 Pr，或 Cb 和 Cr。与常见的 RGB 方式相比，广播电视采用 YUV 曲线更适合，一来可以兼容旧设备，二来带宽占用少，可以加快运行和处理效率。（见图 13-9）

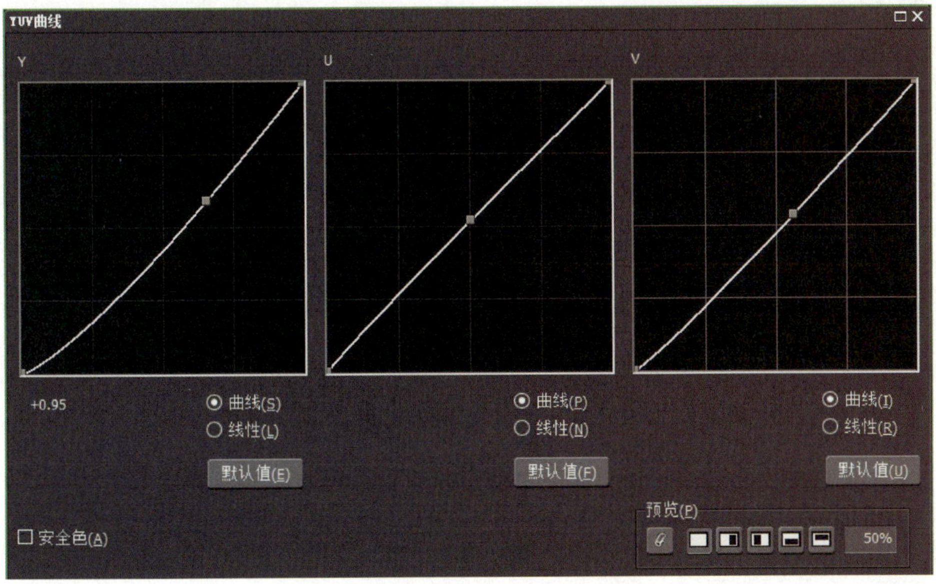

图 13-9 YUV 曲线

单色：将画面调成某种单色效果。（见图 13-10）

图 13-10 单色

三路色彩校正：控制画面的两部、中间调和暗部区域色彩（见图 13-11）。二级校色是 EDIUS 当中频繁使用的校色滤镜之一。

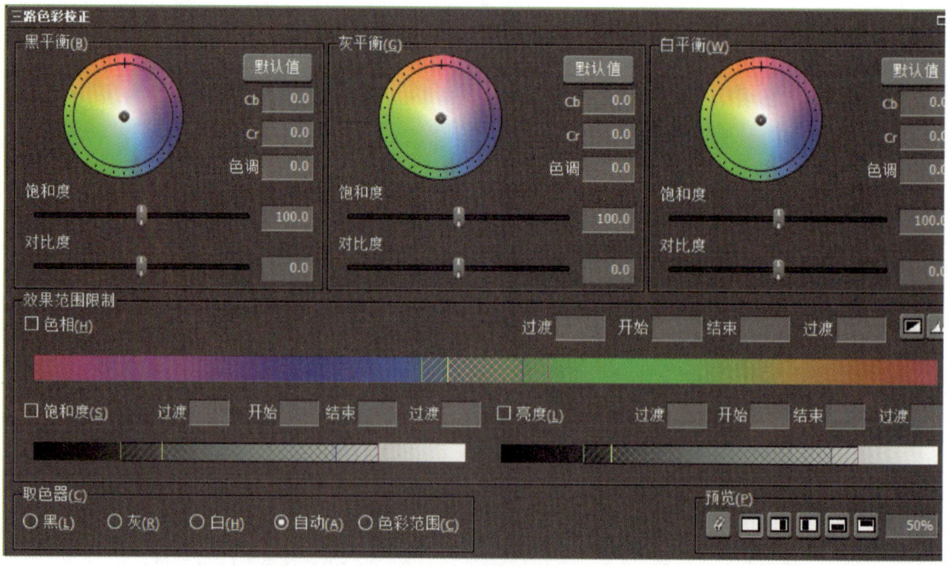

图 13-11　三路色彩校正

色彩平衡：可以单独调节饱和度，还可以改变整个画面的色彩倾向。（见图 13-12）

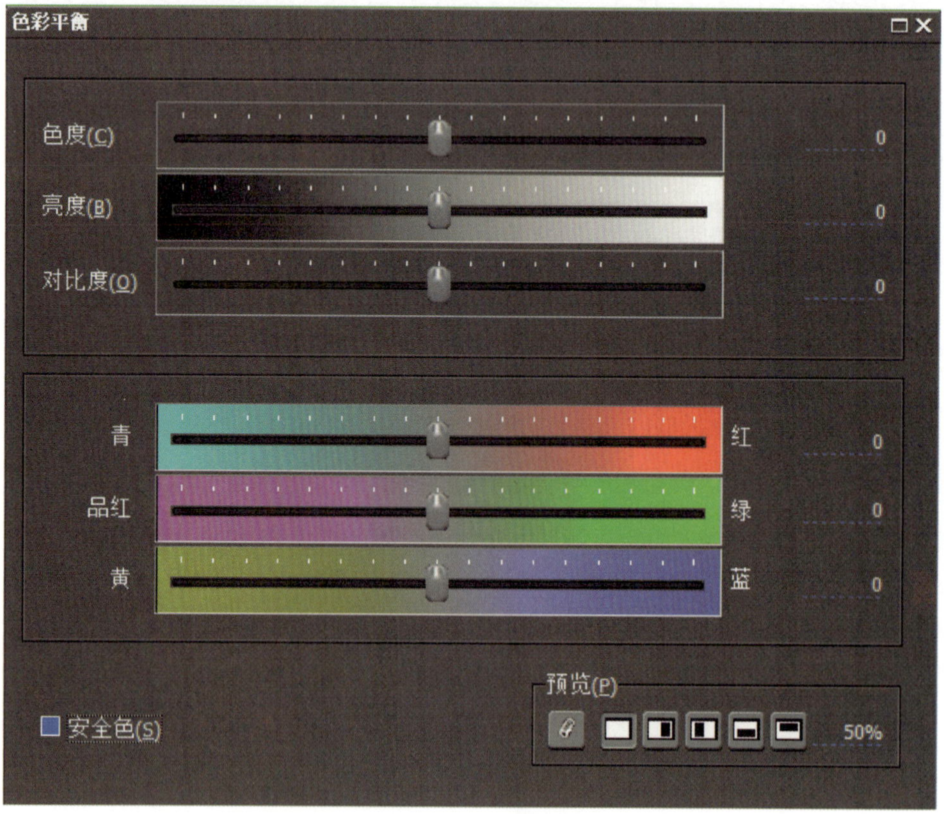

图 13-12　色彩平衡

颜色轮：转动色轮改变色相及饱和度和亮度。（见图 13-13）

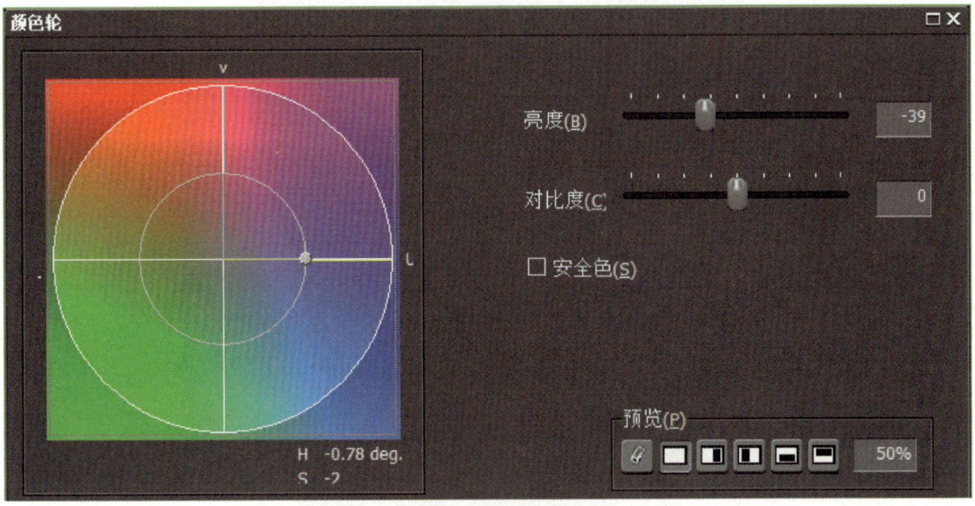

图 13-13　颜色轮

13.2　音频滤镜

低通/高通滤波：低于/高于某给定频率的信号可有效传输，而高于/低于此频率（滤波器截止频率）的信号将受到很大衰减。通俗来讲，低通滤波除去高音部分（相对），高通滤波除去低音部分（相对）。（见图 13-14）

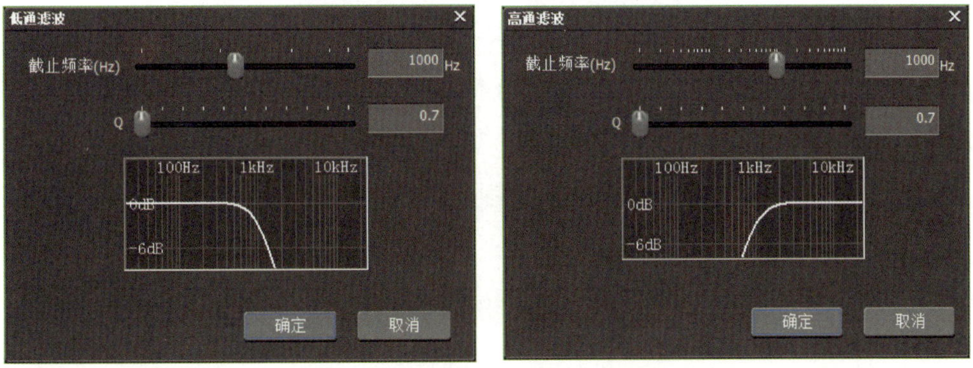

图 13-14　音频滤镜下的低通/高通滤波

变调：转换音调的同时保持音频的播放速度（见图 13-15）。延迟：调节声音的延迟参数，使其听上去像是有回声一样，增加听觉空间上的空旷感。

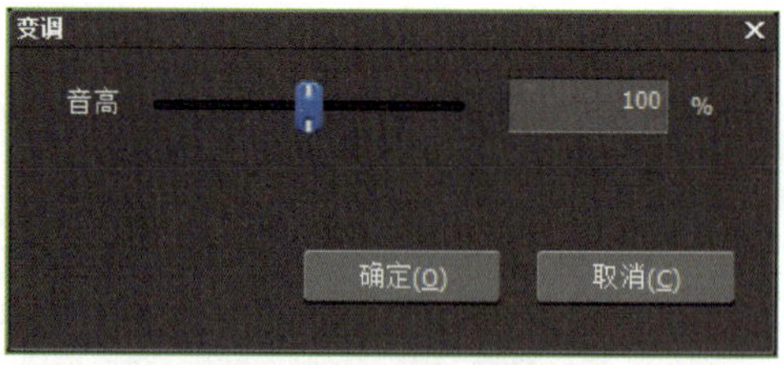

图 13-15　变调

音量电位与均衡：分别调节左右声道和各自的音量，是 EDIUS 中一个使用非常频繁的音频滤镜。(见图 13-16)

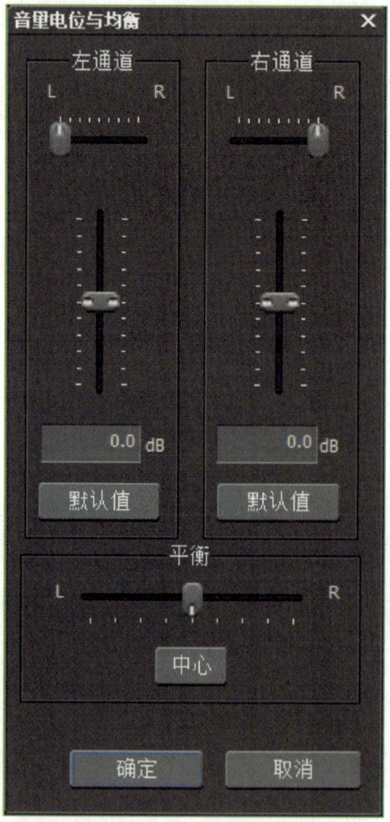

图 13-16　音量电位均衡

图形均衡器/参数平衡器/音调控制器：这三个都可以看作属于均衡器一类的工具。均衡器将整个音频频率范围分为若干个频段，使用者可以对不同频率的声音信号进行不同的提升或衰减，以达到补偿声音信号中欠缺的频率成分和抑制过多的频率成分的目的。(见图 13-17、图 13-18)

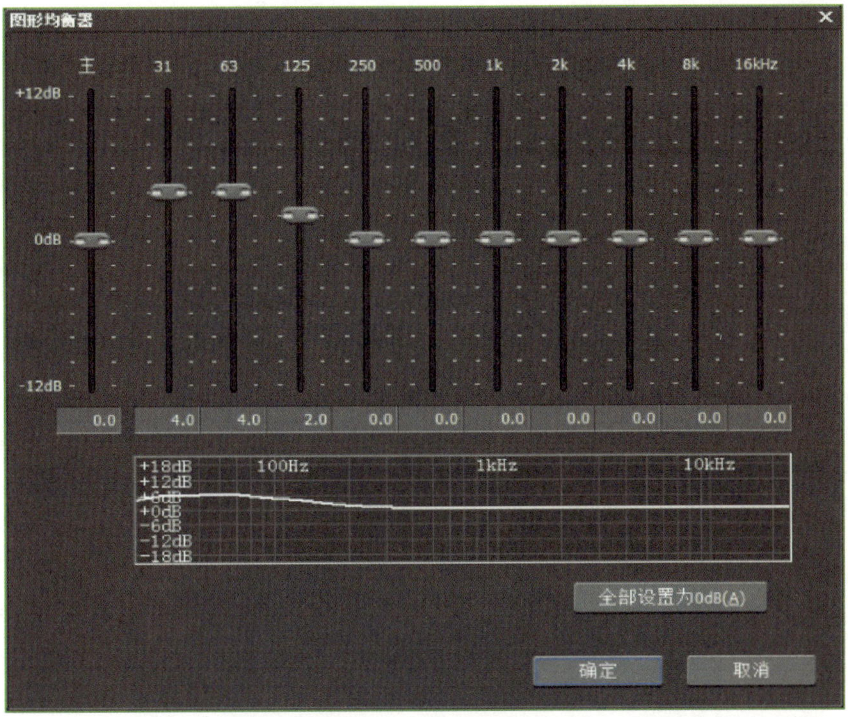

图 13-17　图形均衡器

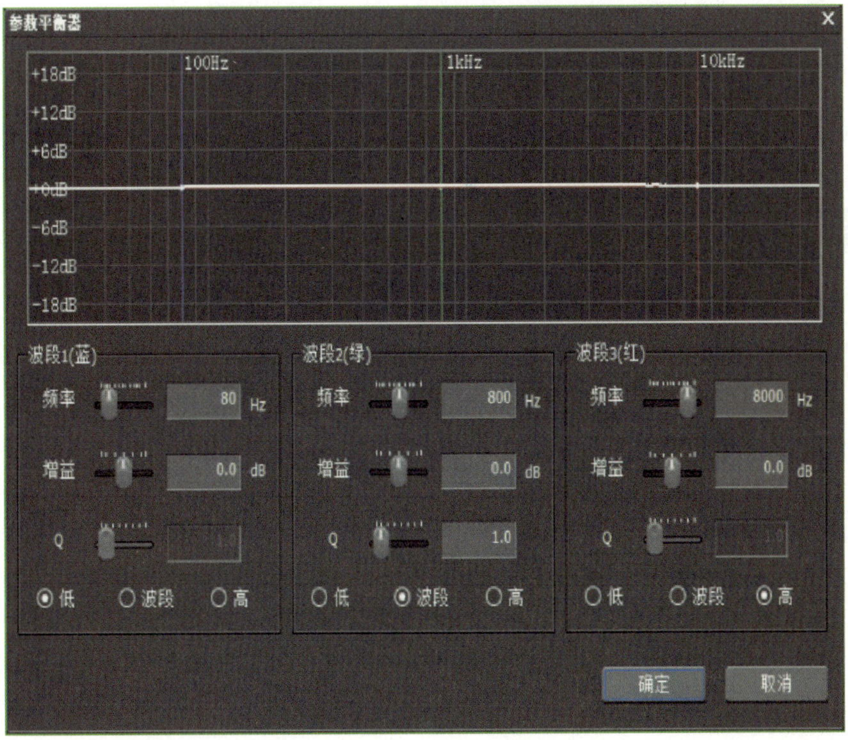

图 13-18　参数平衡器

以图形均衡器为例。

低音：40 Hz～150 Hz，是声音的基础部分，其能量占整个音频能量的70%，是表现音乐风格的重要成分。适当时，低音张弛得宜，声音丰满柔和；不足时，声音单薄；过度提升时，会使声音发闷，明亮度下降，鼻音增强。

中低音：150 Hz～500 Hz，是声音的结构部分，人声位于这个位置。不足时，演唱声会被音乐淹没，声音软而无力；适当提升时，会感到浑厚有力，提高声音的力度和响度；提升过度时，会使低音变得生硬。300 Hz处过度提升3～6 dB，如再加上混响，则会严重影响声音的清晰度。

中音：500 Hz～2 KHz，包含大多数乐器的低次谐波和泛音，是小军鼓和打击乐器的特征音。适当时，声音透彻明亮；不足时，声音朦胧；过度提升时，会产生类似电话的声音。

中高音：2 KHz～5 KHz，是弦乐的特征音(拉弦乐的弓与弦的摩擦声，弹拔乐的手指触弦的声音)。不足时，声音的穿透力下降；过强时，会掩蔽语言音节的识别。

高音：7 KHz～8 KHz，是影响声音层次感的频率。过度提升会使短笛、长笛声音突出，语言的齿音加重和音色发毛。

极高音：8 KHz～10 KHz。适当时，三角铁和立体的金属感通透率高，沙钟的节奏清晰可辨；过度提升会使声音不自然，易烧毁高频单元。

平衡悦耳的声音应是：150 Hz以下(低音)应是丰满、柔和而富有弹性；150 Hz～500 Hz(中低音)应是浑厚有力、百不混浊；500 Hz～5 KHz(中高音)应是明亮透彻而不生硬；5 KHz以上(高音)应是纤细、圆润而不尖锐刺耳。

13.3 组合特效

EDIUS里组合特效主要是指混合滤镜和组合滤镜，将两个或多个滤镜组合在一起，共同作用于素材。

13.3.1 混合滤镜

混合滤镜是指将两个滤镜效果以百分比率混合，混合程度可以设置关键帧动画。

13.3.2 组合滤镜

组合滤镜是对多个滤镜的组合应用，相当于多个滤镜连续作用。

思考与练习

EDIUS丰富的滤镜极大地提高了用户的工作效率，有些带S标记是什么滤镜？尝试使用马赛克滤镜遮蔽人脸。

拓展训练

自己尝试调试一组滤镜，然后让它作为预设保存下来。

第14单元

EDIUS 转场特效

学习目标

- □ 学习各种转场特效。
- □ 熟练掌握常用的转场。

作为非线性编辑类软件，EDIUS 拥有大量的转场效果。可以在特效面板的“转场”目录下找到包括 2D、3D、第三方，如 ProDAD、NewBlue 等各种转场，其带有的预设效果可达上千种。2D 和 3D 转场的区别在于，3D 转场支持素材在三维空间的运动。

14. 1　了解转场

要添加视频转场，首先在时间线上同一轨道中排列两段素材，因为目前应用到转场的是延展模式，这就要求添加转场的素材在交接点要有足够的余量，否则没有办法添加。

14. 2　转场特效

14. 2. 1　2D 转场组

交叉推动：对 A、B 视频做条状穿插处理。(见图 14-1)

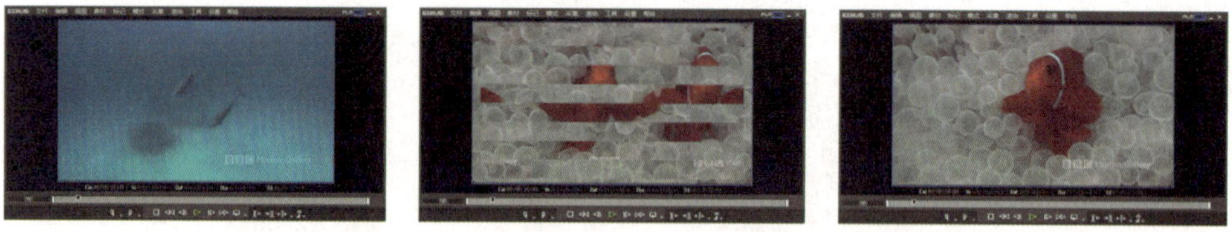

图 14-1　交叉推动

板块：像是矩形运动的轨迹。(见图 14-2)

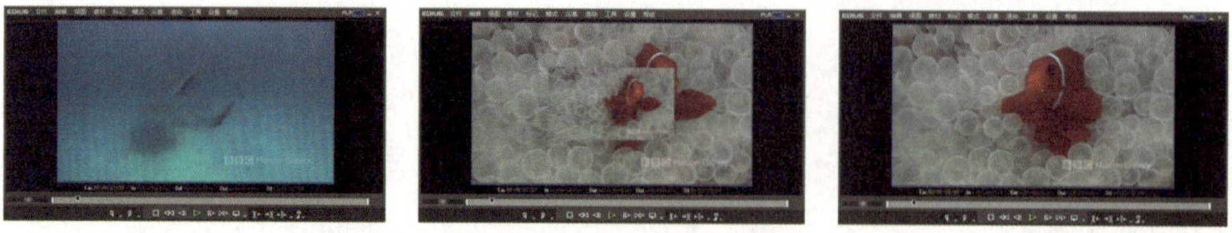

图 14-2　板块

滑动：各种各样的划像形式。(见图 14-3)

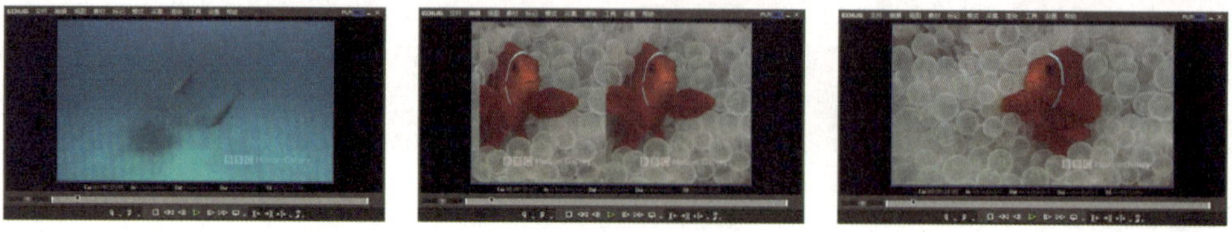

图 14-3　滑动

圆形：圆形导入。（见图 14-4）

图 14-4 圆形导入

推拉：A、B 视频各自压缩和延展，看上去就像一个把另一个推出去。（见图 14-5）

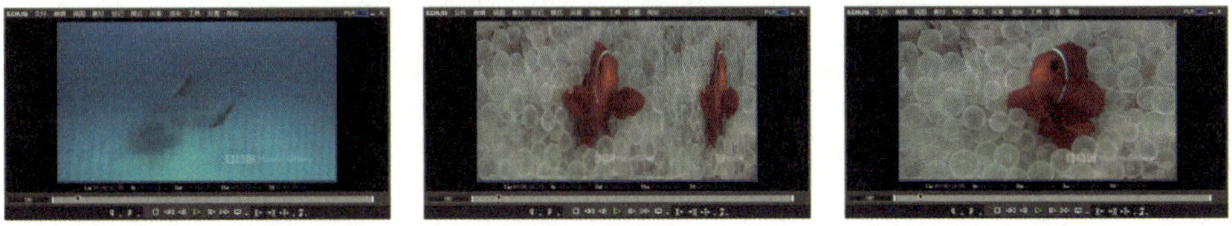

图 14-5 推拉

边缘划像：带有边缘控制的划像形式。（见图 14-6）

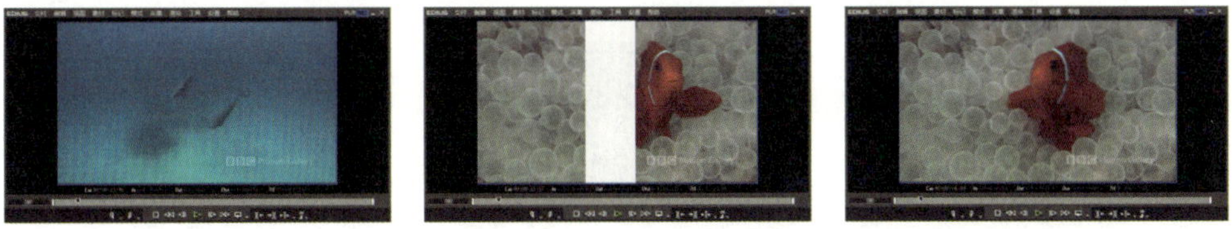

图 14-6 边缘划像

14. 2. 2 3D 转场组

3D 融化：叠化同时，视频可以在 3D 空间运动。（见图 14-7）

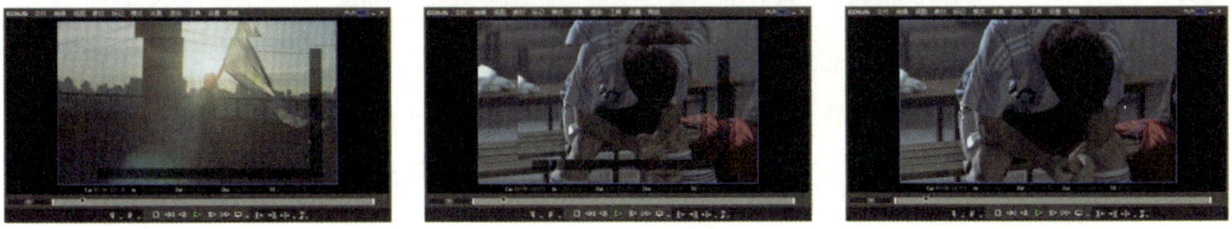

图 14-7 3D 融化

单门：传统的单开门转场，也是一种较为常见的转场方式。（见图 14-8）

图 14-8 单门

卷页：翻页的动作，属于传统转场。（见图 14-9）

图 14-9　卷页

卷页飞出：视频的页面卷起，并飞出/飞入。（见图 14-10）

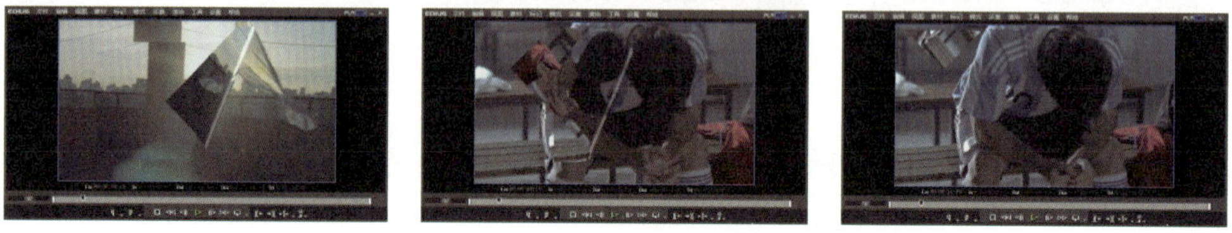

图 14-10　卷页飞出

双门：双开门的转场，较为常见的转场方式。（见图 14-11）

图 14-11　双门

双页：两片卷页方式的转场。（见图 14-12）

图 14-12　双页

四页：四片卷页撕开的转场方式。（见图 14-13）

图 14-13　四页

球化：视频变为球状在 3D 空间里运动。(见图 14-14)

图 14-14　球化

百叶窗：3D 空间里的像百叶窗式的转场效果。(见图 14-15)

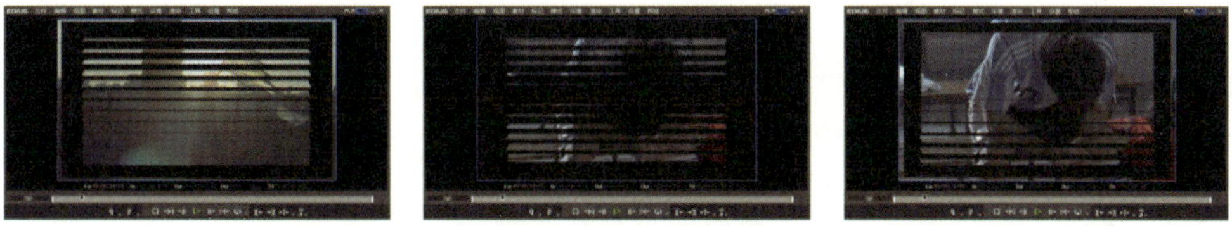

图 14-15　百叶窗

立方体旋转：A、B 视频贴在 3D 立方体的表面的转场方式。(见图 14-16)

图 14-16　立方体旋转

翻转：将 A、B 视频贴在一个平面的正反两面，通过三维空间翻转，完成的转场。(见图 14-17)

图 14-17　翻转

翻页：通过翻转页面完成的转场。(见图 14-18)

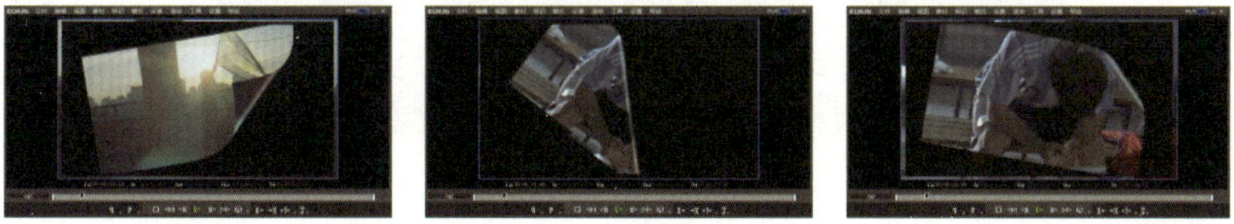

图 14-18　翻页

飞出：一段视频飞入，另一段飞出。（见图 14-19）

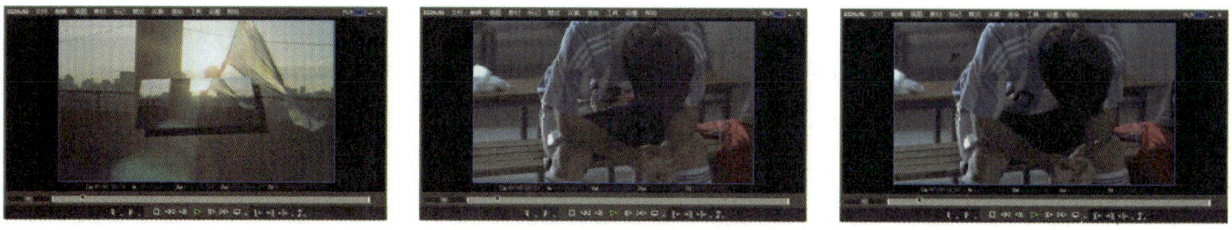

图 14-19 飞出

14. 2. 3 Alpha 转场

Alpha 转场只有一个 Alpha 的自定义图像选项。用户可以载入一张自定义的图像作为 Alpha 信息控制转场的对象，这属于 2D 效果的转场。

勾选图中 Alpha 位图并单击右侧的按钮，即可加载一张位图，最好是黑白色。在默认状态下，纯黑部分填充 B 视频，纯白部分填充 A 视频。

Alpha 转场的实质就是：Alpha Bitmap 原本是一张全白的图（只有 A 视频），根据用户指定图片的明暗信息，将图片中暗色部分叠化出来（B 视频从黑色部分先暴露出来，再将亮色部分叠化成黑色）。

如图 14-20 所示，参数调整关系如下。

锐度：Alpha 位图明暗交界的锐度，即图片的对比度。对比度小，明暗过渡灰度级丰富，则转场效果柔和。

加速度：控制明暗过渡速度的变化程度。

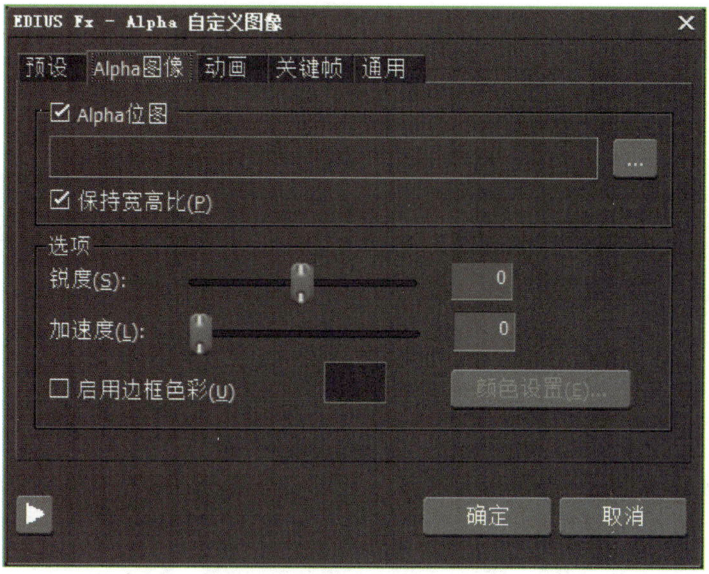

图 14-20 Alpha 自定义设置

小贴士

在 EDIUS 的安装目录…\PlugIn\Alpha 下有许多黑白位图可供选择。

14.2.4 GPUfx 转场组

GPUfx 转场组是 EDIUS 中使用显卡加速的 3D 转场组。正确安装 EDIUS 以后，即可在特效面板的转场\GPU 目录下看到。(见图 14-21)

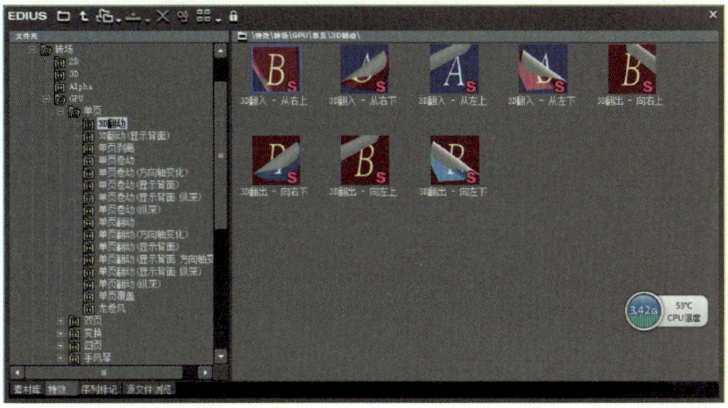

图 14-21　GPU 转场组

小贴士

使用 GPUfx 转场时，GPU 与 CPU 之间的数据交换全部在 YUV 色彩空间进行，无须进行 RGB 色彩空间的转换。

在信息面板中双击任意一个添加到素材上的 GPUfx 转场名称，首先出现的是一个“时间”选项卡(见图 14-22)。进展：百分比 46.67%代表转场完成的进度。“预设”菜单中包括一些转场进程的标签页。

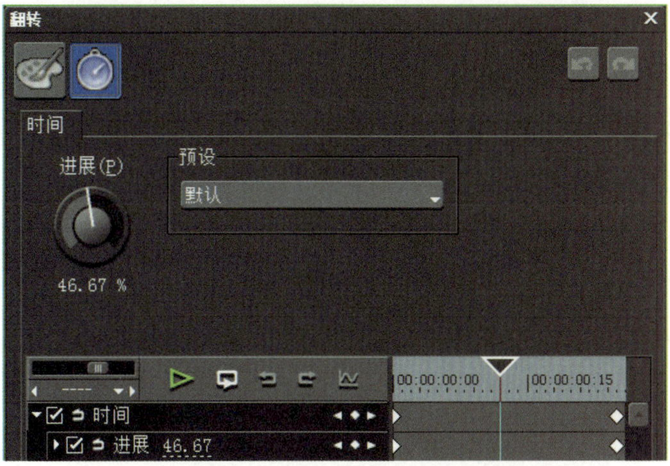

图 14-22　GPU 转场“时间”选项

“参数”选项卡：参数会随着转场的改变而改变，转场的形式不同参数也会不同。（见图 14-23）

图 14-23 GPU 转场“参数”选项

“图像”选项卡：调节转场图像。（见图 14-24）

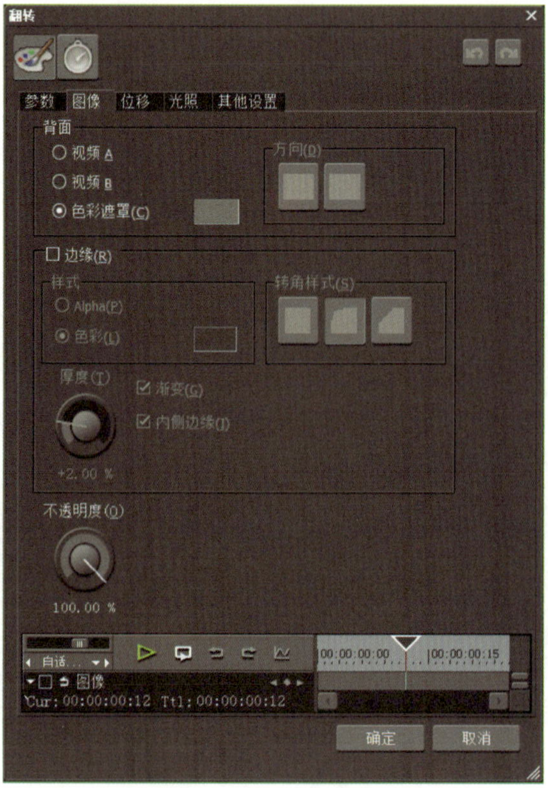

图 14-24 GPU 转场“图像”选项

“位移”选项卡：控制画面的位置、旋转和缩放等。(见图 14-25)

图 14-25　GPU 转场“位移”选项

“光照”选项卡：作为 3D 效果的 GPUfx 转场必须要有光照参数。(见图 14-26)

图 14-26　GPU 转场“光照”选项

其他设置：其中有视点、过扫描复位、反转和安全色等设置。（见图 14-27）

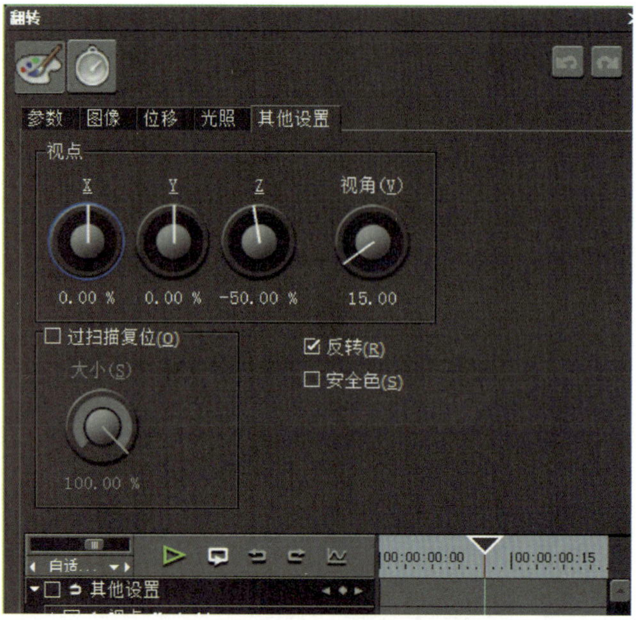

图 14-27　GPU 转场"其他"选项

小贴士

EDIUS 的 GPUfx 包括了 22 类近千种形式各异的转场预设效果。

14.2.5　SMPTE 转场组

SMPTE 转场组中有一些符合 SMPTE 259m-1993 标准的转场效果，它们的使用由于没有设置选项调整，所以比较简单。

分离：包含 3 个分离式的转场。

卷页：包含 15 个不同页数的卷页划像方式。

增强划像：包含 23 个增强划像方式，各种星座的划像。

旋转划像：包含 20 个旋转划像方式类似时钟方式的转场。

翻页：包含 15 个不同页数的翻页划像方式，和卷页转场不同的。

标准划像：包含 24 个标准划像方式，多是 2D 转场。

滑动：包含 8 个滑动划像方式。

门：包括 6 个开门效果。

14.3　字幕混合特效

字幕混合就是视频中字幕出现的方式方法。EDIUS7 为用户提供了 10 类共 38 个字幕混合效果。（见图 14-28）

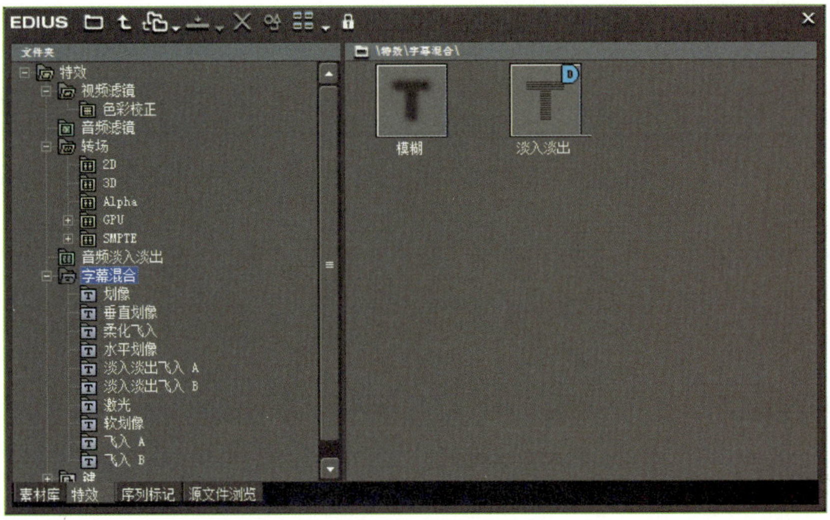

图 14-28 字幕混合

字幕混合特效只能放到 T 字幕轨的素材上，使用方法和视频转场一样，在特效面板直接将选定的字幕混合效果拖拽到字幕素材的灰色 MIX 区域即可。

小贴士

字幕混合效果使用简单，它们大部分都没有设置选项。

14.4 音频转场特效

音频转场特效指的是音频淡入淡出效果。用于时间线上两段音频素材之间的过渡，有 7 种音频淡入淡出效果。(见图 14-29)

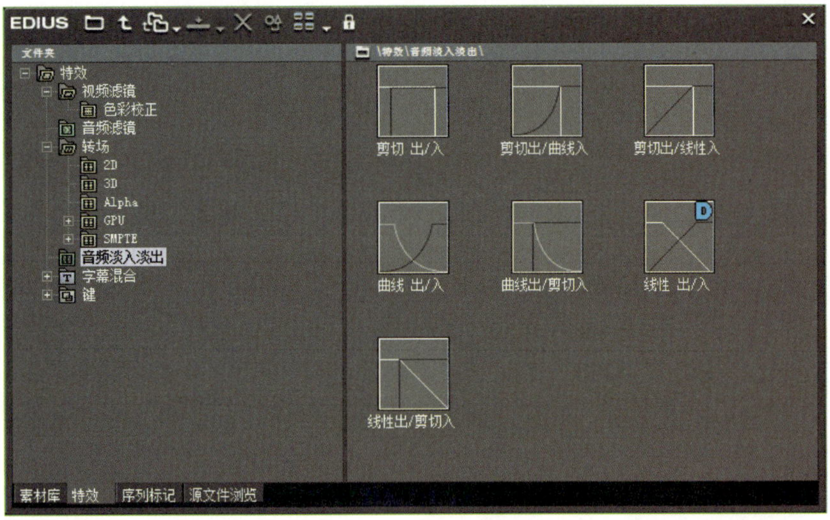

图 14-29 音频转场特效

剪切出/入：两段音频直接混在一起。

剪切出/曲线入：前一段音频以硬切方式结束，后一段音频以曲线方式音量渐起。

剪切出/线性入：前一段音频以硬切方式结束，后一段音频以线性方式音量渐起。

曲线出/剪切入：前一段音频以曲线方式音量渐起，后一段音频以硬切方式结束。

曲线出/入：两段音频以曲线方式音量渐入渐出。效果较为柔和，但是中间部分总体音量会有所降低。

线性出/剪切入：前一段音频以线性方式音量渐起，后一段音频以硬切方式结束。

线性出/入：两段音频以线性方式渐入和渐出，效果较为柔和，但是中间部分总体音量会有所降低。

小贴士

音频淡入淡出不支持两条轨道上的叠加。

思考与练习

1. 2D 转场与 3D 转场有何区别。
2. 尝试一个画中画的转场。

拓展训练

转场参数中关键帧补间类型该怎样调整?

第15单元

EDIUS 字幕特技

学习目标

- □ 学会使用 EDIUS 首选的字幕制作工具 QuickTitler。
- □ 学习强大的广播级的图文制作插件雷特字幕的使用。

除了剪辑和特效，制作出漂亮、合适的图形和文字对于 EDIUS 来说也是可以胜任的。用户在 EDIUS 中可以制作完成静态和动态字幕的一切工作。

15. 1 QuickTitler

QuickTitler 是 EDIUS 自带的字幕处理软件，用于快速制作一些简单的字幕效果，如需要更多的字幕制作要求可以安装第三方插件扩展 EDIUS 的字幕制作功能。

15. 1. 1 字幕编辑器

单击时间线上方的 T 按钮，弹出下拉菜单中选择“在 1T 轨道上创建字幕”项或者使用快捷键 T，打开 QuickTitler 启动字幕编辑器。（见图 15-1）

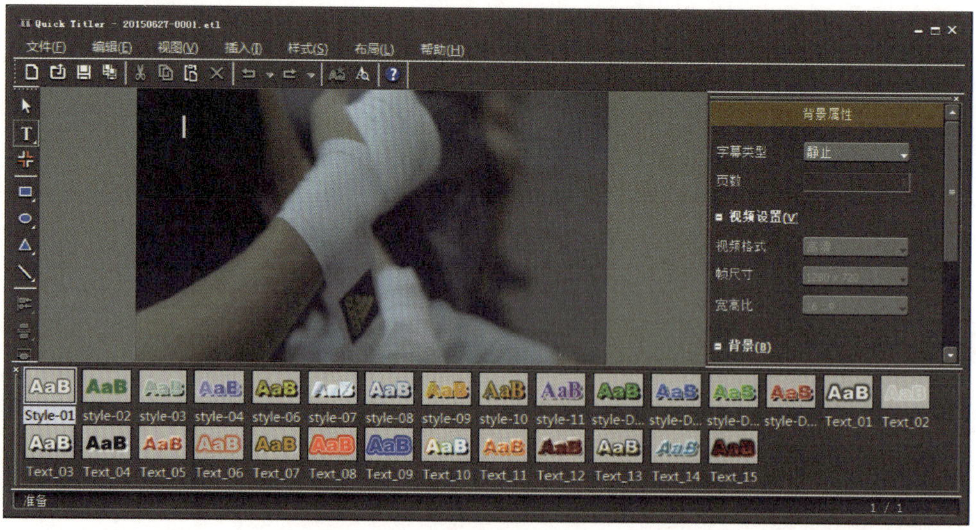

图 15-1　字幕编辑器 QuickTitler

15. 1. 2 静态字幕

QuickTitler 的使用是非常容易的。下面通过实例来说明静态字幕的具体制作方法。

选择在 1T 轨道上创建一个 QuickTitler 字幕。（见图 15-2）

在 QuickTitler 字幕制作窗口的右侧“背景属性”下的“字幕类型”是“静止”的。

单击“创建文本”工具，输入“EDIUS”。（见图 15-3）

在选中的文字周围有对象操作框。用户可以拖动文字框到屏幕的任意位置；可以拖拽顶点缩放对象，同时按住 Shift 键进行等比例缩放，按住 Ctrl 键旋转；也可以选择屏幕下方的预设样式，如选择 Text _ 10。也可以改变文本的纹理，系统默认的文件存放在 C：\ Program Files \ Grass Valley \ Edius7 \ QuickTitlerStyle \ Template \ 下。我们可以选择 templ2. png 载入。

图 15-2　QuickTitler 字幕预设

图 15-3　QuickTitler 图像属性

小贴士

QuickTitler 支持带有 Alpha 通道的 png 类型的文件。

如果用户对所制作的文字类型比较满意，可以单击工具栏上的“新样式”添加到预设里，方便以后引用，并给新样式定义好名称。

添加颜料笔画效果。单击工具栏上的“创建图像”，在屏幕上拖出一个图像框。选择样式栏中的 Image _ 23，调整图像的比例大小直至合适的形状。

将颜料笔画放置在文字下方，需要改变文字框和图像框的叠加顺序，在工具栏中有对应的工具。(见图 15-4)

图 15-4 QuickTitler 图像属性

制作完毕，单击保存按钮。返回 EDIUS 后就会看到文字已经做好并添加好的淡入淡出的效果。(见图 15-5)

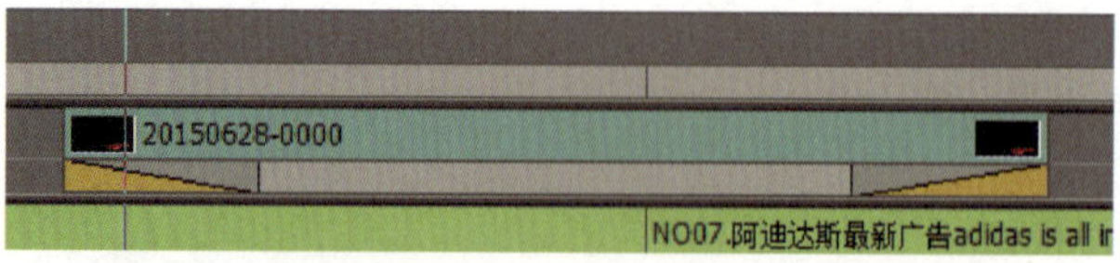

图 15-5 文字淡入淡出特效

15. 1. 3 滚动字幕

打开 QuickTitler，右侧属性面板中的“字幕类型”列表里提供了静止、滚动、爬动等多种字幕的运动方式，其中滚动是垂直方向的运动，爬动是水平方向的运动。(见图 15-6)

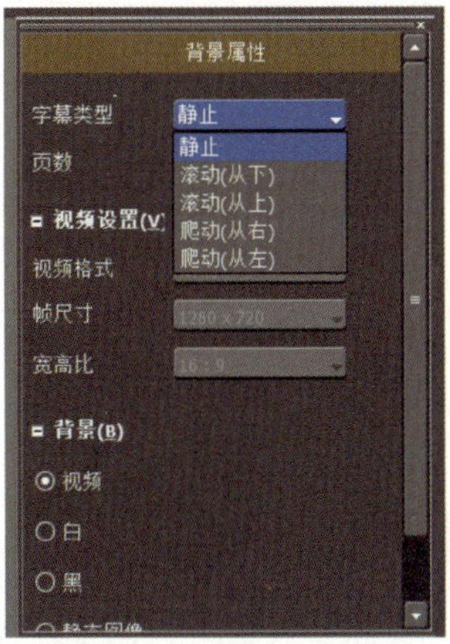

图 15-6　QuickTitler 滚动字幕

选择“爬动”，输入文字。当内容超出屏幕时，QuickTitler 会自动切割显示文字。（见图 15-7）

图 15-7　QuickTitler 滚动字幕实例

字幕的运动时间太快了，就在 EDIUS 时间线拉长字幕速度就会降低。

小贴士

尽量不要用笔画过细的字体，以免播出时产生闪烁。

15.2 雷特字幕

雷特字幕是北京雷特世创科技有限公司为了更好地满足后期制作中的要求而开发的字幕软件，既可独立运行，也可作为插件安装到EDIUS非线性编辑系统中调用。

15.2.1 雷特字幕界面

图15-8显示的是“雷特字幕”。

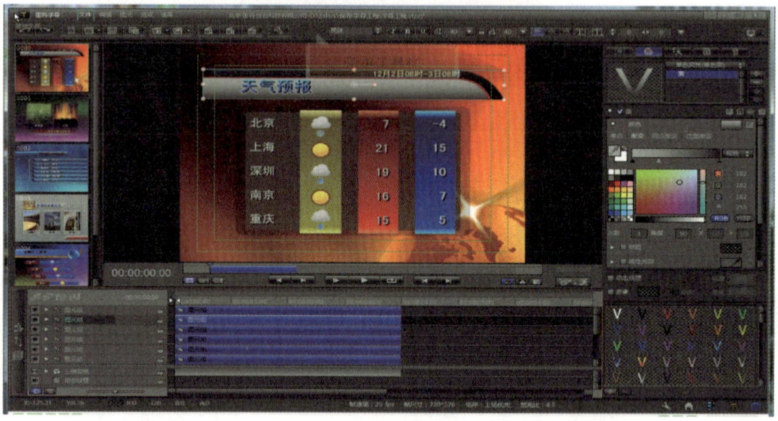

图15-8 雷特字幕

15.2.2 雷特字幕模板

正确安装雷特字幕程序后，EDIUS中就多出了相关的选项了。在字幕工具T下有了“雷特字幕”，并且在菜单栏的“工具”菜单下会出现“EDIUS字幕模板库”。雷特字幕提供了大量的内置模板。(见图15-9)

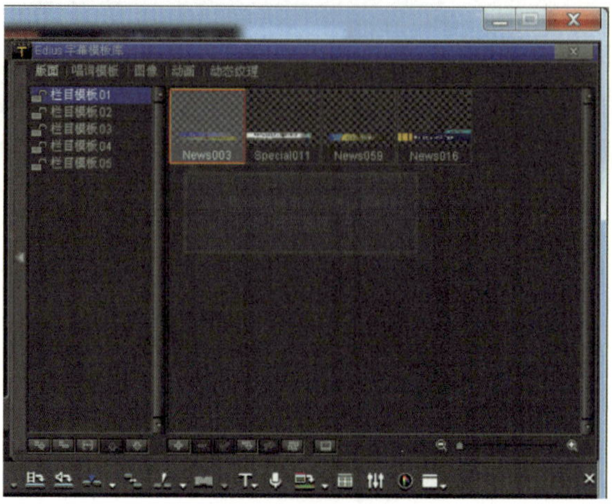

图15-9 雷特字幕模板

选择一个模板效果并双击，它会像普通视频素材一样被载入预览窗口，有些模板是静态效果(见图 15-10)，有些是动态效果。

图 15-10　雷特字幕静态模板

用户如果觉得满意，可以从预览窗口或者从模板库直接拖拽到时间线面板上。(见图 15-11)

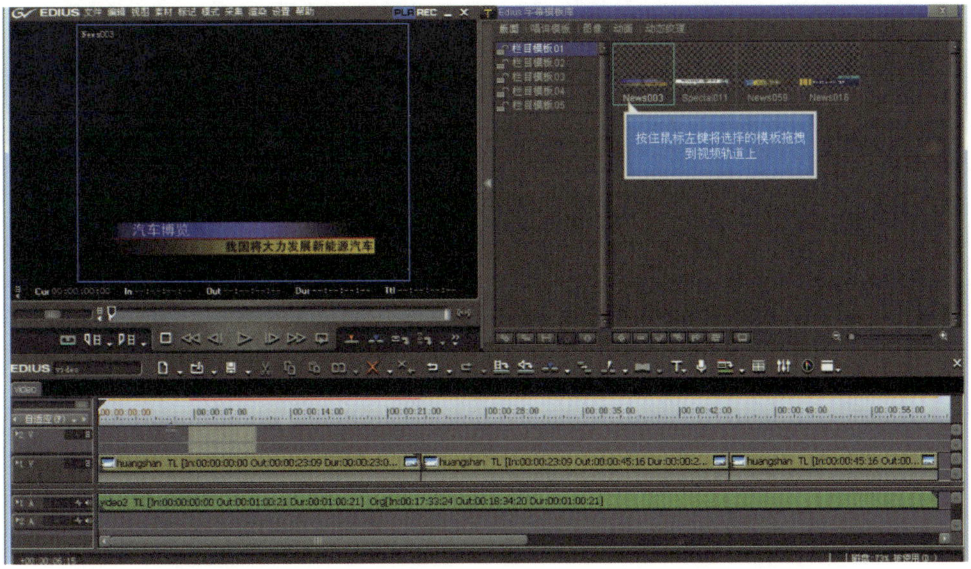

图 15-11　模板的使用

双击这个字幕文件，打开设置窗口，仅就修改文本内容时使用，可以完成文本内容的修改和替换。（见图 15-12）

图 15-12　模板的替换

设置好后单击中下靠右的“自动另存为”按钮，保存并返回 EDIUS，这就完成了一条字幕的制作。（见图 15-13）

图 15-13　模板的自动另存

字幕的模板也可再次修改。(见图 15-14)

图 15-14 字幕模板修改

单击“着色”选项卡，修改各个文字图层的颜色属性。(见图 15-15)

图 15-15 字幕模板颜色属性

单击“图元”选项卡，添加新的图元“今日新闻”到屏幕中来。（见图 15-16）

图 15-16　在字幕模板中添加新的图元

单击“动画”选项卡，添加动画元素转动的地球到屏幕左下角。（见图 15-17）

图 15-17　在字幕中添加动画

至此，我们就完成了此条新闻字幕的设计制作，最后结果如图 15-18 所示。

图 15-18　最终效果

小贴士

雷特字幕软件使用的是 Windows 的系统字体，字体存放路径 C：\windows\fonts\。

实例展示一：雷特字幕动画

1. 进入雷特字幕，选择矩形工具，在窗口的下方拖出一个合适大小的矩形来。（见图 15-18）

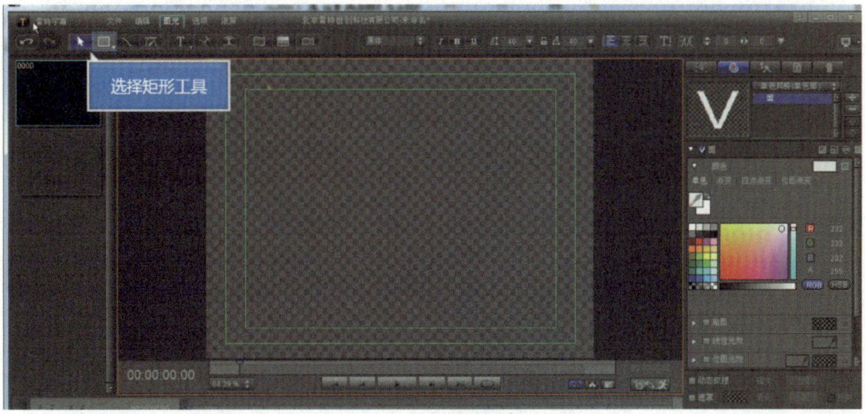

图 15-19　雷特字幕的动画

2. 单击“编辑”菜单下工具栏第三项“选择屏幕水平居中”，实际上是上一步做的矩形框水平居中。（见图 15-20）

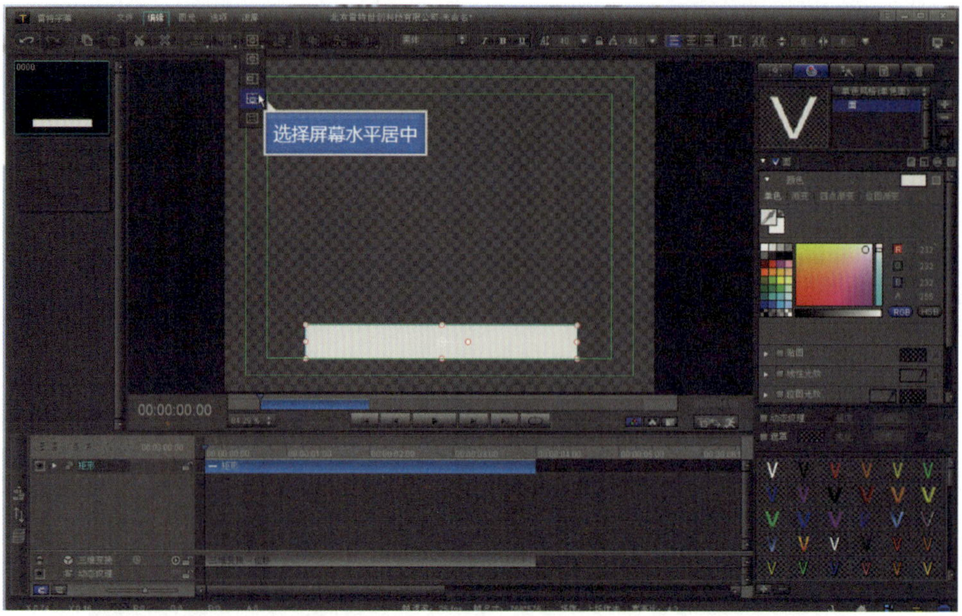

图 15-20　雷特字幕动画制作步骤 1

3. 选择矩形框，在右侧属性面板“颜色”下单击“渐变”选项，并在渐变条中间位置增加一个新的渐变点。渐变条的第一和第三个渐变点的 A 值也就是 Alpha 通道设为 0，使矩形的渐变变化比较自然。(见图 15-21)

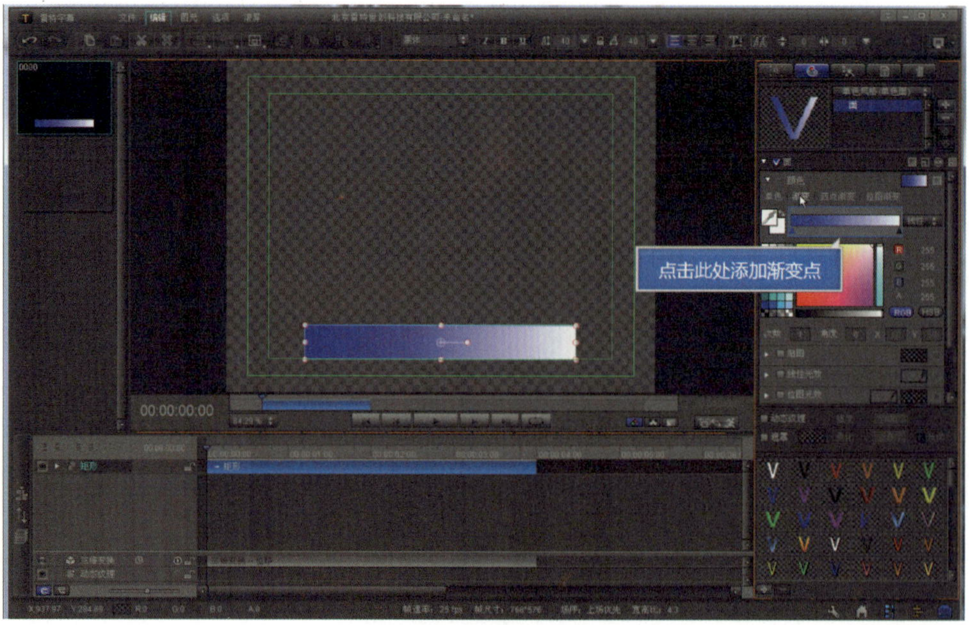

图 15-21　雷特字幕动画制作步骤 2

4. 勾选属性面板中的“动态纹理”复选框，并在图中所示位置右键选择“增加”。（见图15-22）

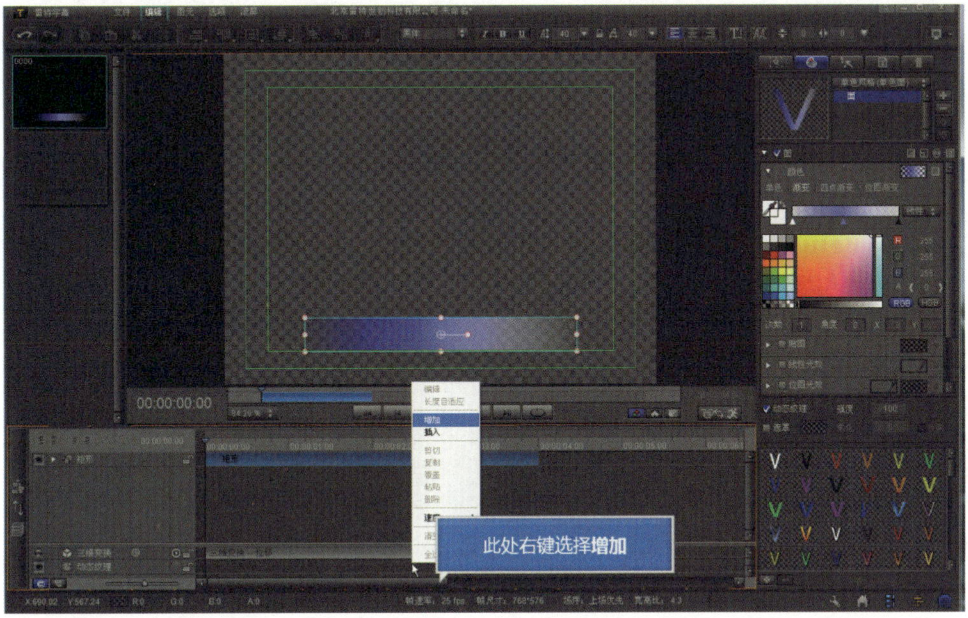

图 15-22　雷特字幕动画制作步骤 3

5. 这样动态纹理库就打开了。在“波纹”标签下选择“DT0005”选项。（见图 15-23）

图 15-23　雷特字幕动画制作步骤 4

6. 准备加入文字。单击窗口任意空白位置，同时单击属性窗口“颜色重置”按钮，重新进入着色模式(见图 15-24)。单击工具栏 T 形工具，添加文字“雷特字幕为您服务”。

图 15-24　雷特字幕动画制作步骤 5

7. 选择文字，单击时间线面板，按 Ctrl+Tab 组合键进入模板库中“着色”面板，选择“轮廓字”选项，双击应用轮廓字的 013，同时将文字拖动到背景中居中对齐。(见图 15-25)

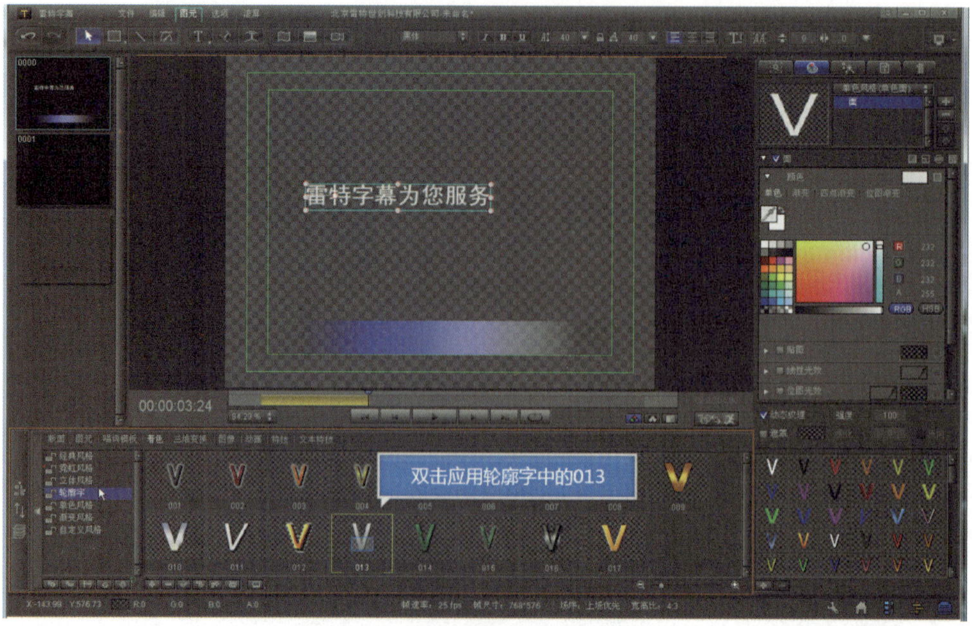

图 15-25　雷特字幕动画制作步骤 6

8. 选择模板库中“文本特技”中“逐字特技”下的第一个模板“word by word 1”。至此完成此动画的制作。(见图 15-26)

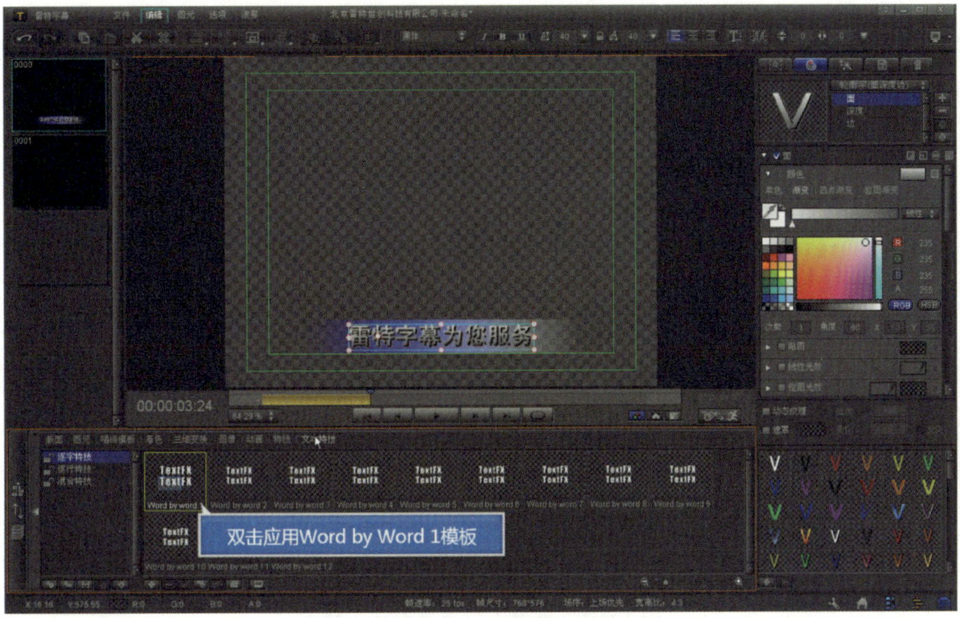

图 15-26　雷特字幕动画最终效果

实例展示二：雷特滚屏制作

1. 进入雷特字幕，单击菜单栏中的菜单“滚屏”，再单击选择工具栏中的“上滚”按钮。(见图 15-27)

图 15-27　雷特字幕滚屏制作步骤 1

2. 单击属性面板上的“文本”并单击“打开文本文件”，导入事先编辑好的文本文件。（见图 15-28）

图 15-28　雷特字幕滚屏制作步骤 2

3. 文件的内容出现在右侧窗口中，按住 Ctrl 键，同时单击需要设置为标题的行。鼠标滚轮可以翻页。（见图 15-29）

图 15-29　雷特字幕滚屏制作步骤 3

4. 选好后，单击下方的“设为标题”按钮，选好的标题文本会变成红色，按住 Ctrl+A 组合键全选，单击“创建分行文本”按钮，文本全部出现在屏幕当中。（见图 15-30）

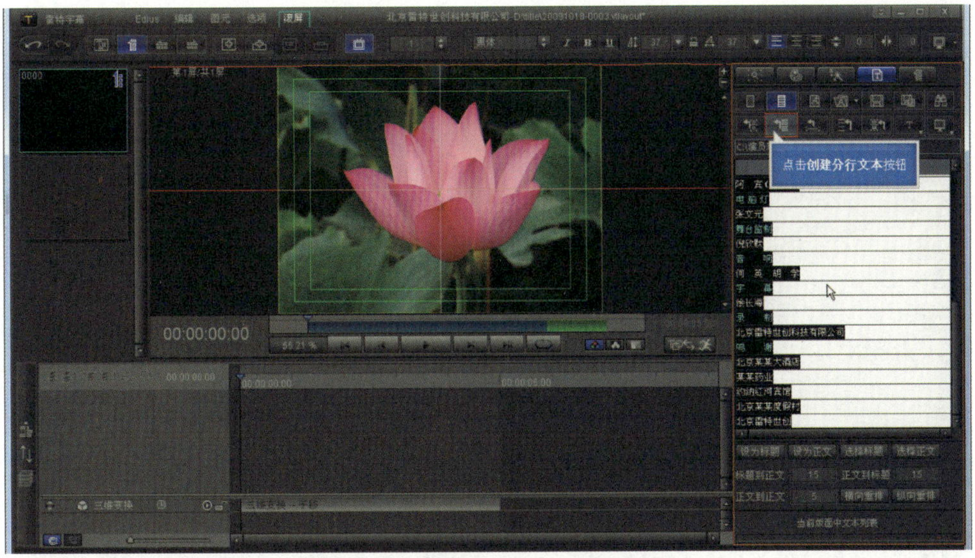

图 15-30　雷特字幕滚屏制作步骤 4

5. 单击时间线/模板库(Ctrl＋Tab)进入“着色”模板界面。(见图 15-31)

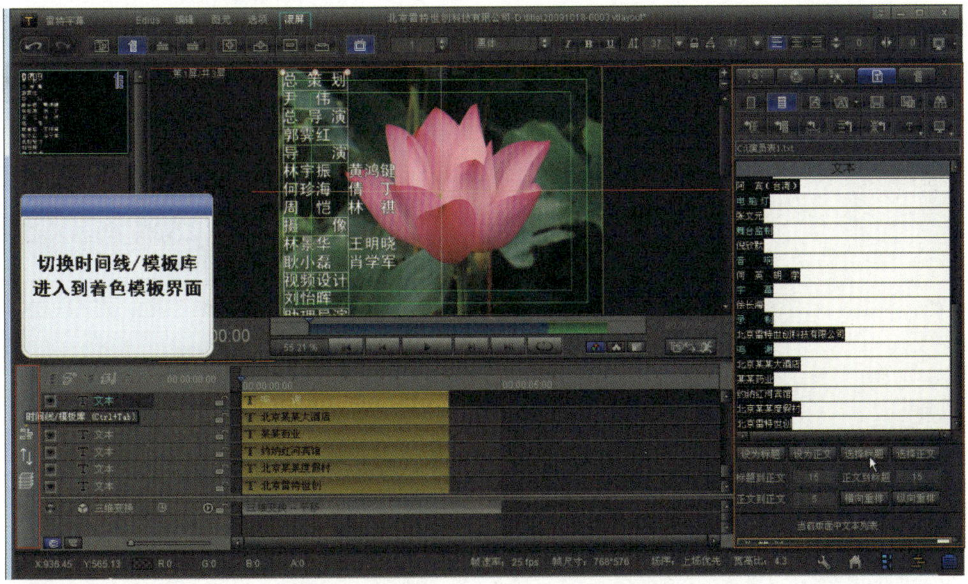

图 15-31　雷特字幕滚屏制作步骤 5

6. 选择“ShadowStyle2”中的倒数第二个预设，同时可以在文字的属性位置设置文字大小。(见图 15-32)

图 15-32　雷特字幕滚屏制作步骤 6

7. 在属性面板的右下角位置调整行距，标题到正文 15，正文到标题 15，正文到正文 6。设好参数后，单击“纵向重排”按钮。(见图 15-33)

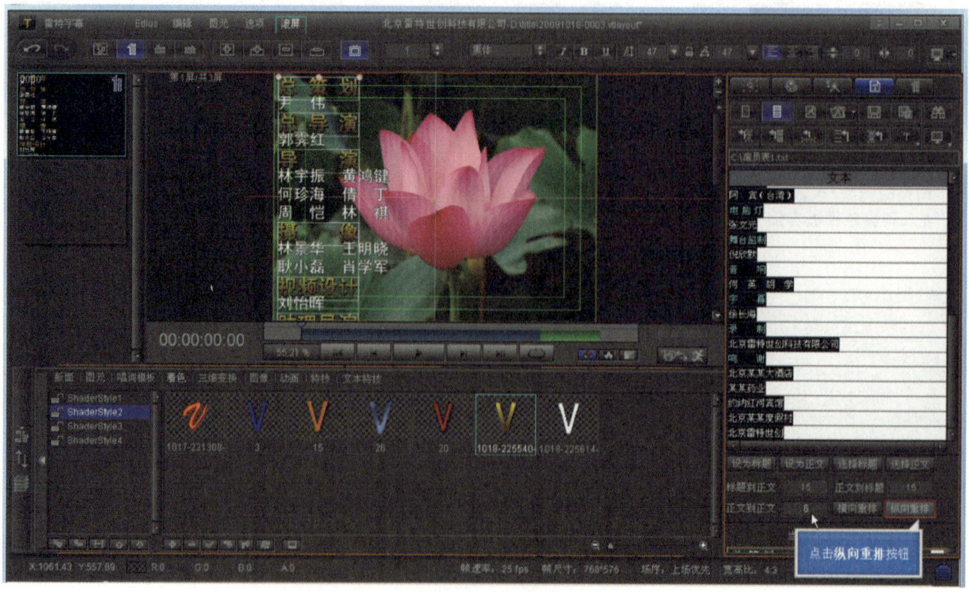

图 15-33　雷特字幕滚屏制作步骤 7

8. 全选屏幕上的图元，使用快捷键 H 将所有的图元居中对齐。(见图 15-34)

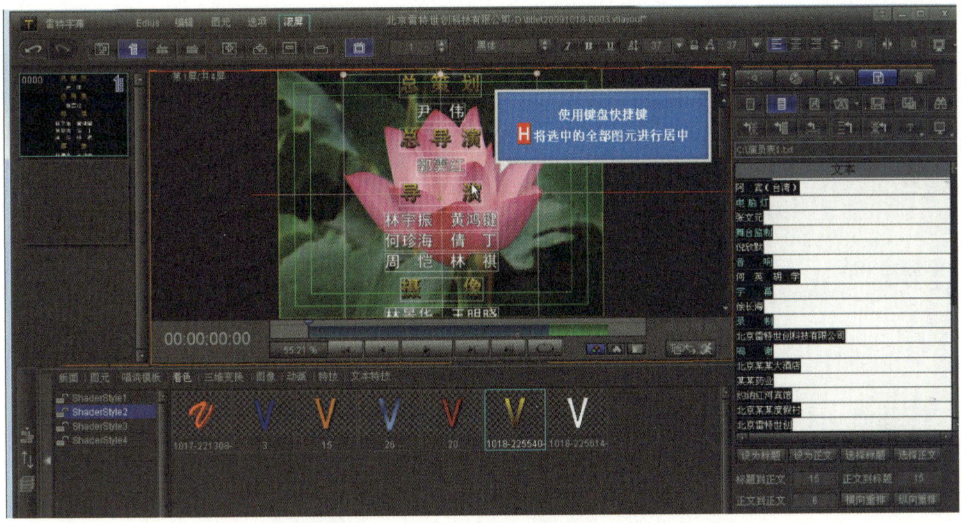

图 15-34 雷特字幕滚屏制作步骤 8

9. 将滚动条拖到最后一屏，单击工具栏上的“增加一屏”，选中滚屏的最后一行“北京雷特世创”，将它移到新建的最后一屏，移动时按住 Shift 键，图元在移动时只会在垂直方向移动。(见图 15-35)

图 15-35 雷特字幕滚屏制作步骤 9

10. 将文字调整至大小约为72，居中。然后选择属性面板上的滚屏选项中的修改末屏“停留时间”和“尾屏位置”。(见图15-36)

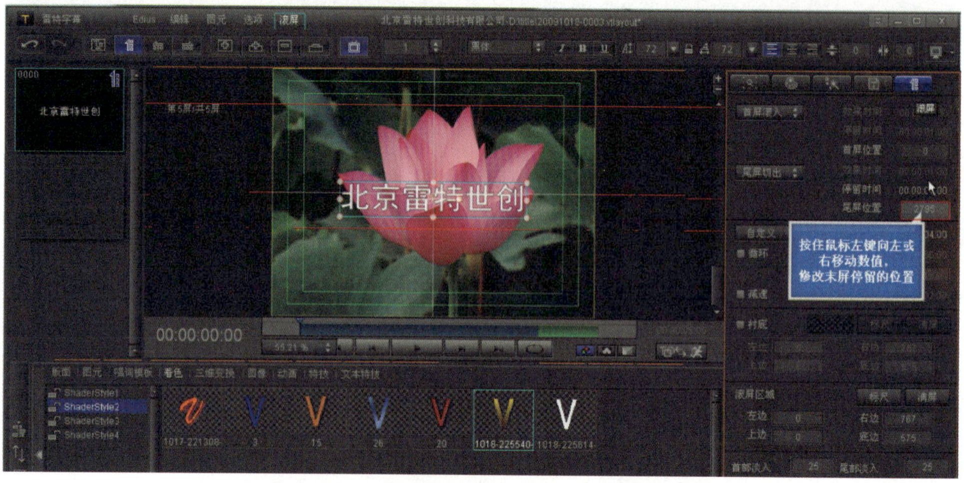

图 15-36　雷特字幕滚屏制作步骤 10

11. 继续勾选“减速”复选框，那么滚屏到最后时会减速。单击“衬底”按钮，给滚屏的文字加一个蓝色衬底。(见图15-37)

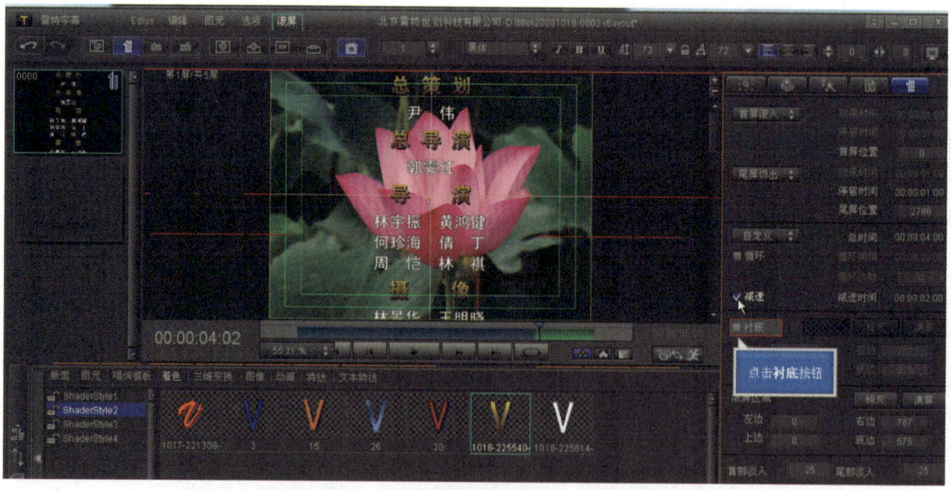

图 15-37　雷特字幕滚屏制作步骤 11

12. 调整衬底左右的缩进值至合适的位置，并添加首部淡入50，尾部淡入50。至此完成滚屏的制作。(见图15-38)

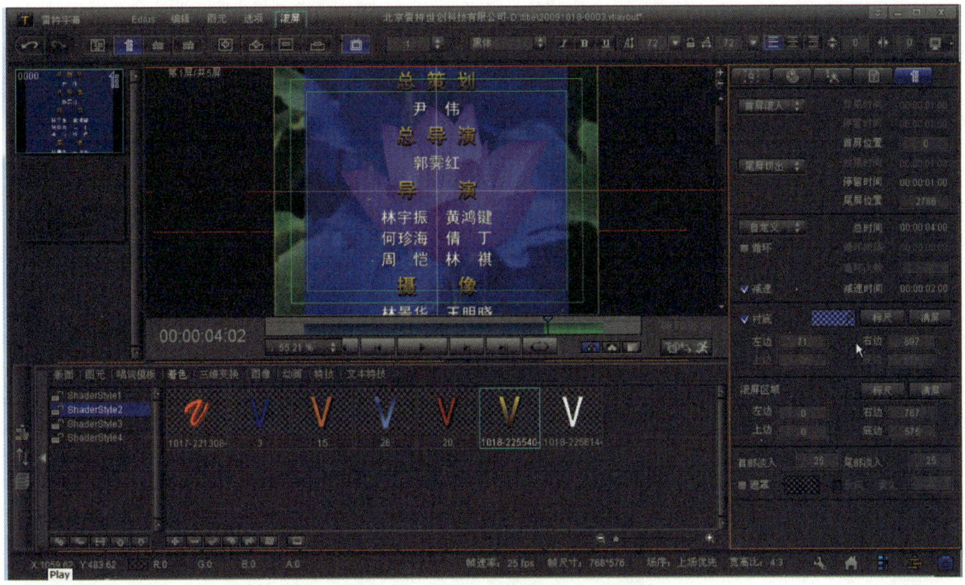

图 15-38　雷特字幕滚屏制作步骤 12

实例展示三：雷特字幕唱词制作

1. 进入雷特字幕，点击文字工具，在屏幕上合适的位置输入文本“唱词模板”，也可以通过属性面板的对齐按钮来对齐。(见图 15-39)

图 15-39　雷特字幕唱词

2. 点击时间线/模板库下的“唱词模板”，找一个模板外观，如“唱词模板 3”，点击下方的添加按钮，将刚刚制作好的唱词样式加载到模板中，保存关闭雷特字幕。(见图 15-40)

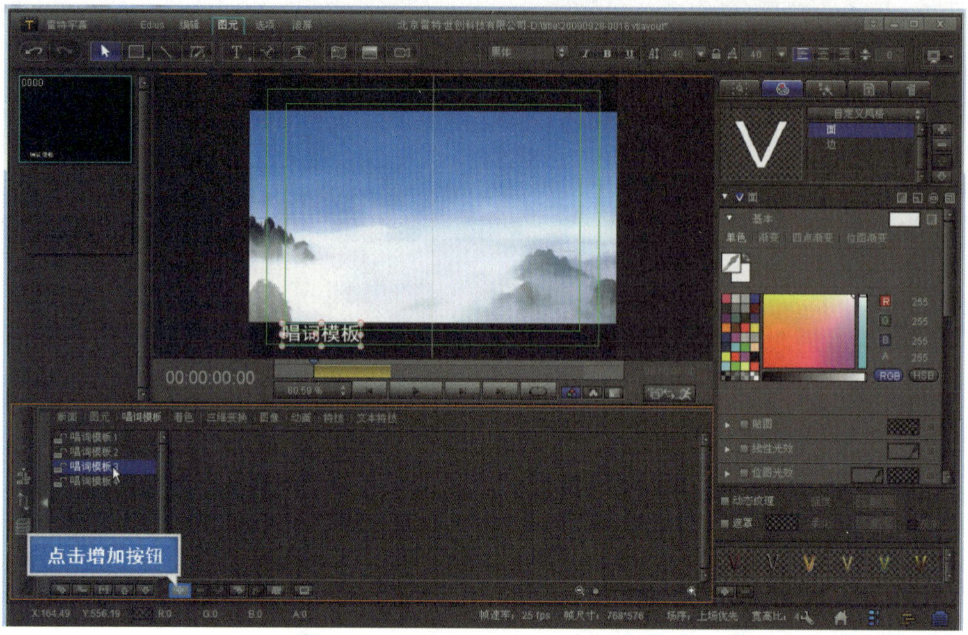

图 15-40　雷特字幕唱词制作步骤 1

3. 回到 EDIUS，在菜单“视图”下选择“Edius 字幕模板库”。(见图 15-41)

图 15-41　雷特字幕唱词制作步骤 2

4. 在“唱词模板”下“唱词模板 3”可以找到刚刚保存好的模板，直接拖拽到视频轨上并拉长至所需的位置长度就好。（见图 15-42）

图 15-42　雷特字幕唱词制作步骤 3

5. 双击时间线上的唱词彩条，唱词编辑窗口就打开了。（见图 15-43）

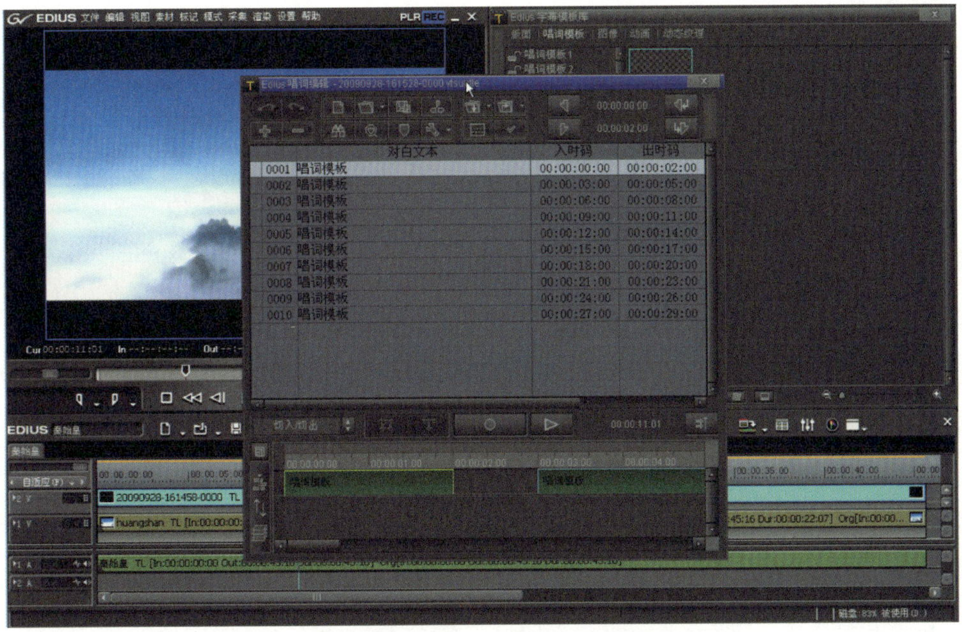

图 15-43　雷特字幕唱词制作步骤 4

6. 单击“文件夹”按钮，选择事先编辑好的唱词文本“秦始皇 . txt”，当系统询问是否替换当前的唱词文本时，选择“Yes”，唱词文本就替换进去了。（见图 15-44）

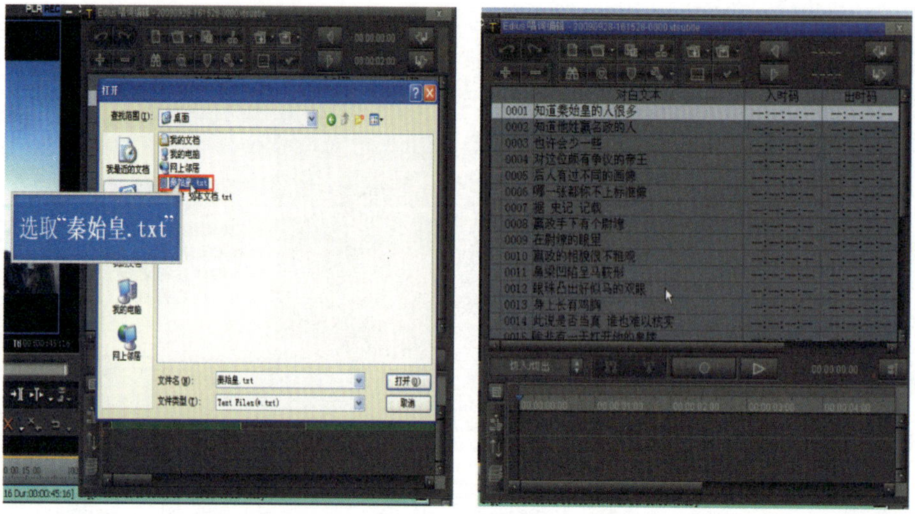

图 15-44　雷特字幕唱词制作步骤 5

7. 单击文本下的“录制唱词”就可以开始录制唱词了。录制完毕时，唱词也就制作好了。录制时要注意一些快捷键的使用。（见图 15-45）

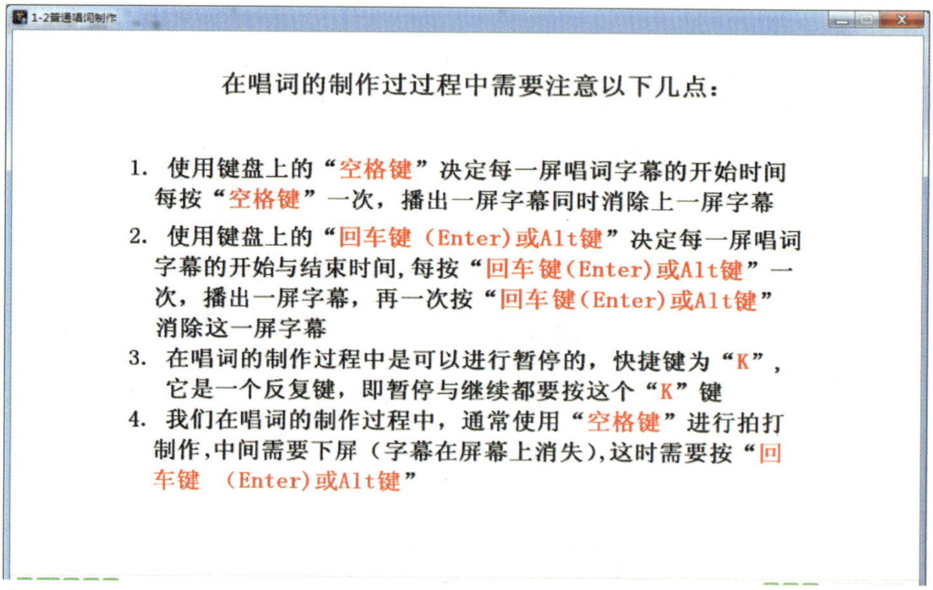

图 15-45　雷特字幕唱词制作注意要点

小贴士

录制唱词主要使用空格键控制开始和结束，所以也叫拍唱词。录制完毕要核对时间码有无出入，有可以做适当的调整。

思考与练习

1. 熟悉众多的雷特字幕模板的特点、使用方法。
2. 常用的新闻播报的字幕模板有哪些？

拓展训练

根据所学知识尝试设计一组片头字幕。

第16单元

EDIUS 的输出

学习目标

□ 学会使用 EDIUS 输出不同格式的文件。

□ 学会使用批量输出方法。

□ 了解跨平台共享方式。

前面的章节详细讨论了素材的采集、输入、剪辑和特效制作等方面内容，已经接触到了 EDIUS 的大部分特性。对于一个完整的视频创作流程来讲，最后所要做的，就是将完成的工程文件输出到磁带、视频文件或者刻录成 DVD，如图 16-1 所示。

图 16-1　EDIUS 的输出

16.1　输出菜单

16.1.1　输出菜单

EDIUS 可以根据用户的需要输出多种形式，如输出到磁带、输出文件或者刻录光盘。

在输出之前，建议养成一个好习惯，那就是，在时间线上使用快捷键 I 和 O 设置入点和出点，预先定义输出范围。点击录制窗口右下角的输出按钮，或者选择菜单栏“文件｜输出”。(见图 16-2)

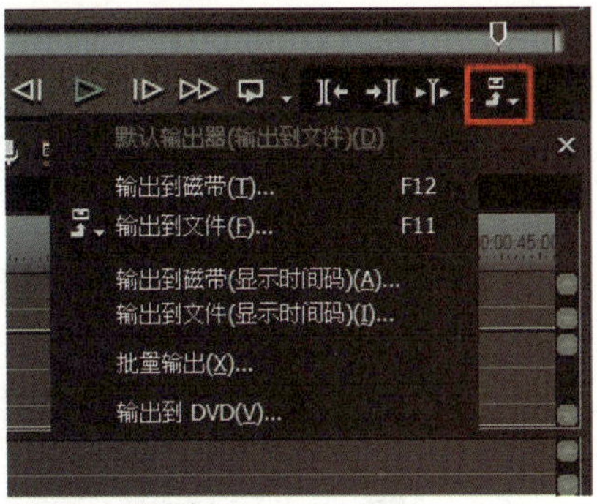

图 16-2　输出菜单

- 默认输出器：用于设置一个输出格式的快捷方式。
- 输出到磁带：连接录像机后，可以将时间线内容实时录制到磁带上。
- 输出到文件：选择各式各样的编码方式，将输出一个视频文件。
- 输出到磁带(显示时间码)/输出到文件(显示时间码)：与上两项作用相同，只是在输出的视频上覆盖时间码。
- 批量输出：管理文件批量输出列表，这是 EDIUS 4.5 以后的新增功能。
- 输出到 DVD：创建有菜单操作的 DVD 盘片(也可选择不刻录)，这是 EDIUS 4.5 以后的新增功能。

16.1.2　设置默认输出器和预设

1. 设置默认输出器

在默认状态下，输出菜单中的“默认输出器”处于灰色不可用状态。“默认输出器”其实就是用户指定一个特定输出格式的快捷方式。“默认输出器”只针对输出到文件和输出到文件(显示时间码)。

选择输出菜单中的“输出到文件”。(见图 16-3)

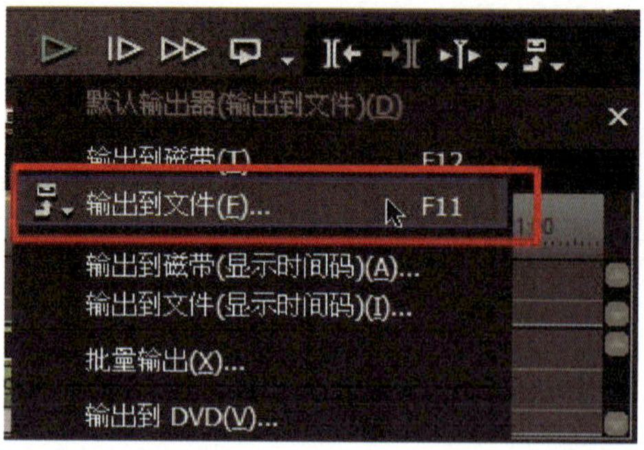

图 16-3　输出到文件

挑选一种工作中常用的输出文件格式，如 HQ AVI、静态图像序列、无压缩 RGB AVI 等，点击对话框左下角的“保存为默认输出器”，展开下拉菜单，选择“保存为默认值”。(见图 16-4)

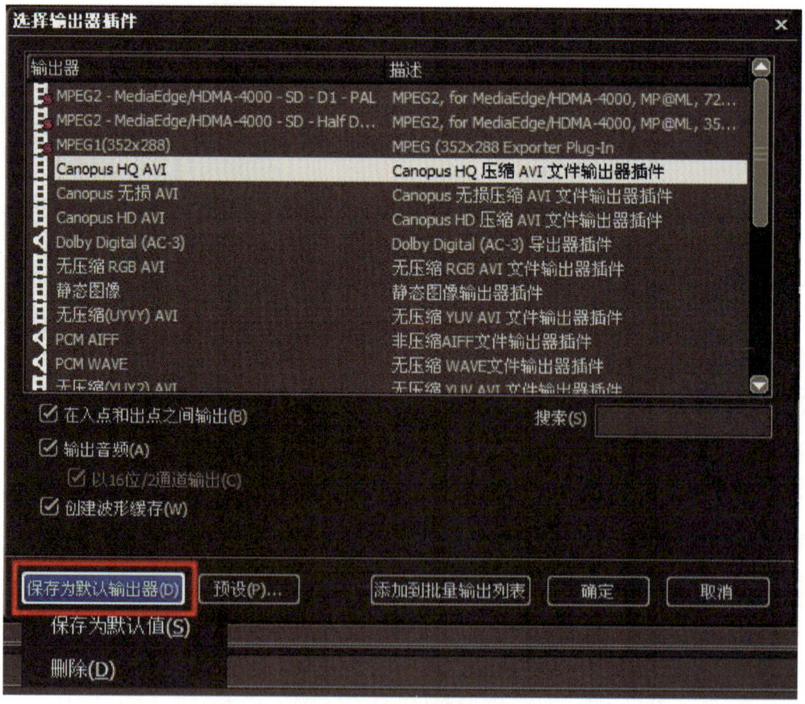

图 16-4　选择输出器

点击取消退出“输出到文件”对话框。当再次打开输出菜单时，第一项“默认输出器”已经可以使用了。点击即可直接进入选定格式的编码设置和输出文件路径设置。(见图 16-5)

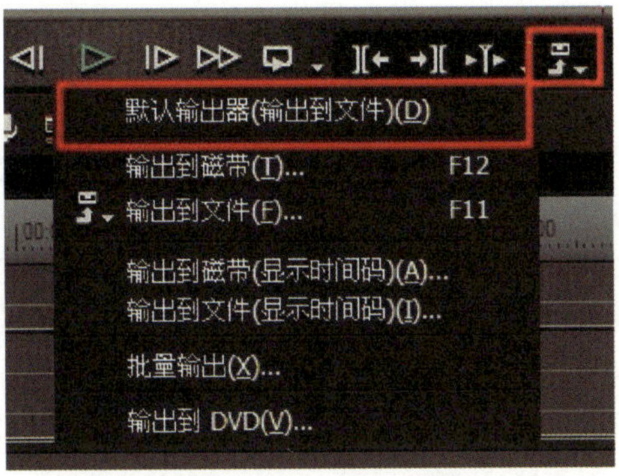

图 16-5　默认的输出器

2. 设置输出器预设

除了设置一个默认输出器以外，用户还可以添加多个自定义的输出器预设。自定义的输出器预设也是仅针对输出到文件和输出到文件(显示时间码)。

打开输出菜单，点击输出到文件。点击左下角的“预设”。(见图 16-6)

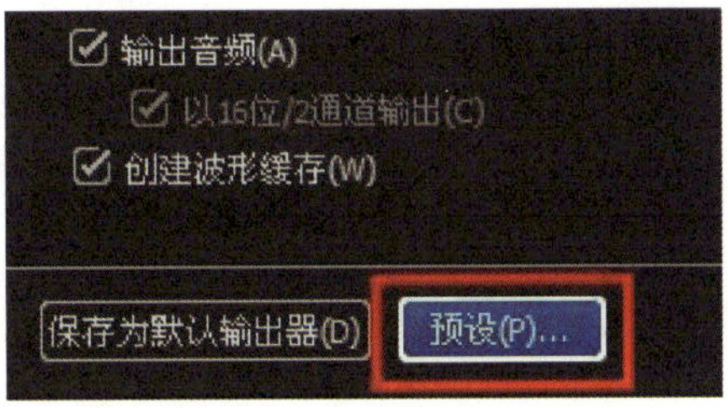

图 16-6　输出器预设

在左侧输出器列表中选择需要的编码器，点击“创建”，对编码器适当设置后，即可添加一个输出器预设。创建完毕后，点击“确定”，退出对话框。选择输出器插件列表的顶端将出现刚才创建的预设方案。其中红色“S”标志的是系统预设，黄色“U”标志的是用户预设。(见图 16-7)

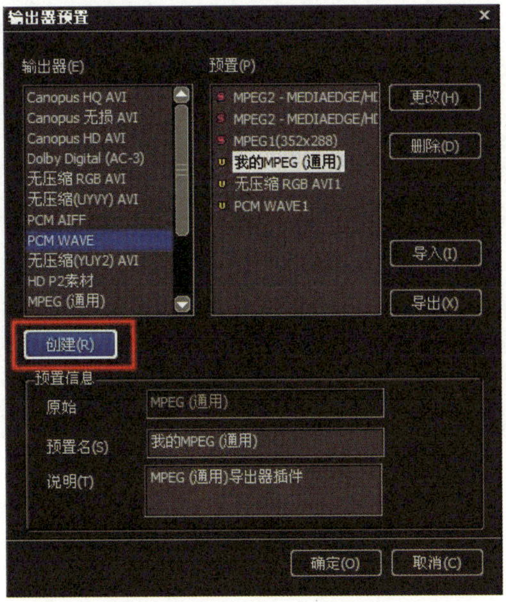

图 16-7　创建输出器到预置

双击预设的名称，编码器的所有相关选项都沿用了创建时的设置，指定文件名和保存路径就可以开始渲染输出了，非常方便和实用。（见图 16-8）

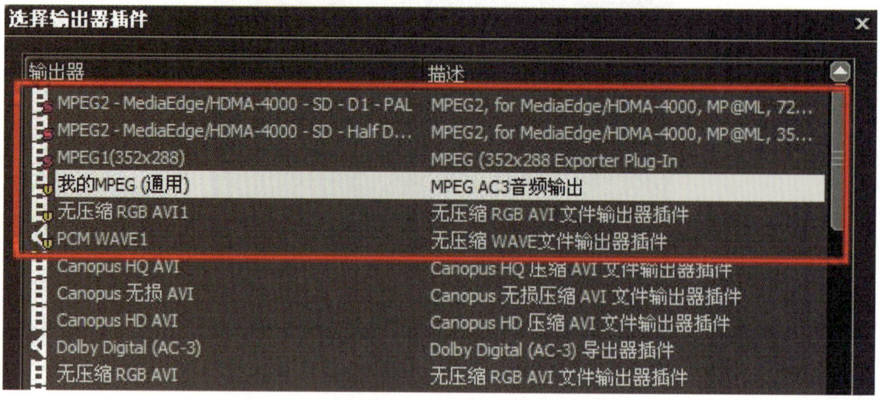

图 16-8　输出器列表

16.2　影片输出

16.2.1　输出到文件

除了直接将工程内容写入磁带以外，更多时候我们还是将其输出成一个视频文件。下面来看使用输出器输出视频文件。

点击录制窗口右下角的输出按钮，打开输出菜单，选择“输出到文件”，或使用快捷键 F11。（见图 16-9）

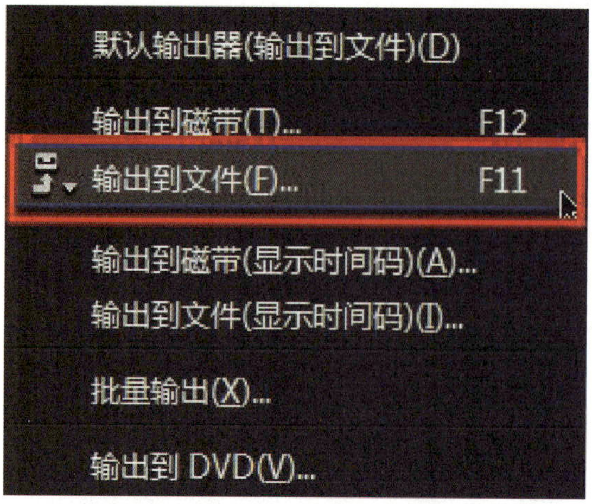

图 16-9　输出到文件

打开的输出器插件列表就是我们可以使用的编码方式。(见图 16-10)

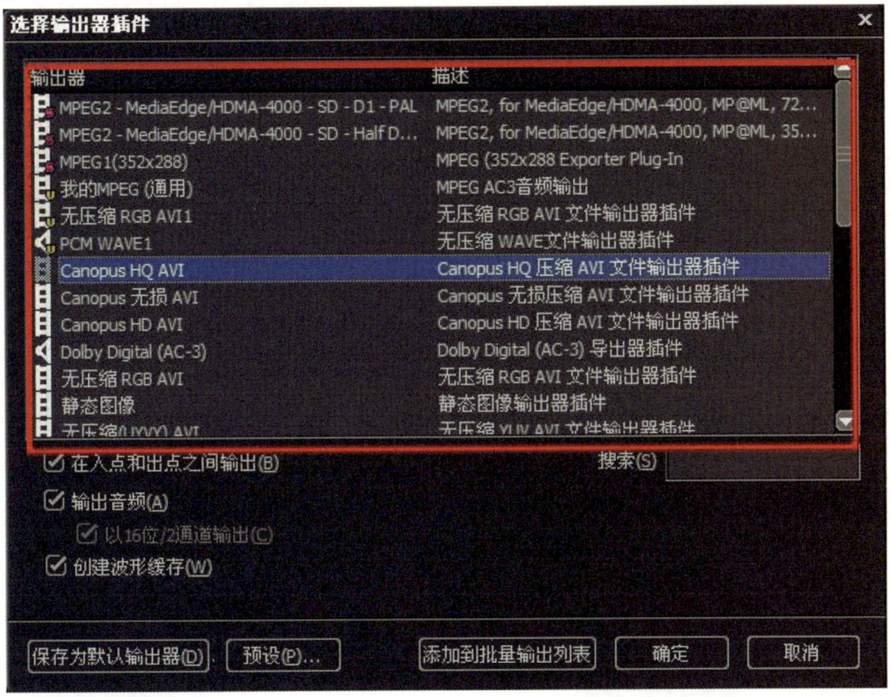

图 16-10　编码列表

EDIUS 的输出器插件支持输出以下文件格式：

- Canopus HQ AVI
- Canopus 无损 AVI
- DV AVI(仅当输出格式为 DV 时)
- 无压缩 RGB AVI
- 静态图像序列
- 无压缩 (UYVY) AVI
- PCM AIFF
- PCM WAVE
- 无压缩 (YUY2) AVI
- Windows Media Audio
- Windows Media Video
- MPEG-2(可带 5.1 AC3 音频)
- P2 素材(需硬件 Dongle 支持)
- XDCAM 素材(需硬件 Dongle 支持)
- Dolby Digital(AC-3)(支持 5.1 声道，EDIUS v4.5 以后支持)

实例展示：输出 Canopus HQ AVI

Canopus HQ 编码器提供了一些预设方案，用户也可以通过右侧的滑杆自定义质量和速度的比例。调节完毕后指定文件名和保存路径，单击“保存”即可渲染输出。

各个编码方式有各自不同的设置选项，可根据具体的项目调节参数。（见图 16-11）

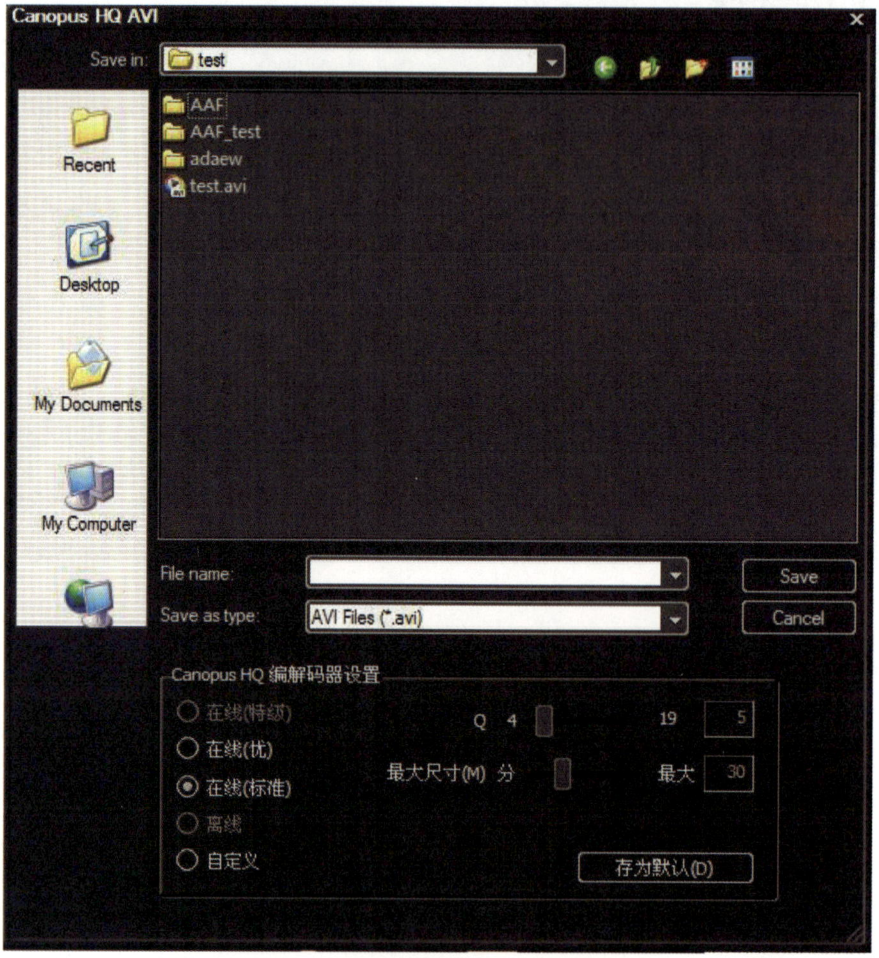

图 16-11　按编码 Canopus HQ AVI 输出

随着近年来视频网站的兴起，越来越多的专业或业余制作者都希望将自己的影像作品输出成 flv 文件放到互联网上。

若要使用 EDIUS 输出 flv 文件，目前版本必须安装 Flash _ Video _ Exporter 插件，用户可以在 Macromedia FlashMX 的安装光盘上找到它。重新启动 EDIUS 并打开输出列表时，就能发现 FlashVideo 插件已被正确识别了。（见图 16-12）

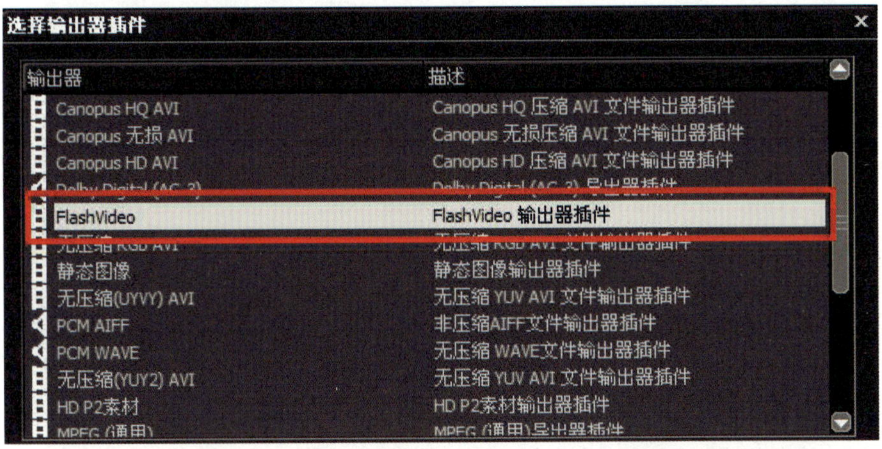

图 16-12　输出 flv

16.2.2 批量输出

如果在同一个工程文件中，需要输出多个不同格式、不同时间长度的视频文件，最好的方法就是使用 EDIUS 的批量输出工具。

EDIUS 中使用批量输出工具的方法有两种：直接在时间线上指定文件到批量输出列表、在输出列表中添加任务到批量输出。

1. 直接在时间线上指定文件到批量输出列表

使用快捷键 I 和 O，在时间线上设置入点和出点，明确输出时间长度。将鼠标移动到时间线刻度的区域，点击右键，选择“添加到批量输出列表”。（见图 16-13）

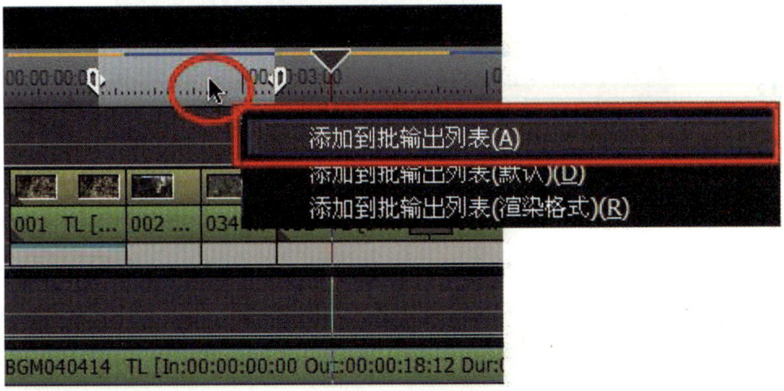

图 16-13　批量输出

选择输出器列表随即打开，按照常规的输出到文件的方法，任意选择一个需要的编码器，确定并调节参数、设置文件名和保存路径。（见图 16-14）

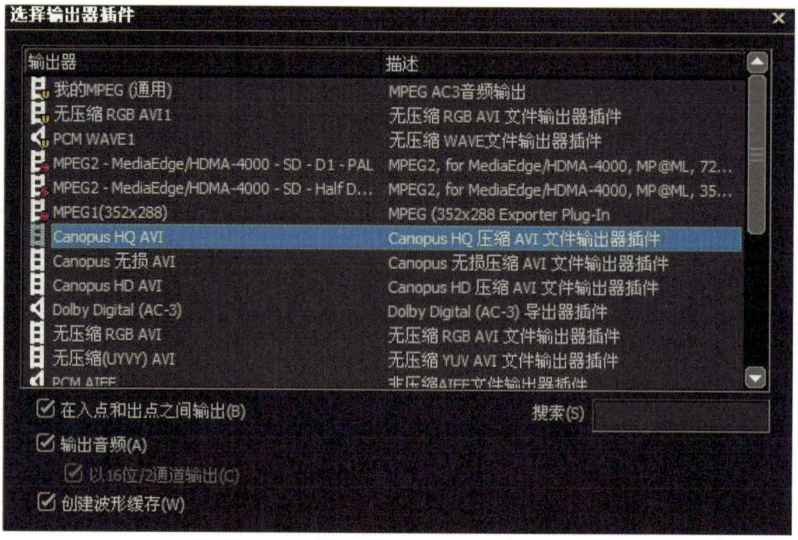

图 16-14　按编码 Canopus HQ AVI 批量输出 1

点击“保存”按钮，退出对话框，EDIUS 并不像往常那样立即开始渲染输出，似乎什么事也没有发生。

点击“输出”按钮，选择“批量输出”。(见图 16-15)

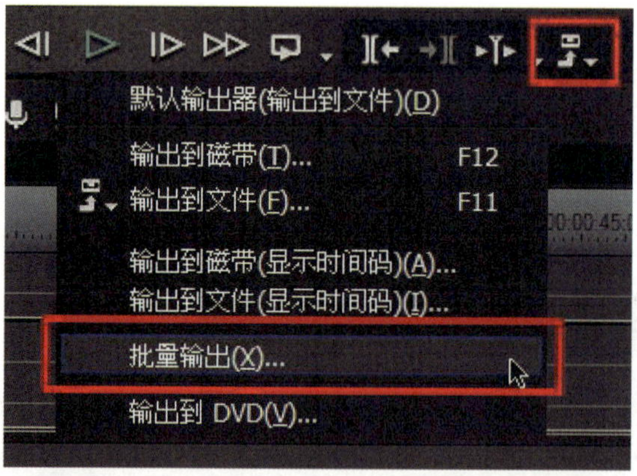

图 16-15　按编码 Canopus HQ AVI 批量输出 2

原来 EDIUS 将刚才的设置作为一个任务添加进了批量输出列表中。(见图 16-16)

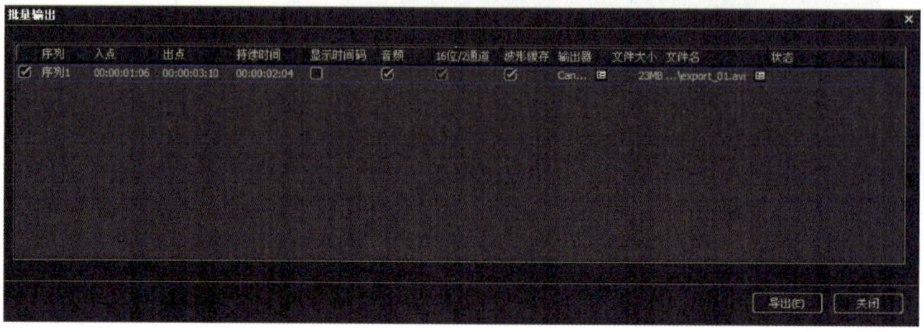

图 16-16　按编码 Canopus HQ AVI 批量输出 3

除了可以添加不同的时间段、时间长度、编码器，EDIUS 的批量输出还支持添加不同序列上的任务。

使用序列标签页切换到其他序列，使用上述相同的方法：创建入/出点，先确定输出时间段→在右键菜单中将其添加进批量输出列表→选择编码器→指定输出路径。（见图 16-17）

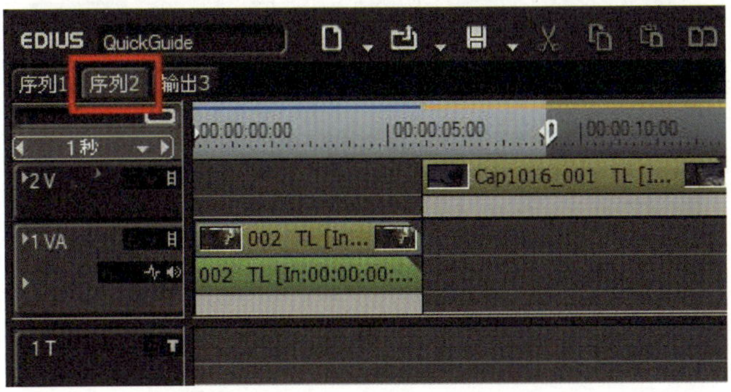

图 16-17　不同序列的批量输出

持续在批量输出列表中添加多个输出任务。（见图 16-18）

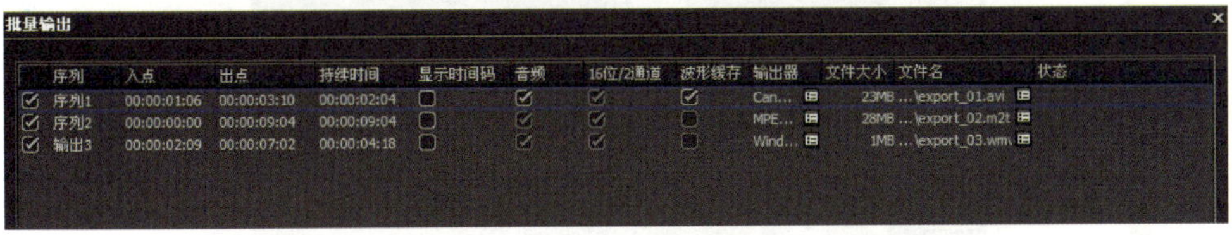

图 16-18　多任务批量输出

设置完毕后，点击“导出”按钮，EDIUS 即可依次自动执行输出任务。（见图 16-19）

图 16-19　自动批量输出

2. 在输出列表中添加任务到批量输出

首先仍然需要先在时间线上使用快捷键 I 和 O 设置入点和出点，确定输出时间段。（见图 16-20）

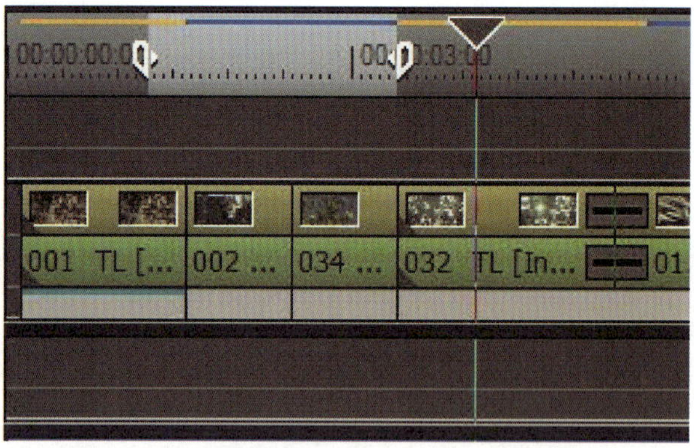

图 16-20　输出列表中添加任务到批量输出 1

点击“输出”按钮，选择“输出到文件”。（见图 16-21）

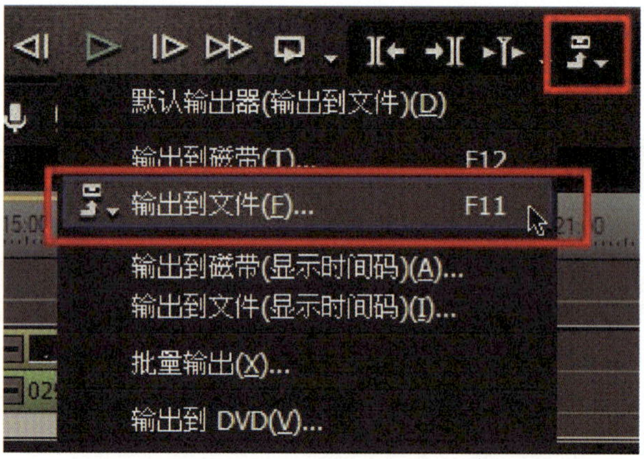

图 16-21　输出列表中添加任务到批量输出 2

选择一种编码方式，设置完编码器和输出路径后，任务即被添加进列表。用户可以返回时间线继续添加新任务，设置完毕后，点击批量输出列表中的“导出”，EDIUS 即可依次自动执行输出任务。（见图 16-22）

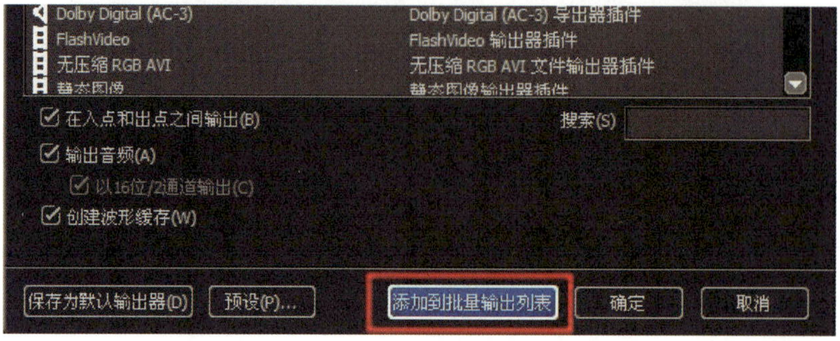

图 16-22　输出列表中添加任务到批量输出 3

16.3　跨平台共享

16.3.1　输出 AAF 时间线到达芬奇

为了便于文件的传输并统一文件格式，目前流行的文件传输格式为 MXF、AAF 和 GXF。

AAF 是一个包括了目前世界上主要的电子设备供应商、计算机软硬件厂家和一些广播机构的协会。该协会制定用于增强编辑和制作通用的 AV 文件格式标准，即 Advanced Authoring Format 格式。AAF 格式解决了多用户、跨平台以及多台电脑协同进行数字创作的问题，给后期制作带来了极大的方便。

Blackmagic Design 的达芬奇(DaVinci Resolve)软件目前也是主流的可以为电影调光配色的软件。与 EDIUS 调光配色相比，显得更专业一些。后期制作人员可以仅在 EDIUS 下剪辑而导出 AAF 格式的文件在达芬奇下调色。AAF 导出详细设置见图 16-23。

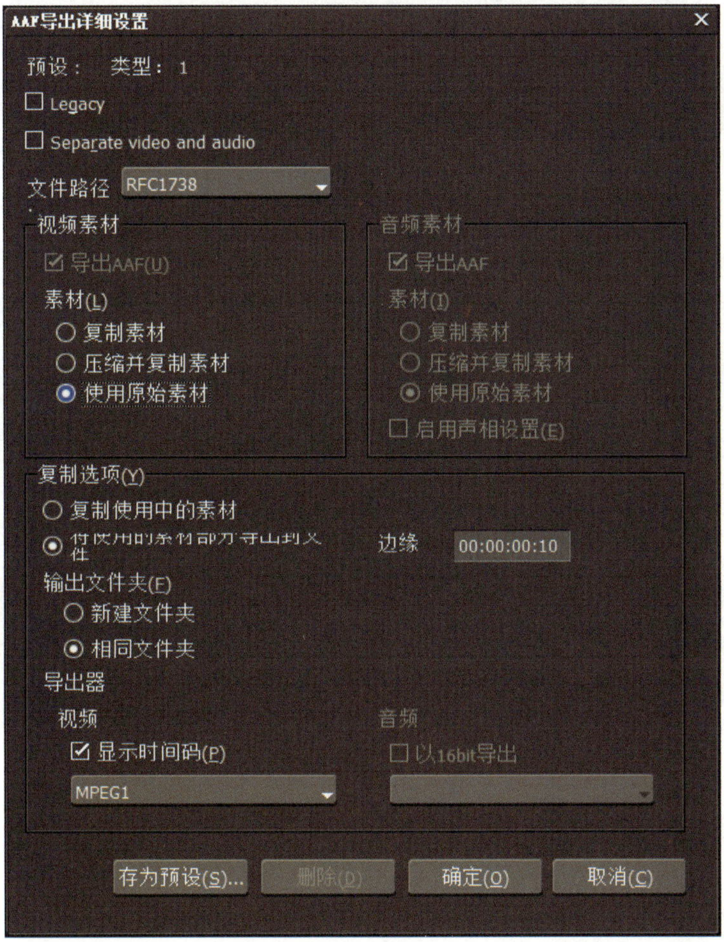

图 16-23　输出 AAF

在 EDIUS 下剪好素材，文件菜单下“导出工程 | AAF”，在“AAF 导出详细设置”取消勾选 legacy(使用旧版)和 Separate video and audio(分离视音频)，并在“视频素材”下选择“使用原始素材”。导出的 AAF 文件就可以在达芬奇软件中导入了。

小贴士

对于已经添加了滤镜的素材，不用担心达芬奇不会正确地识别。

16.3.2 输出 EDL 时间线到 Scratch

业界的另一个重量级的调光配色软件是 Assimilate 的 Scratch。EDIUS 可以把素材导出为 EDL 来和 Scratch 传递剪辑信息。EDL 表导出详细设置见图 16-24。

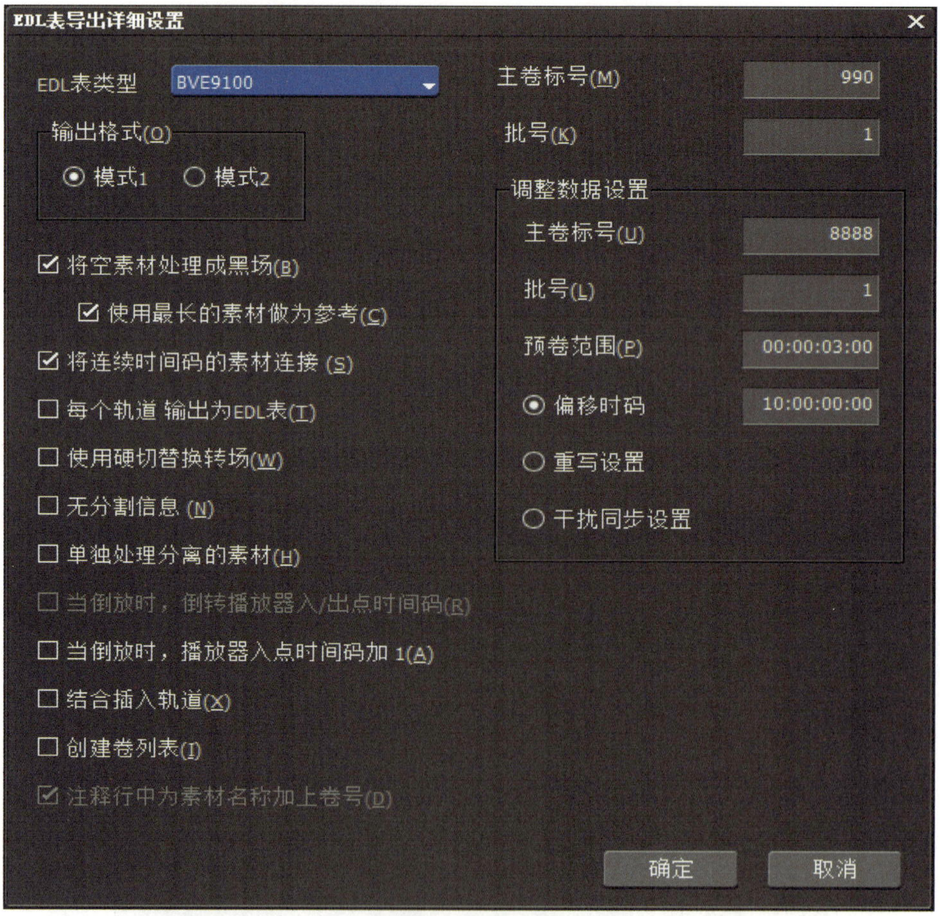

图 16-24 输出 EDL

EDL 是 Edit Decision List 的缩写。EDL 文件包含很多编辑信息，包括使用素材所在的磁带、素材的长度、时间线入出点等。用户可以先以一个压缩比率比较大的文件，如代理文件进行编辑，以降低对系统资源的占用，编辑完成后输出 EDL 文件，再通过 EDL 文件采集来压缩比率小甚至无损的文件，最终成片输出。

小贴士

EDIUS中的EDL只能导出以下轨道上的素材：1VA、2VA(1V、2V)轨道；1A至4A轨道；T轨道。

思考与练习

1. 输出MOV、MP4格式的文件。
2. AAF文件还可以用在什么非线性编辑系统中？

拓展训练

尝试调试输出不同视频格式的文件，考虑其清晰度由哪些因素决定。

第17单元

EDIUS 视频合成

学习目标

- □ 学会 EDIUS 的几种常用抠像方法。
- □ 学习抠像中参数的控制、调试。
- □ 掌握抠像神器 Robuskey 插件的应用。

17.1　抠像

有一类滤镜被称为“键”特效。利用色度键和亮度键可以抠像，也可以通过色彩算法将不同的视频轨叠加起来，它们统一占用素材的灰色 MIX 区域。在特效面板下，可以看到 3 个滤镜，而混合目录下还有一些叠加模式。(见图 17-1、图 17-2)

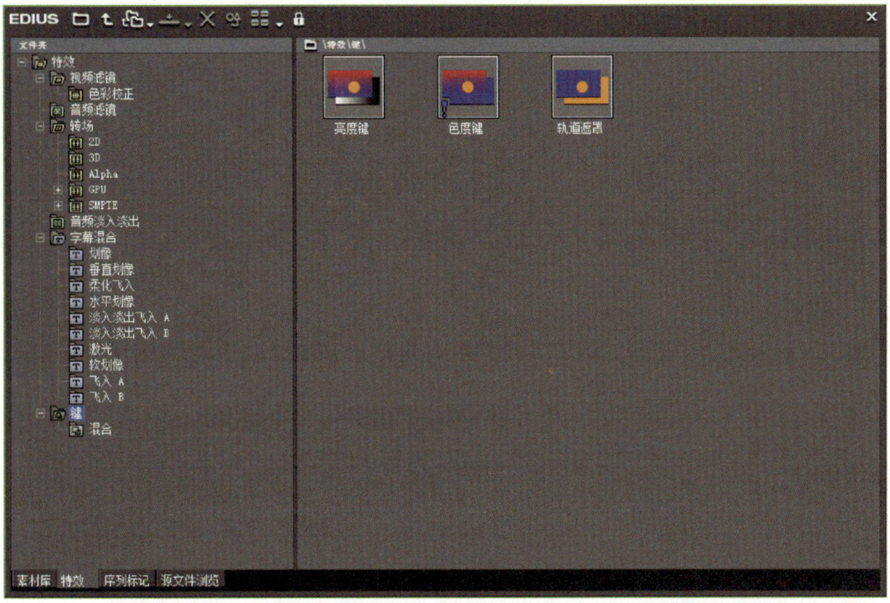

图 17-1　键特效

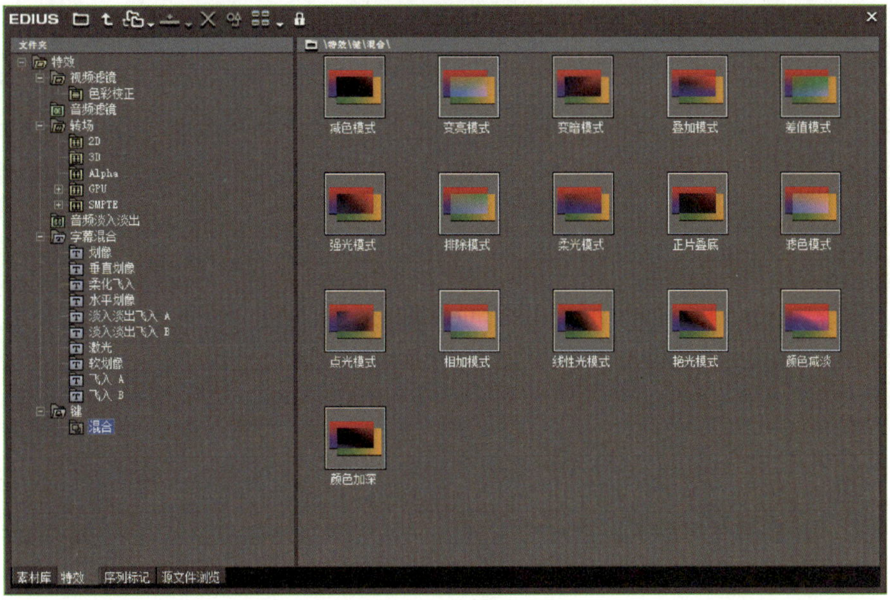

图 17-2　键特效下混合

与转场的用法一致，只需将选中的键特效滤镜直接拖拽至素材的 MIX 区域，然后通过双击信息面板的滤镜名称即可打开面板。

17.1.1 色度键抠像

在视频拍摄过程中，拍摄者通常会在拍摄的场景背后搭建一块蓝色或者绿色的幕布，以便在后期制作时完成抠像，使得前景和背景画面融合起来。(见图 17-3)

图 17-3 色度键抠像 1

将滤镜添加到素材上，打开色度键窗口。(见图 17-4)

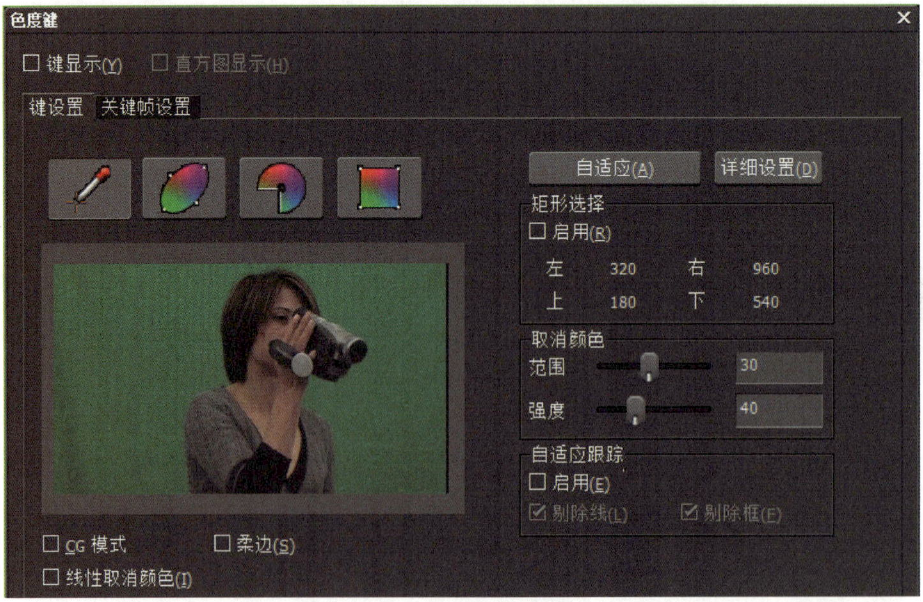

图 17-4 色度键抠像 2

预览区：视频所在的区域为预览区，用吸管工具拾取键色，也就是预览区域的绿色。

键显示：色度键的最终目的就是抠像，所以勾选“键显示”白色代表保留部分，黑色代表键出部分。(见图 17-5)

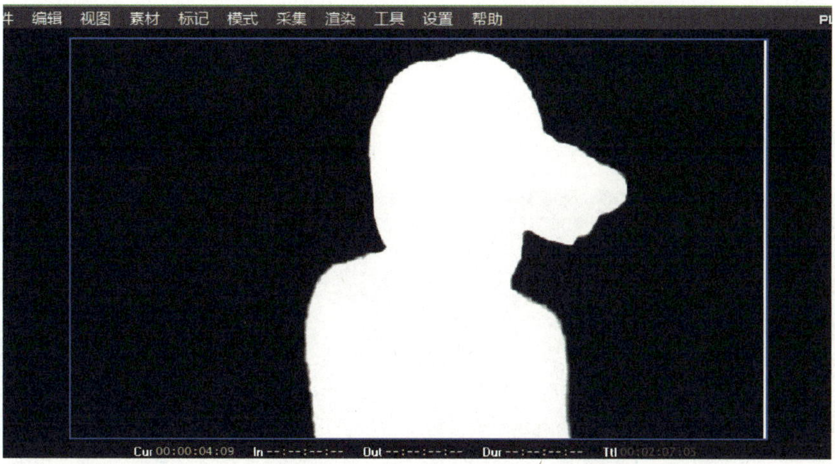

图 17-5 色度键抠像 3

直方图显示：选择除拾取器以外的其他三种拾取色彩方式时，可以勾选“直方图显示”复选框，提取当前画面中的色彩和亮度分布，以便取色抠像。(见图 17-6)

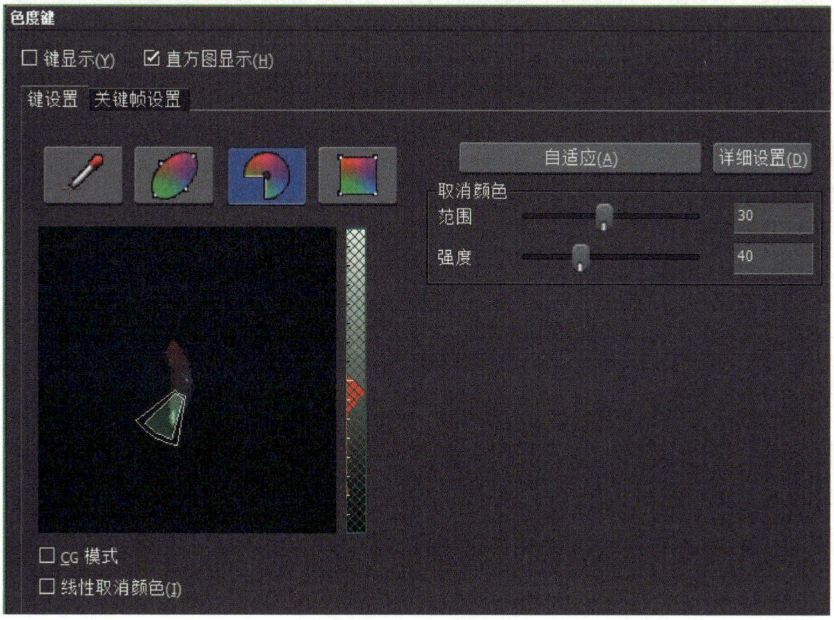

图 17-6 色度键抠像 4

键色拾取方式：EDIUS 提供了 4 种色彩的拾取方式，第一种是吸管，其他三种是椭圆、扇形和矩形取色区域。(见图 17-7)

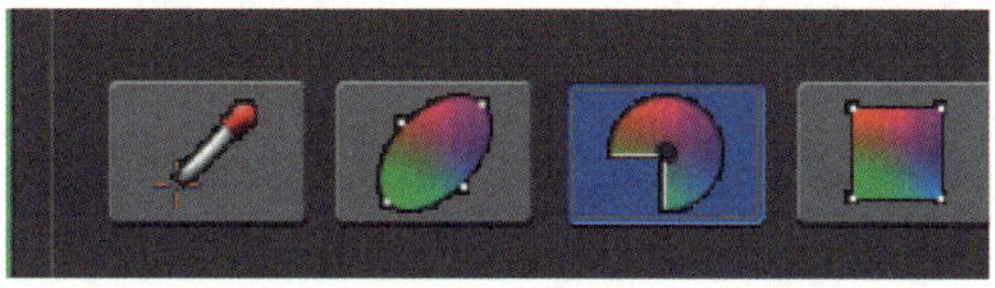

图 17-7 色度键抠像色彩拾取工具

在某些情况下，用户还需要对抠像的素材做整体透明度的调整，可以选择“关键帧设置”标签。色度键的关键帧设置有两种：一种是“淡入淡出设置”，可以设置入点和出点的帧数；另一种则是较为灵活的“关键帧设置”，可以手动调整整个曲线的形态。曲线在最下方为透明，最上方为完全可见。（见图 17-8）

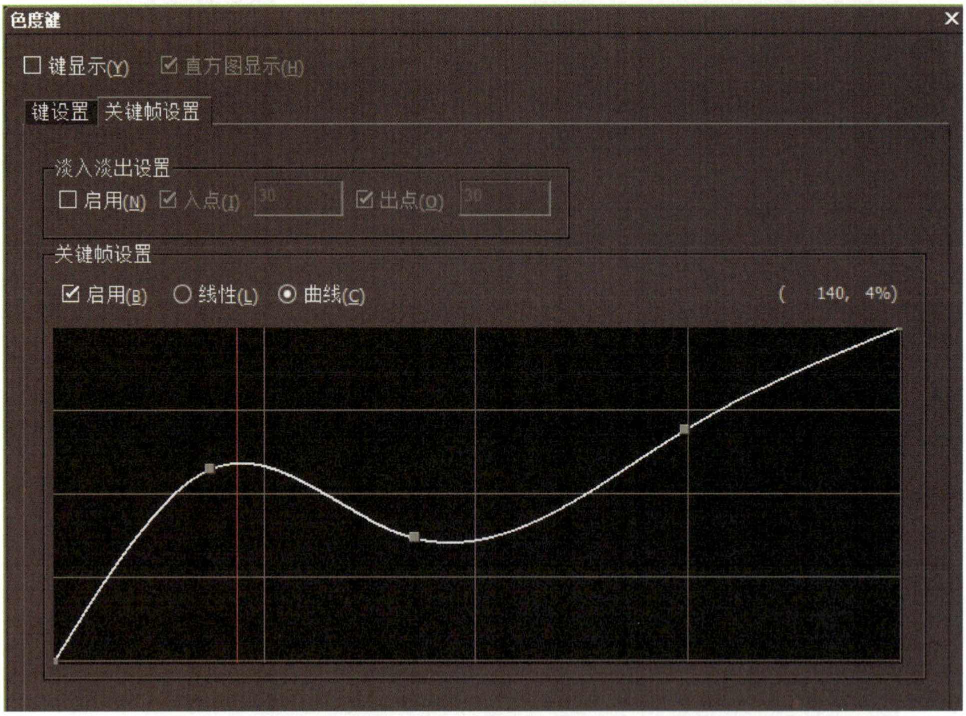

图 17-8 色度键抠像 5

17.1.2 亮度键抠像

除了针对色彩抠像的色度键以外，有时也可以使用对象的亮度信息得到效果更好的、更清晰准确的抠像效果。

启用矩形选择：设置亮度键的范围，范围以外的部分完全透明。勾选“矩形外部有效”复选框，仅在范围之内应用亮度键，范围之外是素材的原始效果，不应抠掉。

反选：翻转抠像的范围。

全部计算：计算“矩形外部有效”复选框指定范围以外的范围。

过渡形式：选择过渡区域衰减的曲线形式。

在某些情况下，如果需要开启亮度键的关键帧控制，可单击切换到“关键帧设置”标签页，它和色度键在此处的控制是一样的。

中央直方图显示了当前图像的亮度分布。其上方有些可以滑动的选择工具，靠上方的两个分别对应亮度下限和亮度上限，靠下方外侧的两个分别对应上下限的过渡。（见图 17-9）

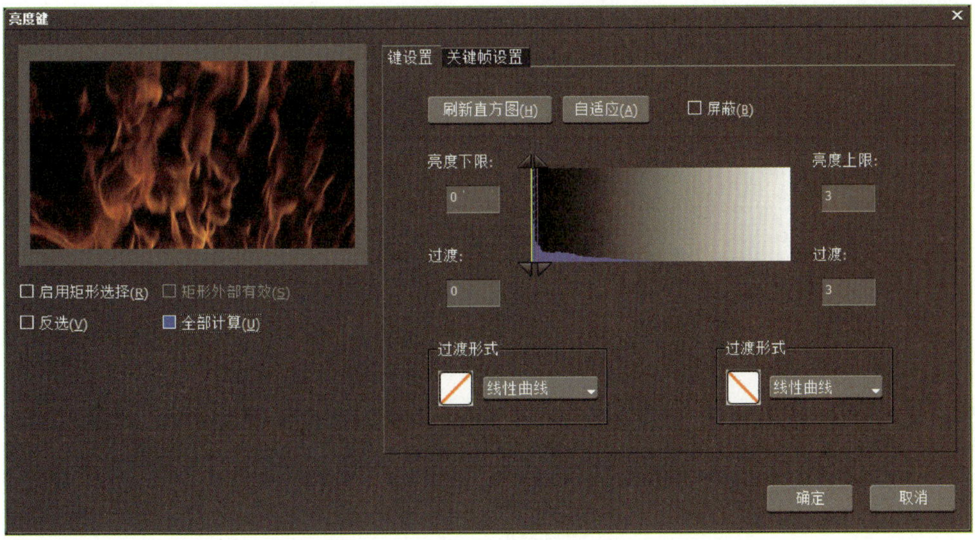

图 17-9 亮度键抠像

小贴士

亮度键主要根据画面的亮度来进行抠像，所以设置窗口的右侧主要是针对画面亮度范围进行的设置。

17.1.3 轨道遮罩

键特效下的轨道遮罩是非常有用的一种效果，主要使用黑白图像合成前后两层画面（见图 17-10）。

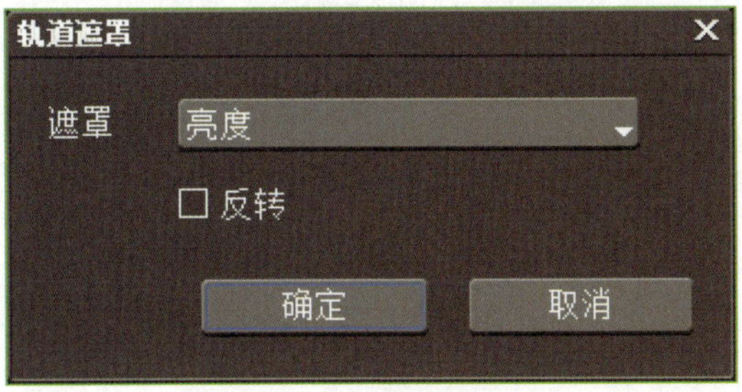

图 17-10 轨道遮罩

17.2 Robuskey 抠像插件

Robuskey 是插件厂商 ISP 推出的专门用于色度抠像的工具，方便 EDIUS 用户进行毛发、烟雾等复杂抠像处理，也可以在 AE、Pr 下使用。

安装完毕，Robuskey 会出现在 EDIUS 特效窗口“视频滤镜 ｜ ISP”下。（见图 17-11）

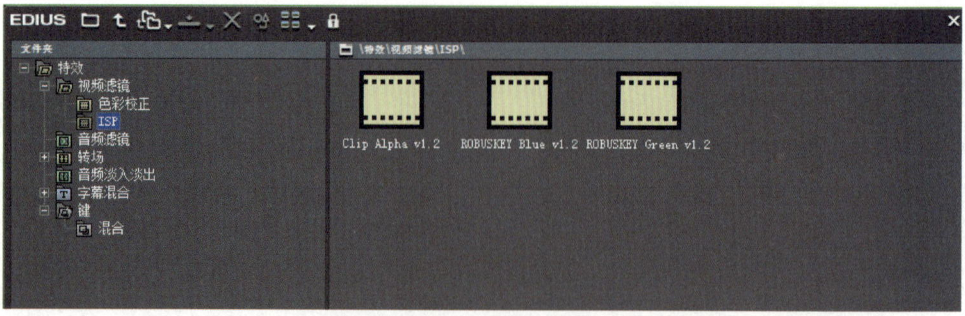

图 17-11　ROBUSKEY 插件抠像

小贴士

Robuskey 和 EDIUS 的色度键不同，它属于视频滤镜，使用时需要拖拽到素材上。

Robuskey 的基本参数控制见图 17-12。

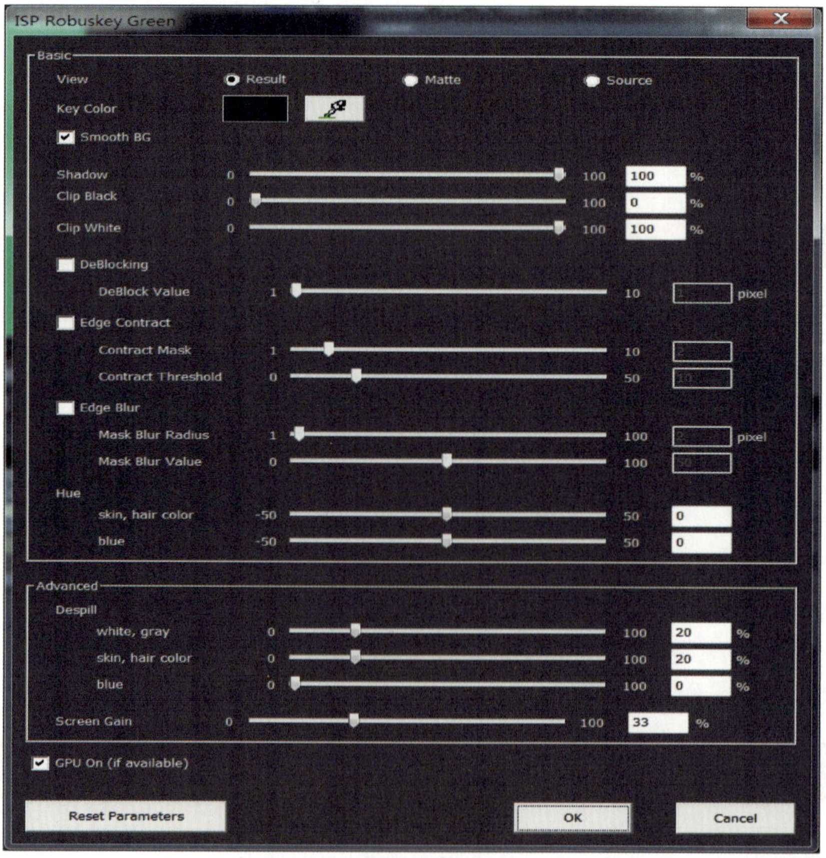

图 17-12　Robuskey 抠像插件参数

详细参数阐述见表 17-1。

表 17-1　Robuskey 的参数

参数	详细阐述	
View	Result	最终结果预览
	Matte	遮罩效果
	Source	原始素材
Key Color		键出色
Smooth BG		背景平滑
Shadow		调节抠像对象的阴影部分
Clip Black		调节对象的键出部分，控制遮罩的暗部
Clip White		调节对象的保留部分，控制遮罩的亮部
Deblocking		模糊处理
Edge Contract	Contract Mask	收缩对象边缘
	Contract Threshold	调节边缘收缩时的阈值
Edge Blur	Mask Blur Radius	调节边缘羽化区域半径
	Mask Blur Value	调节遮罩边缘羽化值
Hue	skin，hair color	调节皮肤、毛发上的蓝青色反光
	blue	调节透明物体上的蓝青色反光

小贴士

色彩溢出：在抠像中，皮肤和毛发会对背景中的蓝色或者绿色背景的反光，特别是在人物的边缘会有明显的反光。

17.2.1 Robuskey Green 的使用

导入素材，以覆盖模式将抠像视频素材放在背景视频素材上面的轨道，将“Robuskey Green”拖拽到抠像视频素材上。（见图 17-13）

图 17-13　Robuskey Green 抠像

在视频布局窗口双击“Robuskey Green”，在抠像窗口中，单击 Key Color 颜色拾取器，从绿色背景中拾取颜色。（见图 17-14）

图 17-14 Robuskey Green 抠像参数

小贴士

拾取抠像背景颜色时，拖动吸管在绿色背景上画出一道来，这样拾取的颜色是这一条区域颜色的平均值，而非某个点的值，可以避免出错。

某些抠像素材会有明显的绿色反光，需要微调“skin，hair color”的值。在调整过程中还可以将 View 切换到 Matte 和 Source 模式下观察边缘的细微变化，直至获得满意的效果。

17.2.2 Robuskey Blue 的使用

将素材导入 EDIUS，同样以覆盖模式将抠像素材放在背景素材上，将“Clip alpha”拖拽到抠像素材上，双击用吸管拾取背景颜色，Clip alpha 会智能地去除画面中多余的部分。（见图 17-15）

图 17-15 Robuskey Blue 抠像

使用 Robuskey Blue 处理剩余的蓝屏。步骤和绿屏处理相同，需要注意的是食品盒上的蓝字会一同被抠像，这样就需要使用前期的手绘遮罩来处理。（见图 17-16）

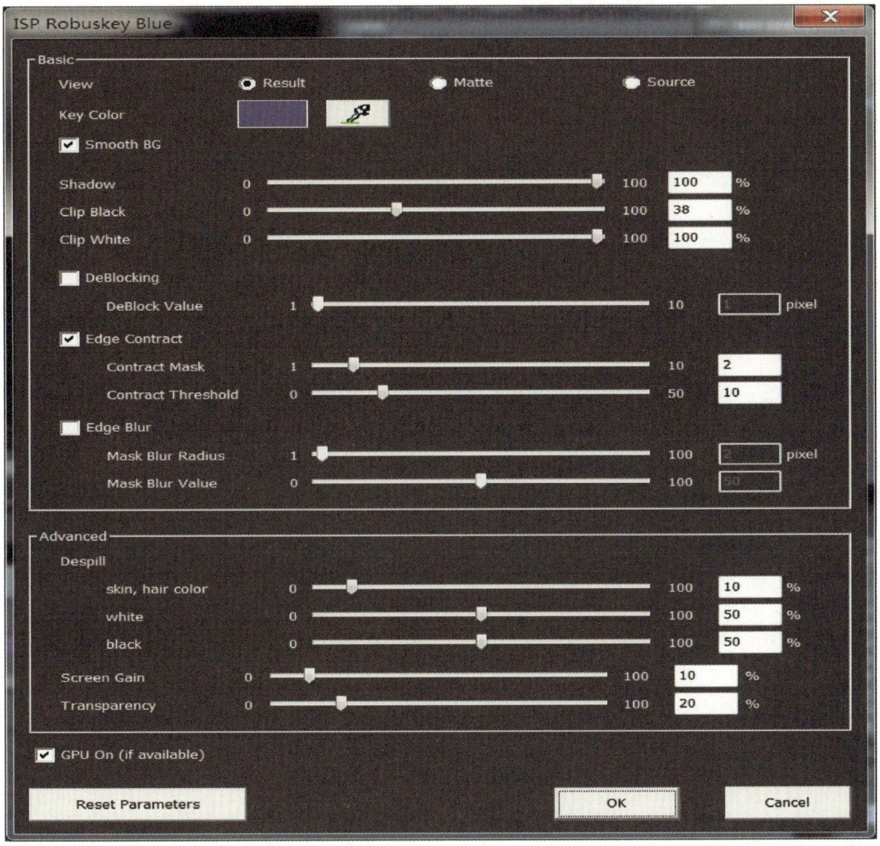

图 17-16　Robuskey Blue 抠像参数

最后效果见图 17-17。

图 17-17　Robuskey Blue 抠像最后效果

小贴士

覆盖模式：导入素材时按下“Insert”键切换素材为覆盖模式，否则是插入模式。

思考与练习

1. 抠像插件使用中，若需要调整关键帧控制遮罩的大小，该怎样完成？
2. 在 Robuskey 插件中剔除毛发的反光，怎样调整？

拓展训练

寻找更多的抠像素材练习使用抠像插件，并比较几种抠像插件的异同。

第18单元

EDIUS 色彩校正

学习目标

- □ 学习色彩校正的方法。
- □ 认识矢量图和示波器的使用。
- □ 掌握区域校色的方法。

大型的电影、电视剧项目或者精细的广告均配有专门调色环节。编辑人员根据剧情和拍摄的情况或多或少要做色彩校正和调色。校色是后期工作很重要的一项内容。

18.1 校色基础

校色前首先需要了解一些基本概念，以便用户在一个统一的既定环境中描述校色工作。

18.1.1 校色概念和术语

色彩是三个因素综合作用的结果：光线、反射光线的物体和人的感光器官。

色彩有三种基本属性：色相、亮度和饱和度。

色相：色彩的色度，通俗来讲，即颜色。

亮度：色彩的明暗变化。

饱和度：色彩的纯度，色彩中标准色成分的多少，即鲜艳程度。

18.1.2 标准彩条、矢量图和示波器

彩条是彩条信号发生器产生的一种测试信号。在 EDIUS 中有多种彩条可供直接使用，下面我们尝试建一个标准的 100/75 彩条。

第一，在素材库窗口空白地方按右键：“新建素材 | 彩条”，或者在菜单栏中选择：“素材 | 创建素材 | 彩条”。（见图 18-1）

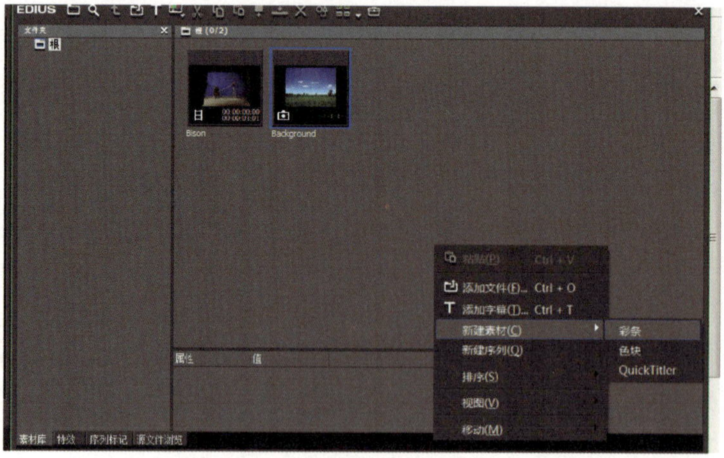

图 18-1 校色

第二，在下拉菜单中选择“100/75/x 彩条”。（见图 18-2）

第三，将其放在时间线上，就是我国使用的标准标清条例。（见图 18-3）

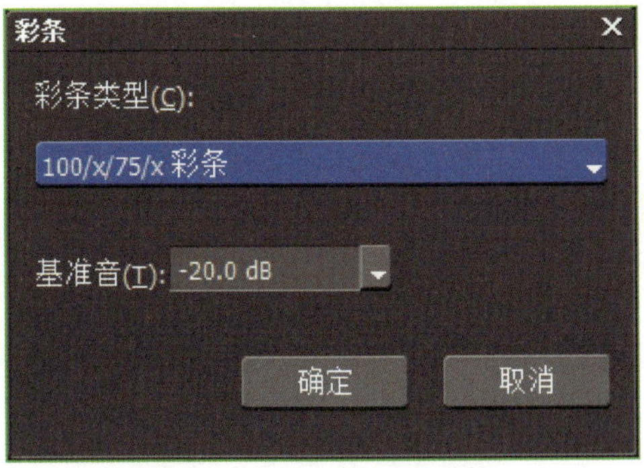

图 18-2　校色—彩条类型

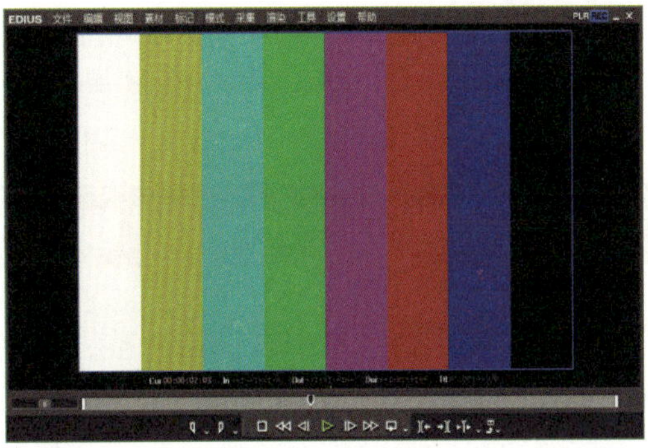

图 18-3　校色—彩条

彩条是一种基准信号，但在观察色彩或者进行校色时，只能作为参考。因为真实世界的颜色太多，所以需要另外一种更准确的仪器——示波器来帮助调整色彩。图 18-4 为矢量图/示波器。

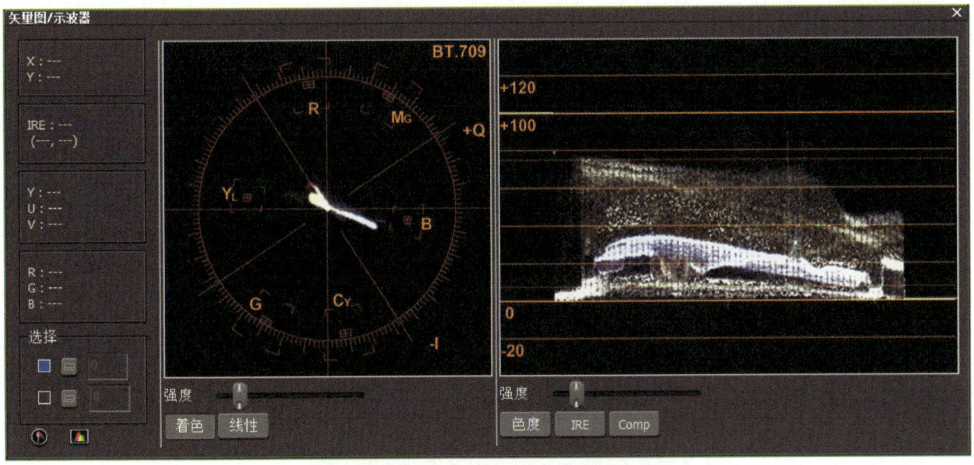

图 18-4　矢量图/示波器

左侧圆形的雷达就是矢量图，仅能显示色彩的色相和饱和度。矢量图中矢量的大小即某一点到原点的距离就是饱和度。某个像素点的颜色越鲜艳，它离原点越远。矢量的相位，即某点和原点的连线与水平 Y1-B 的夹角，代表色相。在矢量图中，R、G、B、M_G、C_Y、Y_L代表红色、绿色、蓝色及其对应的补色——青色、品红和黄色。

彩条的颜色都应该落在矢量图的田字格里，若超出就表示饱和度超标，即颜色爆了。

右侧的示波器是波形示波器，主要检测视频信号的幅度和单位时间内所有脉冲扫描图形。

示波器的横坐标是当前帧的水平位置，纵坐标在 NTSC 制式下表示图像每一列的色彩密度，单位是 IRE；在 PAL 制式下则表示视频信号的电压值。

示波器下方有几个按钮用于切换：独立色度、IRE 或者两个合成值 Comp。最佳幅度是 0～+100，允许超出值 20%；若超出将会白限幅，影响画面的层次感。黑电平过高会使画面对比度不够、清晰度不高，整个画面因此显得灰蒙蒙。黑电平过低，正常情况下虽突出图像的细节，但会因为图像偏暗或缺少层次而显得非常呆板，色彩不清晰、不自然。

18.2 初级校色和二级校色

初级校色是指对整个画面的调整。调整画面的对比度、色彩平衡、色彩倾向等都属于初级校色。

二级校色是指对画面中某一色彩区域的调整，如单独校正人物肤色，天空、草地或者单色效果。

18.2.1 白平衡

英国著名物理学家开尔文认为，假定某一黑体物质，能够将其上的所有热量吸收，没有损失，同时又能够将热量生成的能量全部以光的形式放出来，热力不同放出来的光的颜色也不同。例如，黑体受到的热力相当于500～550摄氏度，是暗红色；达到1050～1150摄氏度时，就会变成黄色；温度继续升高呈蓝色，就可以定量地以开尔文(K)来表示色彩。

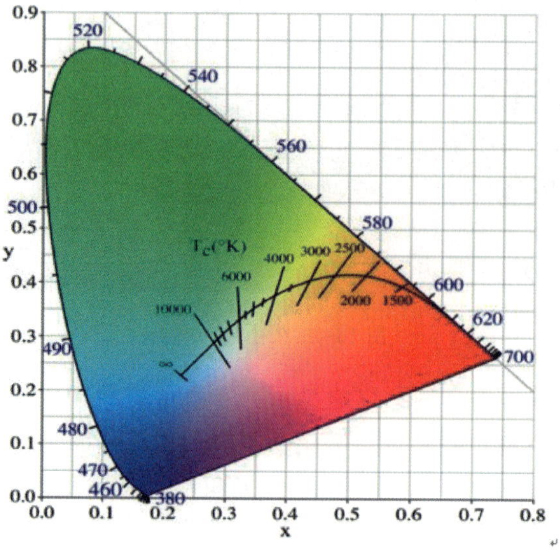

图 18-5　开尔文色温图

我们周围环境的色温并不是一成不变的。这就需要在开启摄像机时调整正确的白平衡，现在的很多设备都有“白平衡”按钮供调整，即告诉机器此时的白颜色是什么。

18.2.2 初级校色

把素材放在时间线上，看到画面偏暗、偏蓝。（见图 18-6）

图 18-6　初级校色

打开矢量/示波器看到的效果。（见图 18-7）

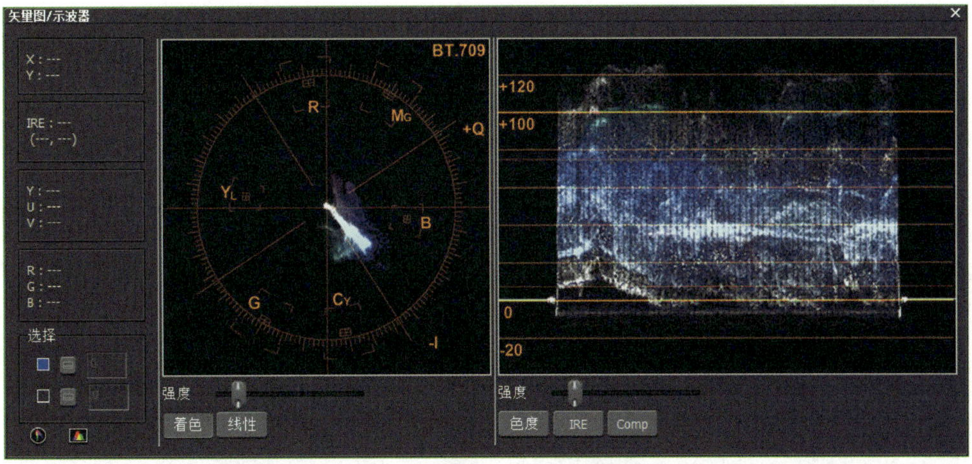

图 18-7　用矢量图/示波器观察 1

矢量图中蓝色部分的矢量值最大，画面一定是偏蓝的。示波器图形黑电平过高，超过了允许值的 20%，画面对比度不够，导致清晰度不高。

首先添加“视频滤镜 | 色彩校正 | YUV 曲线”，在 Y 曲线上限定三个点，这样画面的高光、中间调和阴影区域调整时互不干扰。下面阴影区的点往上提，上步高光区域的点稍微往下调，同时 U 曲线稍微下调 V 稍微上提。调整时随时观察矢量图和预览窗口以取得最佳的效果。（见图 18-8）

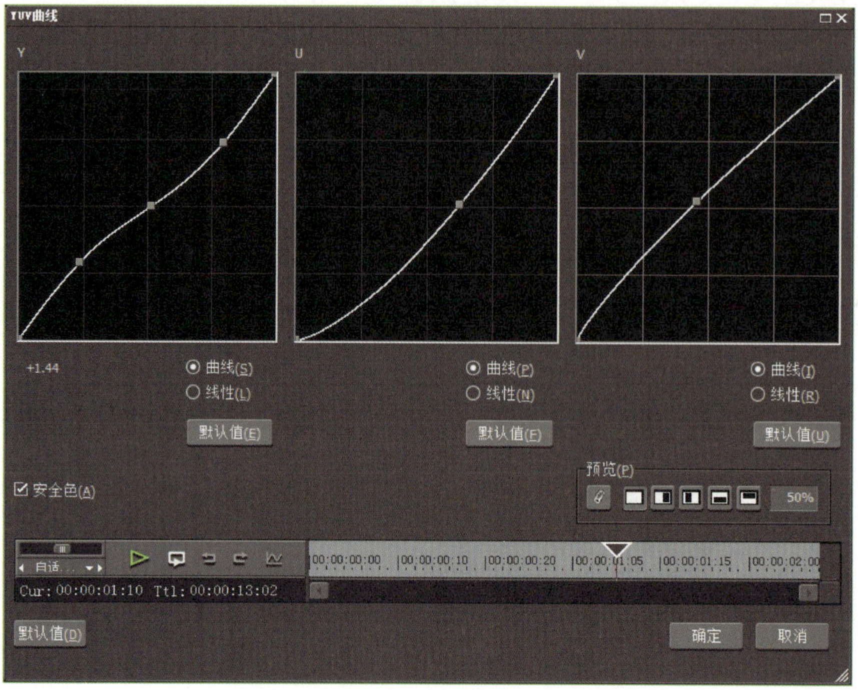

图 18-8　添加"YUV"曲线调整

在调整后的矢量图/示波器图形中可以看到增加画面里红色和绿色的矢量减少了蓝色部分的矢量，使得画面整体能量分布趋于平衡。（见图 18-9）

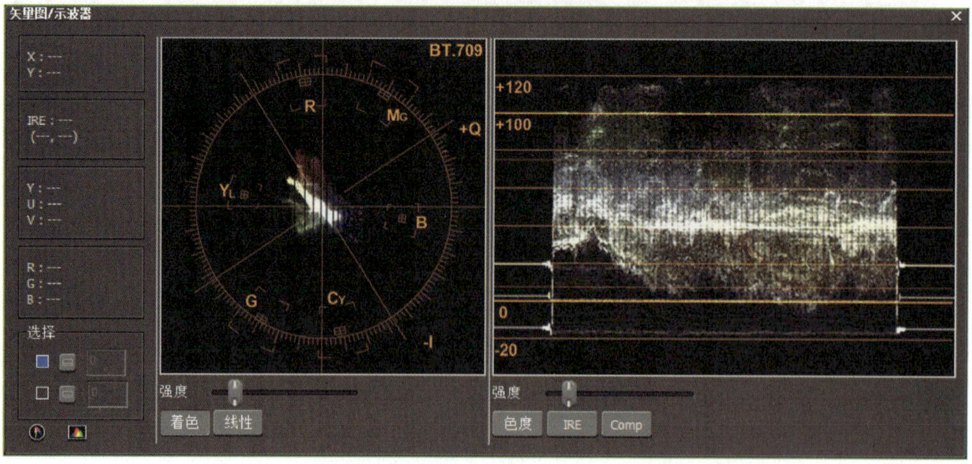

图 18-9　用矢量图/示波器观察 2

添加"色彩平衡"滤镜，适当上调饱和度和色度，降低亮度，直至取得最佳效果。（见图 18-10）

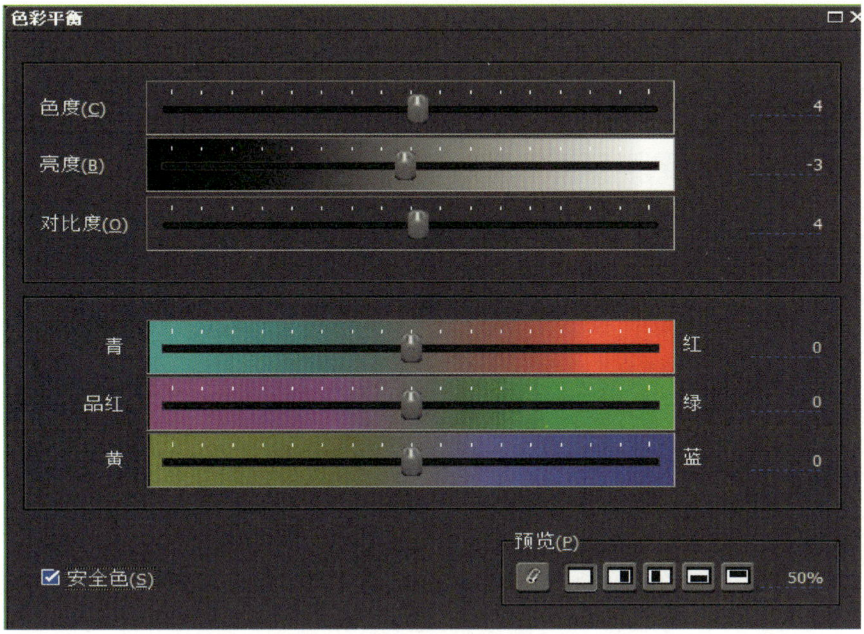

图 18-10　添加“色彩平衡”用矢量图/示波器观察

最后效果见图 18-11。

图 18-11　校色结果

小贴士

在 YUV 曲线和色彩平衡滤镜调整时，记得把“安全色”复选框勾选，它会将溢出的颜色滤掉。

18.2.3　二级校色

初级校色基本可以完成大部分的校色工作，但有时画面当中会有区域的颜色失真，需要进行单独校色，即二级校色。

导入原始素材到时间线上，想把草地变成枯黄的秋冬季节的颜色。（见图 18-12）

图 18-12　二级校色

使用“视频滤镜 ｜ 手绘遮罩”，用钢笔工具手绘出草地的区域。路径一定是封闭的，勾勒出一个大概的区域即可。（见图 18-13）

图 18-13　添加“手绘遮罩”

勾选右侧“内部滤镜”复选框，右侧单击添加滤镜“色度”，单击“设定滤镜”按钮就打开了色度设置面板 1。（见图 18-14）

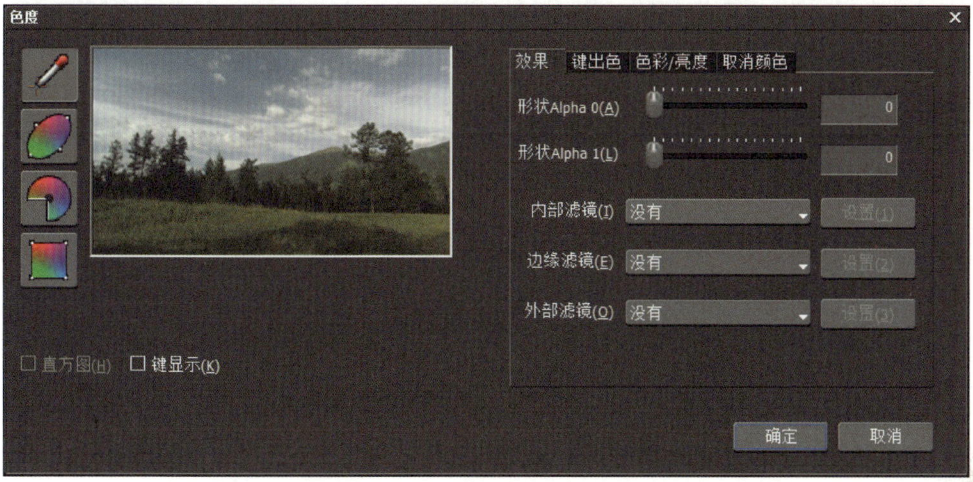

图 18-14　“手绘遮罩”色度调整

用吸管工具吸取草地的颜色，观察是否选取了正确的区域，可以勾选“键显示”复选框。所选区域画面变成黑白色。白色是选中部分，黑色表示没有那种绿色。(见图 18-15)

图 18-15　选择区域的变化

单击切换到“色彩/亮度”标签页，调节色度范围，尽可能多地把绿色包含进去，同时在效果标签页调整“形状 Alpha 值”，为选区添加羽化值。(见图 18-16)

图 18-16 在“色彩/亮度”选项下调整参数

调节好后，记得关闭“键显示”复选框。

画面恢复正常后，继续在“效果”标签下单击“内部滤镜”，选择“色彩平衡”，并单击“设置”，就可以调节草地颜色了。(见图 18-17)

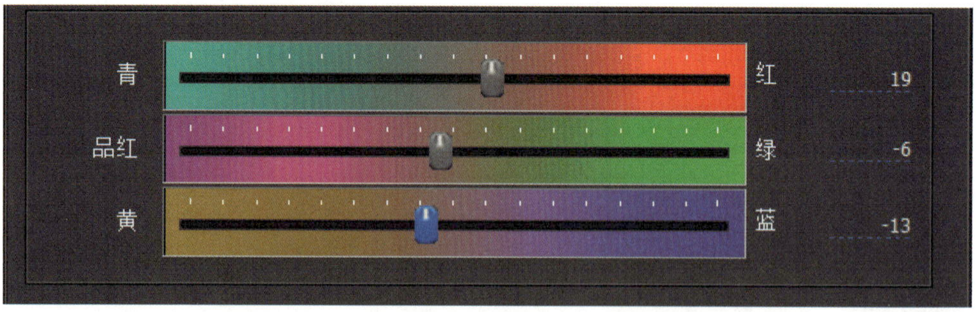

图 18-17 在“内部滤镜”下选择“色彩平衡”继续调整

最后效果见图 18-18。

图 18-18 最后效果图

18.3　调色插件和预设

18.3.1　Magic Bullet Looks 插件

Red Giant 公司的 Magic Bullet Looks 是业界著名的校色软件，功能强大，使用简单，且带有大量丰富的预设。虽然 MBLooks 没有推出专门的 EDIUS 版本，但是可以通过 AE 的桥接将 Looks 应用到 EDIUS 上。

实例展示：运用 Magic Bullet Looks 插件调色

1. 导入素材后，画面明显偏蓝、模糊，没有层次感。（见图 18-19）

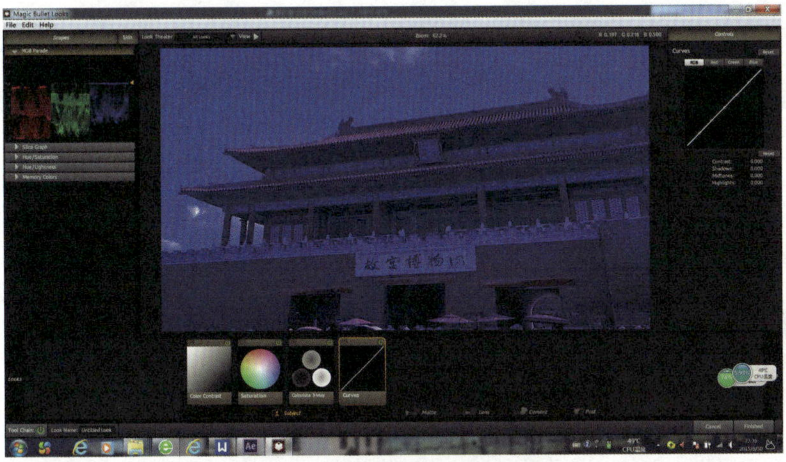

图 18-19　准备使用 Looks 插件调色

2. 添加三路色彩校正（Colorista 3-way）。（见图 18-20）

图 18-20　添加“三路色彩校正”校色

3. 添加 Curves 曲线工具，继续调整。（见图 18-21）

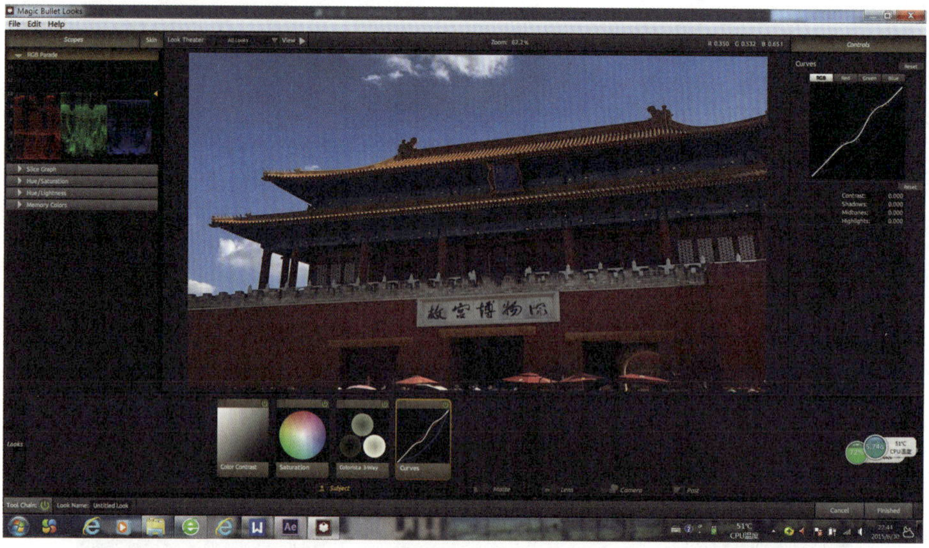

图 18-21　添加“Curves”校色

4. 添加 Saturation(饱和度)，增加一点使画面有层次感。最终效果见图 18-22。

图 18-22　添加“饱和度”校色

18.3.2 Vitascene 插件

ProDAD 的 Vitascene 插件也提供了非常多的色彩预设，以供后期制作使用。Vitascene 的思路更倾向于让用户们先用预设，然后再做微调。

安装正确后，在“视频滤镜”下找到“Vitascene Filter。”

打开其设置面板，它本身带有的预设非常多。（见图 18-23）

图 18-23　使用 Vitascene 插件

选择一个预设并双击，就自动应用到画面上了。（见图 18-24）

图 18-24　使用给定的预设

预设列表下方有参数可调，可以根据画面效果调节。(见图 18-25)

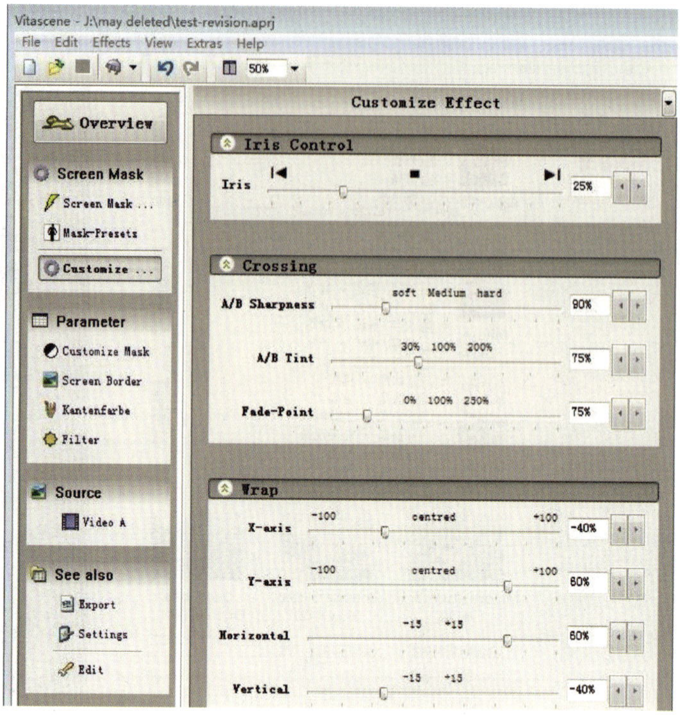

图 18-25 预设参数调节

思考与练习

1. 利用矢量图/示波器调整色彩平衡的原理是什么？
2. 二级校色中添加什么滤镜能使得校好的色彩和场景更好的匹配？

拓展训练

熟悉 Magic Bullet Looks 插件中上千种预设的使用。

附录一 Premiere 常见操作问题解决

Premiere 常见操作问题及解决方法。

1. 在编辑时，有时会使用多种格式的素材，但在导入素材时，有些格式导入不进去，怎么办?

导入素材时，有些格式 Premiere 导入不进去，或者有时视音频素材只导入了音频部分等(见图 19-1)，这是因为 Premiere 不支持该视频编码格式。

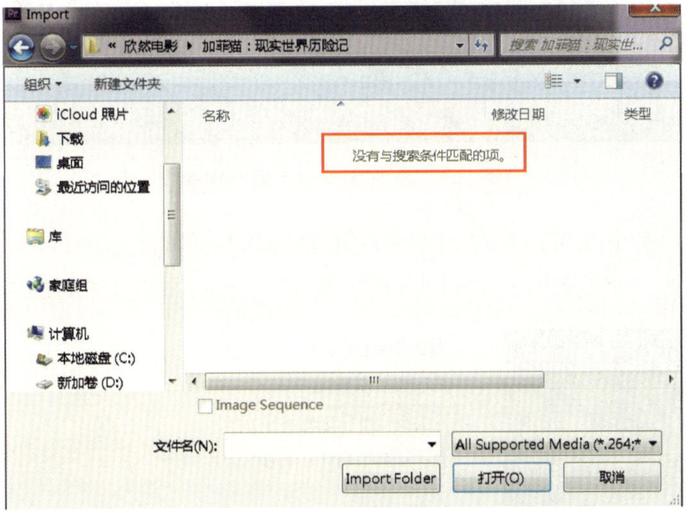

图 19-1 导入素材面板

解决方法：一般我们可以采用格式转换的软件进行格式转换后再使用，如可以使用格式工厂、狸窝等格式转换软件。(见图 19-2)

图 19-2 格式转换的软件界面

2. Premiere Pro CS6 导入素材与序列设置中的画幅大小不同，将素材放入视频轨道后出现此素材与序列设置不匹配。(见图 19-3)

图 19-3　素材与序列设置不匹配

解决方法：一种方法可以在序列中素材上右键选择菜单 Scale to Frame Size(缩放帧大小)(见图 19-4)。另一种方法可以使用素材的 Motion 属性调整素材的大小。

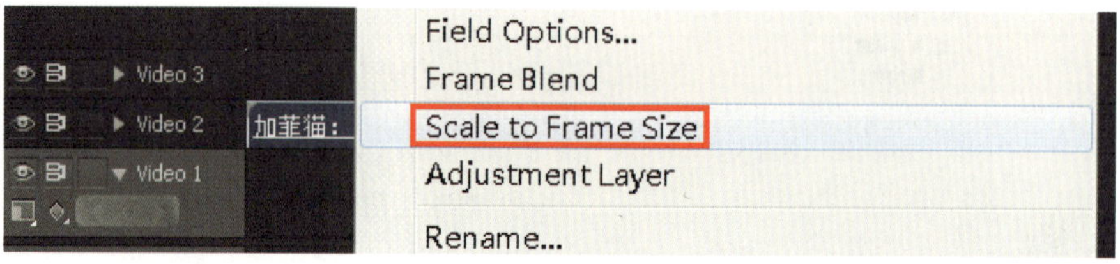

图 19-4　缩放帧大小

如果是多个素材导入后与序列设置中的画幅大小不同，还可以通过 Edit \ Preferences \ General(编辑 \ 参数 \ 常规)勾选 Default scale to frame size(默认缩放帧大小)直接匹配(见图 19-5)，这样再次导入的素材都会自动缩放到序列大小。

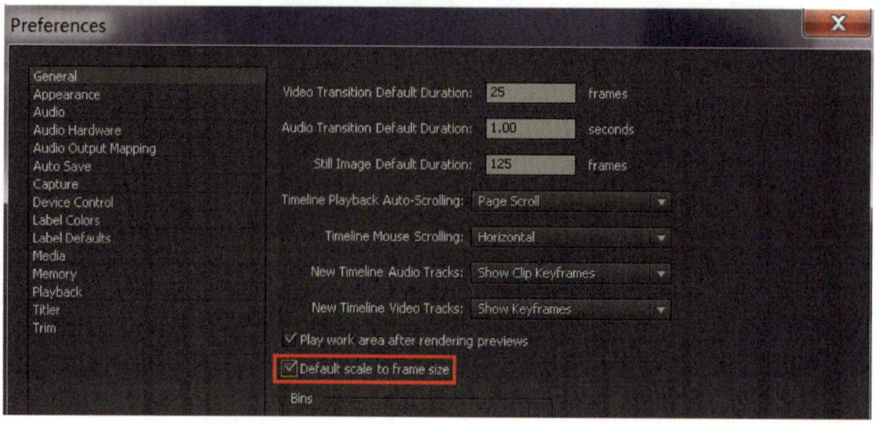

图 19-5　默认缩放帧大小

3. 在用 Premiere Pro CS6 进行编辑视频的时候，视频有锯齿，如图 19-6 所示，或者视频总是抖动，导出以后也还是抖动，帧速率不同、像素宽高比不同、Alpha 通道需要修改等怎么办？

图 19-6　视频有锯齿

解决方法：出现这些问题是因为素材参数与项目设置不匹配，通常是场的设置不匹配造成的。用户可以重新创建与素材匹配的项目文件；或者在项目窗口选择该素材，右键选择 Modify \ Interpret Footage(修改 \ 解释素材)来修改素材的场序设置参数。(见图 19-7)

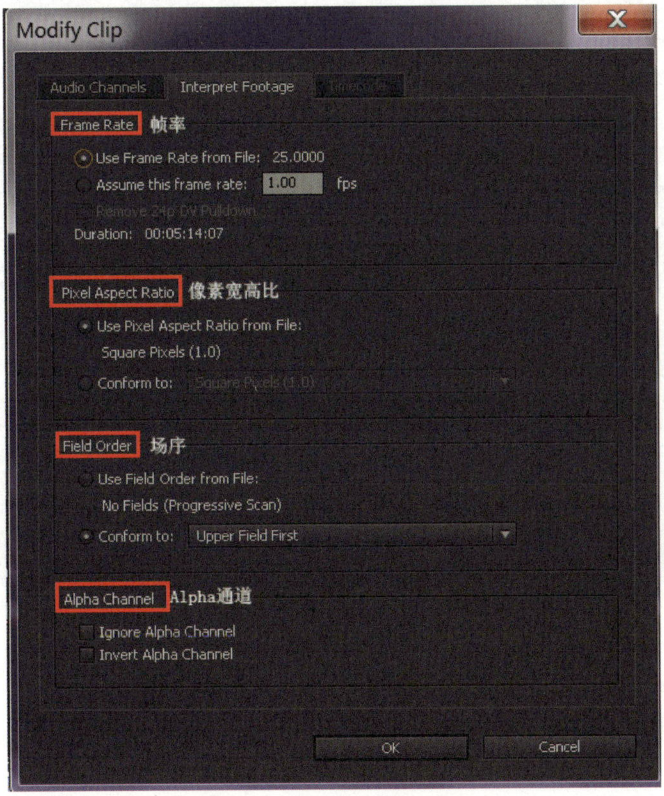

图 19-7　修改 \ 解释素材

4. 怎样自定义快捷键?

解决方法：Premiere Pro CS6 中的快捷键可以提高剪辑速度，对于工具或按钮，将指针悬停在工具或按钮的上方，直至其工具提示出现。如果有键盘快捷键可用，它会出现在工具描述后的工具提示中。对于菜单命令，可在命令的右侧查找键盘快捷键。使用菜单 Edit \ Keyboard Shortcuts(编辑 \ 键盘快捷键)也可创建或编辑键盘快捷键；还可以将快捷键设置为与所使用的其他软件中的快捷键匹配。(见图 19-8)

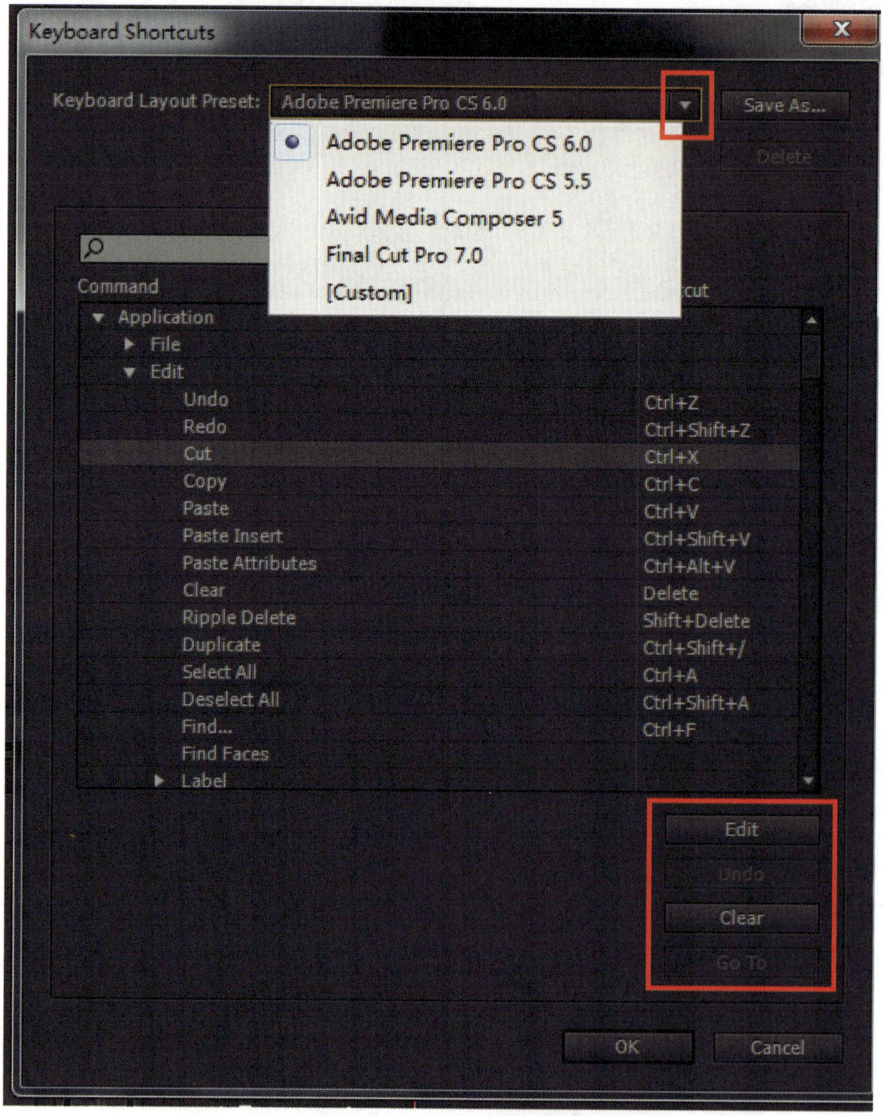

图 19-8 自定义快捷键

5. 在 Premiere Pro CS6 中，有的汉字不能正常显示，怎么办?

这个不光是 PR CS6 才有的情况，Premiere 几乎每个版本都是这样。(见图 19-9)

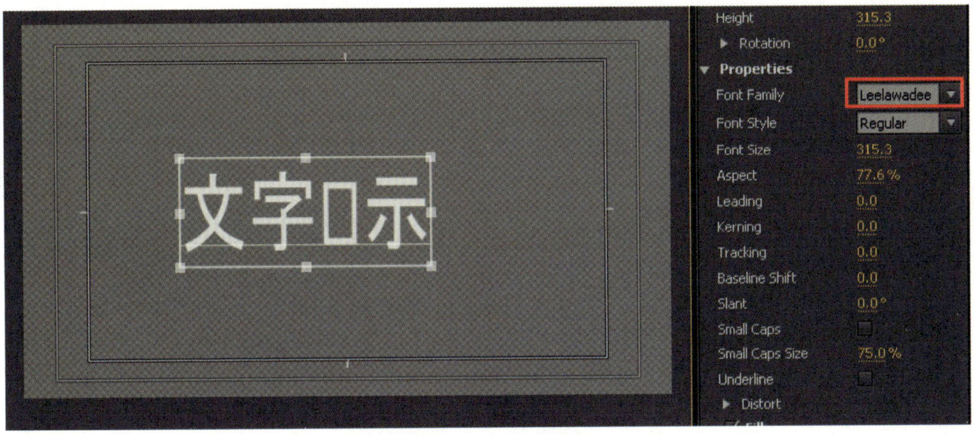

图 19-9　汉字不能正常显示

解决方法：只要换一种中文字体即可。简便方法：先选中“字体”一栏，随便选中一个字体，然后按键盘的上键或者下键就可以更换字体，直到出现满意的字体为止。如果要输入同一种设置的字幕若干次，而且格式都不变，就点击该字幕新建按钮，然后把文字更换即可。(见图 19-10)

图 19-10　更改汉字字体

6. 在 Premiere 中，有时编辑多轨素材时，或者添加较为复杂的特效后预览很卡，怎么办?

解决方法：Premiere 中有一个非常有名的功能叫作水银加速(Mercury GPU Acceleration)。它可以调动 GPU 来实现很多需要实时渲染的内容，包含从预览到输出的多个环节，尤其是对于多轨视频的应用有很强的提速作用。实现方法如下步骤。

(1)右键“我的电脑 \ 属性 \ 打开设备管理器”，按图所示找到显卡，记录名称型号，后面需要用到。(见图 19-11)

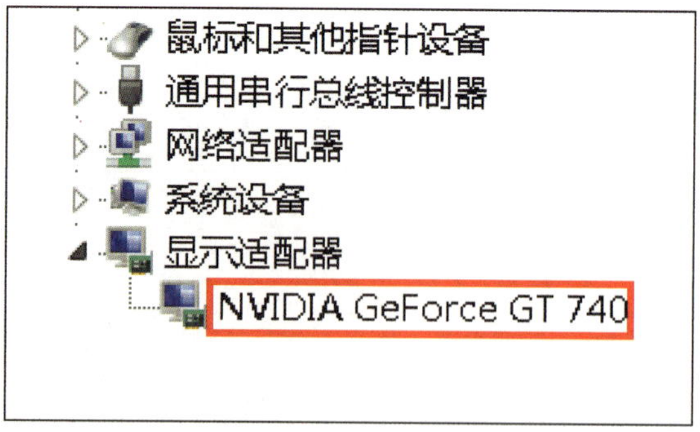

图 19-11　设备管理器

(2)打开 Adobe Premiere Pro 的安装目录，找到 cuda _ supported _ cards. txt 文件打开，把刚才记录的显卡名称填入，并保存。(见图 19-12)

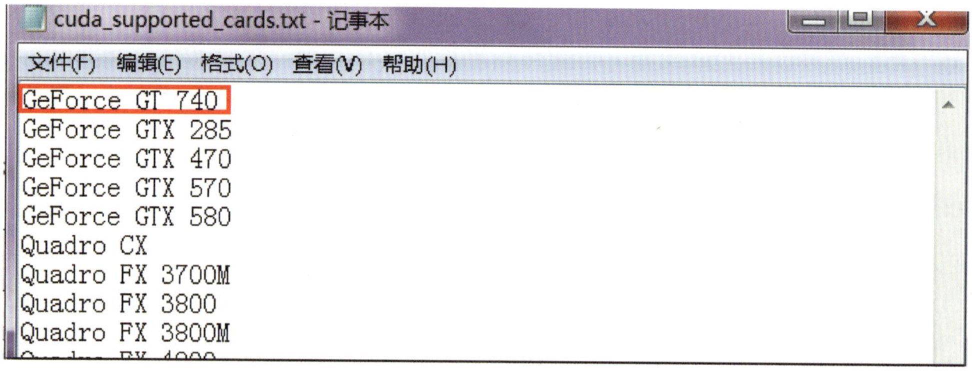

图 19-12　修改 cuda _ supported _ cards. txt

(3)找到 GPUSniffer. exe 文件，双击运行注册显卡。(见图 19-13)

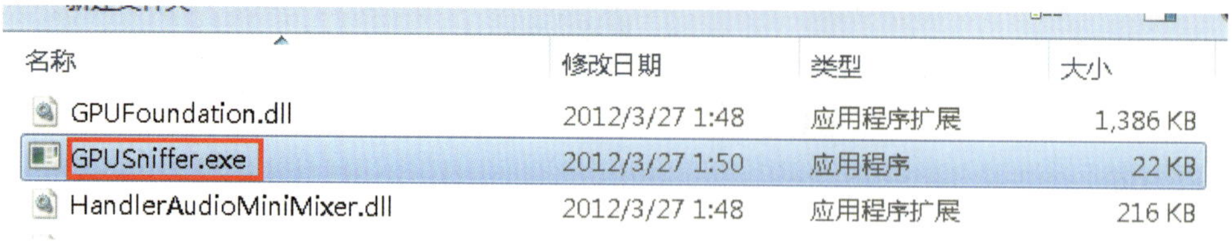

图 19-13　运行注册你的显卡

(4)最后重新启动 Adobe Premiere Pro CS6，点击菜单 Project \ Project Settings \ General(项目 \ 项目设置 \ 常规)，弹出的窗口下面 Renderer(渲染器)不再是灰色，可以拉下看到两个选项，一个是“水银回放引擎 GPU 加速”，另一个是“水银回放引擎(仅软件渲染)”，选择 GPU 加速后确定即可。(见图 19-14)

图 19-14　选择 GPU 加速

(5)如果真正开启了水银引擎 GPU 加速，在 Effects(效果)面板中会看见，特效后的三个图标都被点亮了。第一个有着小箭头的图标，就代表已经得到了显卡的 GPU 加速效果。没有得到硬件加速时，这个图标是发暗的。(见图 19-15)

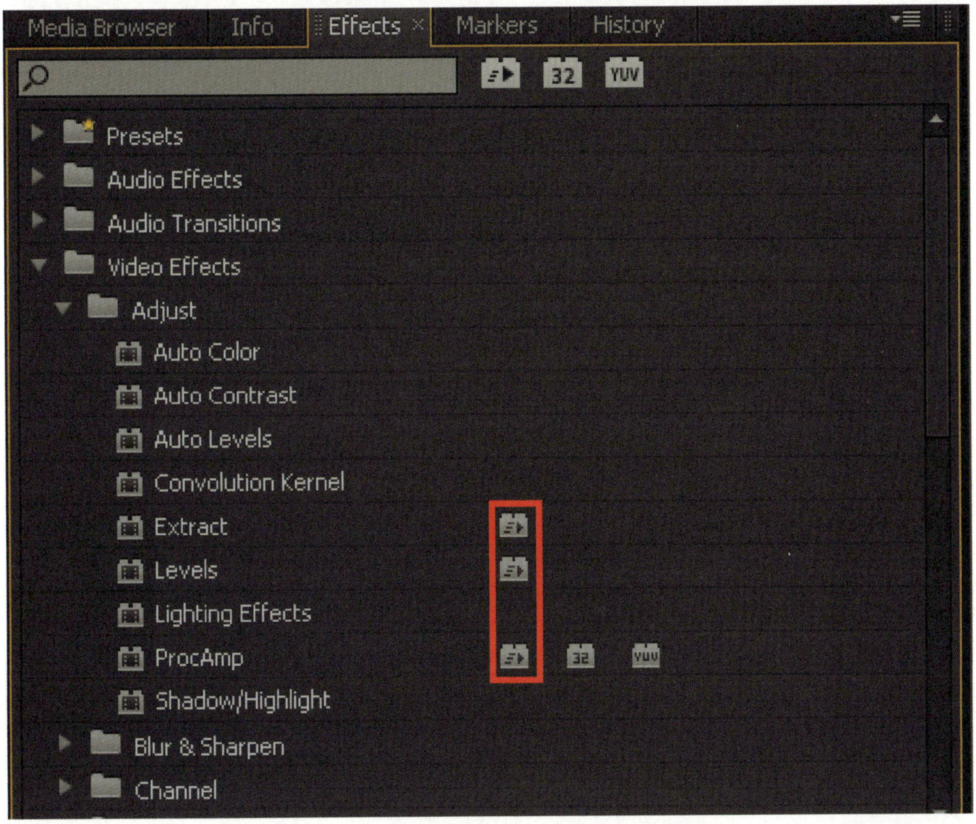

图 19-15　开启了水银引擎 GPU 加速的效果

7. 编辑项目文件过程中，如果需要转移到另一台机器继续编辑，怎么办？

解决方法：Premiere Pro CS6 的项目文件中保存了整个编辑的过程。如果编辑过程中遇到问题，需要转移到另一台电脑来继续编辑工作，单单复制项目文件到另一台电脑是不可以继续工作的。原因是项目文件的素材资料并没有跟项目文件一起移动，解决方法是把所有素材跟项目文件一起移动到另一台电脑。在 Premiere Pro CS6 中可以通过菜单 Project \ Project Manager(项目 \ 项目管理)命令来收集整理该项目文件所加载的素材和项目文件，将它们收集打包到指定文件夹中，将该文件夹复制到另一台电脑就可以继续编辑工作。(见图 19-16)

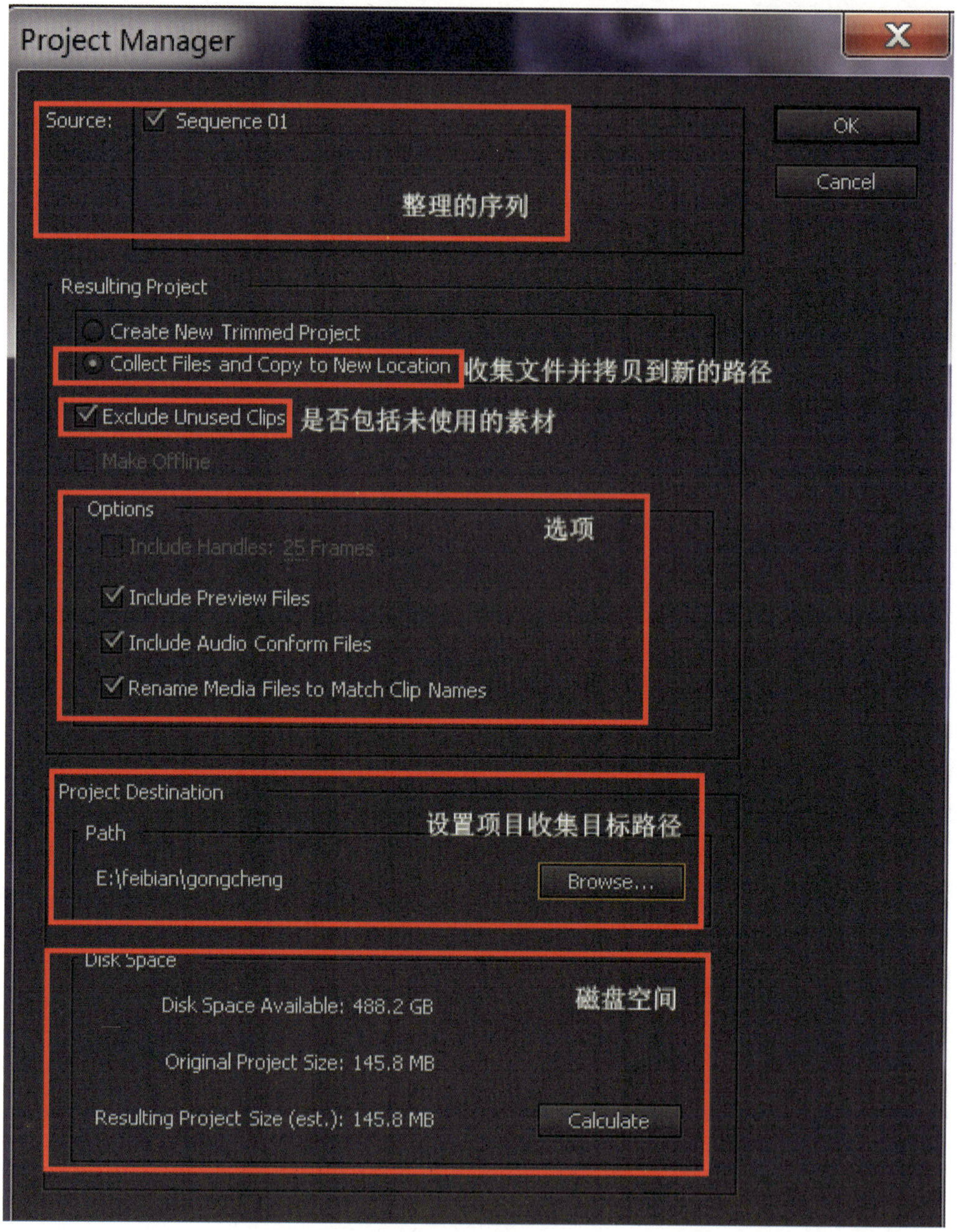

图 19-16　项目管理

8. 怎样在 Premiere 和其他剪辑软件间交换时间线序列？

解决方法：不同的剪辑软件有其特定的工具、工作流程及功能，但这些程序的功能又都差不多。不同剪辑软件之间的时间线交换是不能直接进行的。可以用 AAF 和 XML 作为不同剪辑软件的交互。AAF 和 XML 都是交换格式，支持传送不同类型的音频、视频、静态图像、图案、文本、动画、音乐及多媒体数据的其他格式。AAF(Advanced Authoring Format)专为视频后期制作和编写程序而设计，是一个专业文件交换格式，XML (Extensible Markup Language)文件在视频后期环境中有相似的功能。Premiere 可以输出为这些格式的文件。(见图 19-17)

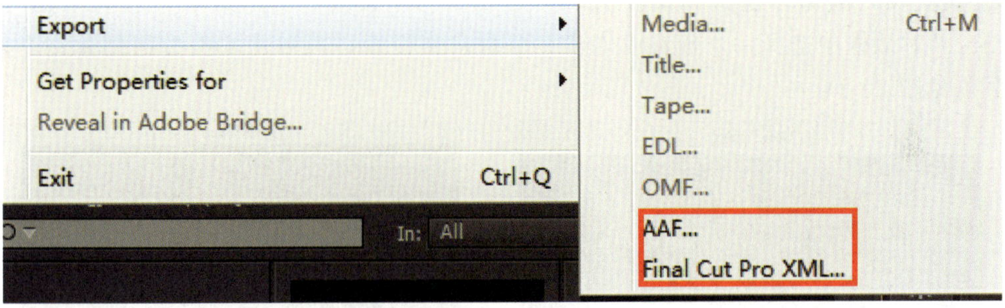

图 19-17 输出 AAF 和 XML

附录二　综合实训一

实训任务：梅花

1. 启动 Premiere Pro CS6，选择 File \ New \ New Project 命令。在“New Project”对话框中设置项目的储存位置和文件名，然后单击 OK 按钮(见图 20-1)。在打开的“New Sequence”对话框中选择一个预置或创建一个自定义设置，再单击 OK 按钮创建一个新的序列。(见图 20-2)

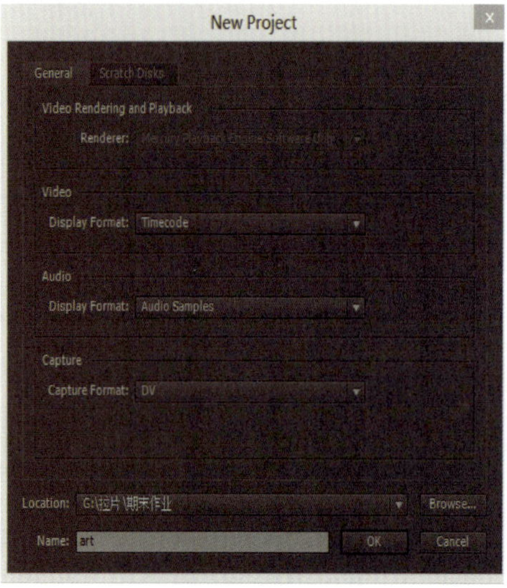

图 20-1　新建项目

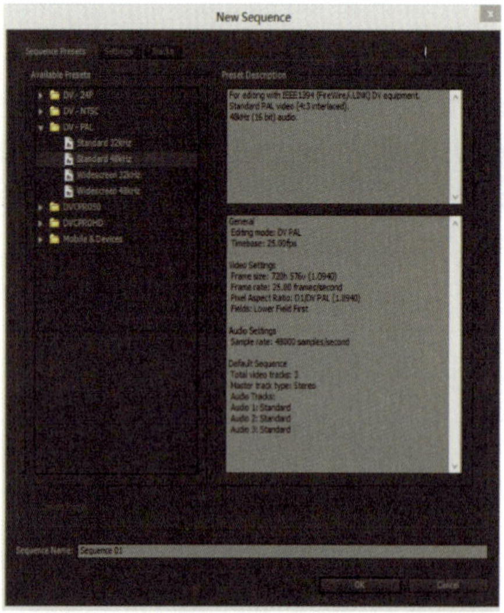

图 20-2　新建序列

2. 选择 File \ New \ Color Matte(文件 \ 新建 \ 彩色蒙版)菜单命令，打开“New Color Matte”对话框，保持默认参数，然后点击 OK 按钮。(见图 20-3)

图 20-3　新建彩色蒙版

3. 在打开的“Color Picker(颜色拾取器)”对话框中设置颜色为白色(见图 20-4)，然后点击 OK 按钮。在项目面板中创建一个“彩色蒙版”素材。

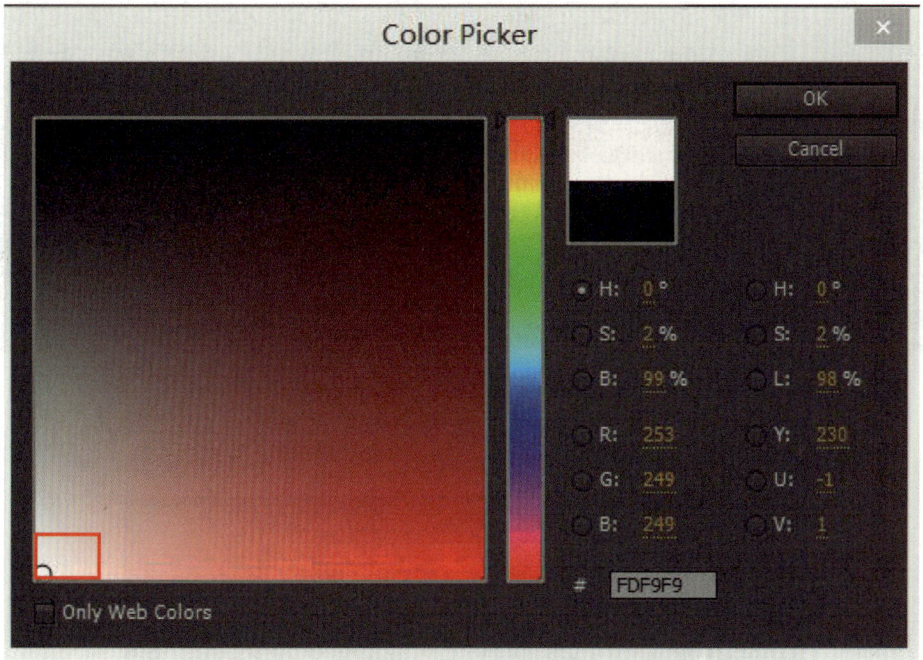

图 20-4　颜色拾取器

4. 在项目面板中选择“彩色蒙版”素材，然后选择 Clip \ Speed/Duration(素材 \ 速度/持续时间)。在打开的“Clip Speed/Duration”对话框中将“Duration(持续时间)”改为 00:00:05:10，然后点击 OK 按钮。(见图 20-5)

图 20-5　调整持续时间

5. 将项目中的 Color Matte(彩色蒙版)素材拖动到时间线面板中 Video1 轨道上，并将其入点放到 00:00:00:00 的位置上。(见图 20-6)

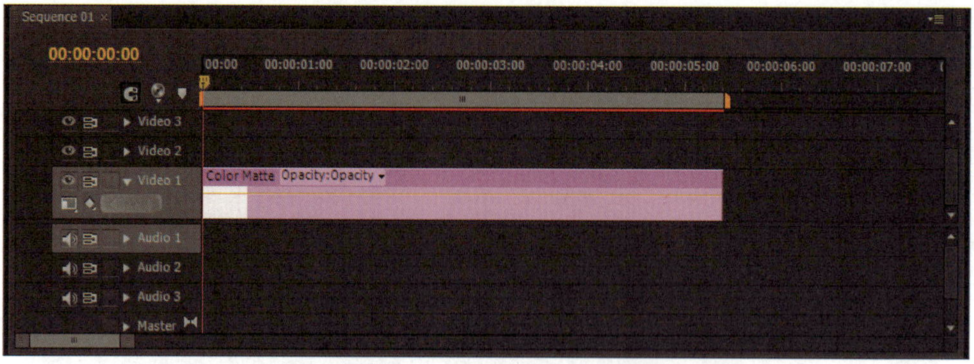

图 20-6 拖动素材到 Video1 轨道

6. 打开 Effects 面板，然后展开 Video Transitions(视频切换)文件夹。(见图 20-7)

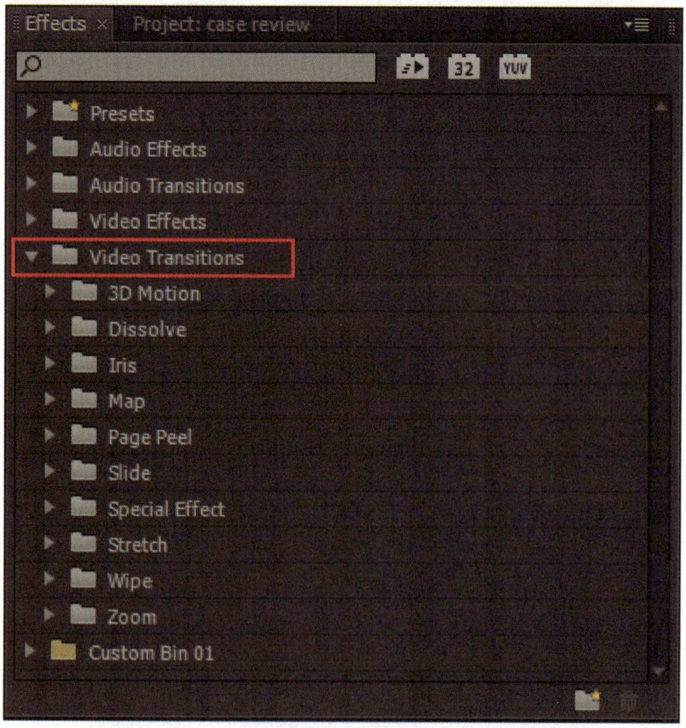

图 20-7 视频切换

7. 展开 Wipe 文件夹，选择 Gradient Wipe 切换效果拖到时间线面板中“Color Matte”素材的入点处，然后松开鼠标，打开“Gradient Wipe”对话框。(见图 20-8)

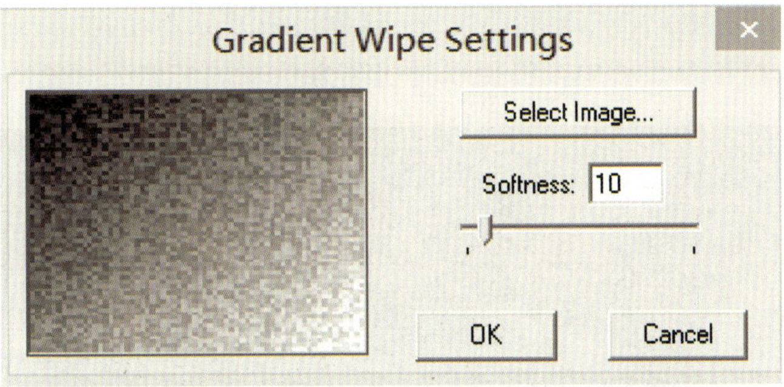

图 20-8　添加 Gradient Wipe 切换效果

8. 在“Gradient Wipe Setting”对话框中单击 Select Image 按钮，然后在打开的对话框中选择“渐变字素材”。（见图 20-9）

图 20-9　选择图像

9. 单击“打开”按钮，返回到“Gradient Wipe Setting”对话框，然后单击“OK”按钮。（见图 20-10）

图 20-10　Gradient Wipe Setting 对话框

10. 在时间线面板中双击“Color Matte(彩色蒙版)”素材上的 Gradient Wipe 切换图标，在打开的特效控制台面板中，将持续时间改为 00:00:05:10。(见图 20-11)

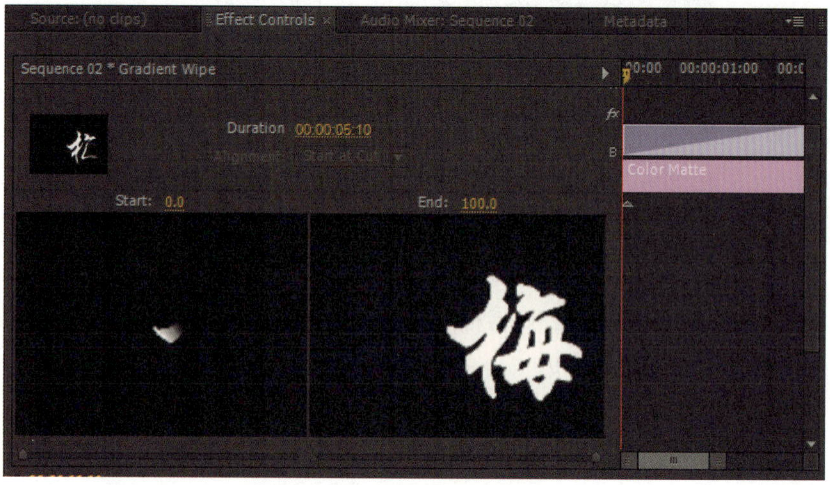

图 20-11 调整切换时长

11. 选择 File\export 在导出对话框 Format(格式)下拉列表中选择 TIFF 格式(导出格式为序列图片)，命名为书写文字。(见图 20-12)

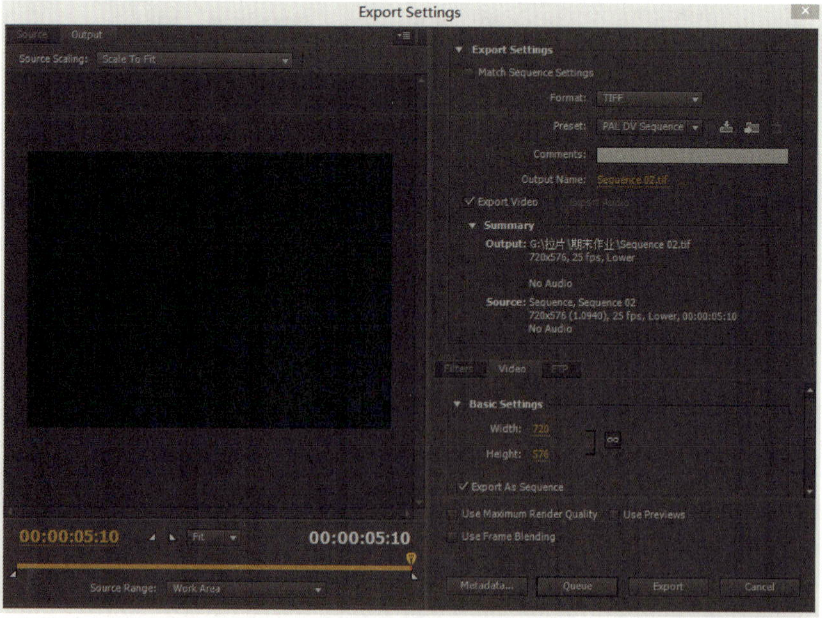

图 20-12 输出序列格式文件

12. 新建序列，选择 File\Import 菜单命令，在打开的“Import”对话框中选择第一幅图片，并选择对话框下方的“Image Sequence”(图像序列)复选框(见图 20-13)。序列图片以影片的方式导入项目面板中。

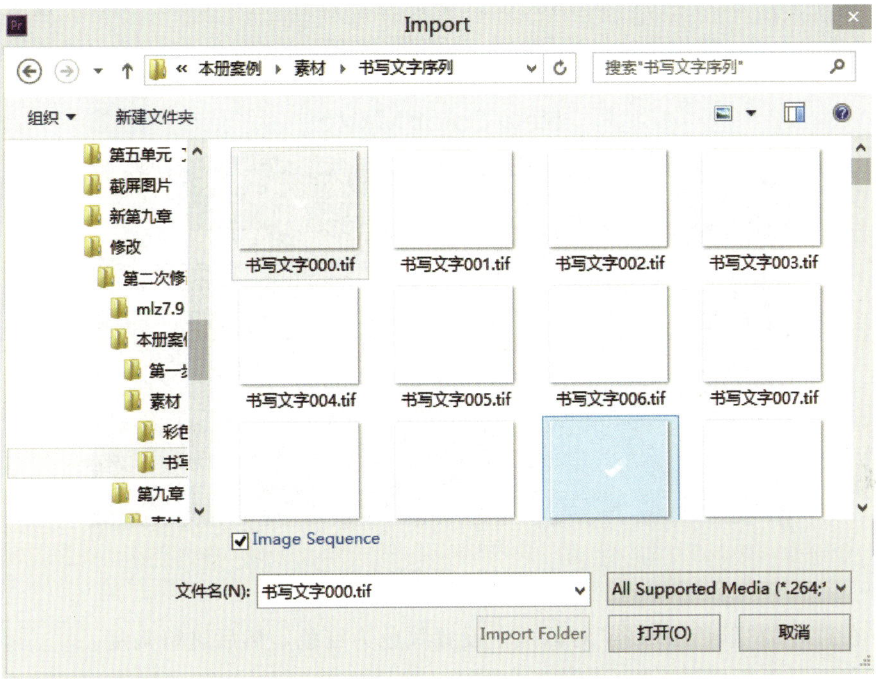

图 20-13 新建序列中导入序列素材

13. 选择 File \ Import 菜单命令，在打开的“Import”对话框中选择前面输出序列中的第 130 幅图片，然后单击“打开”按钮，将选择的图片导入项目面板中。(见图 20-14)

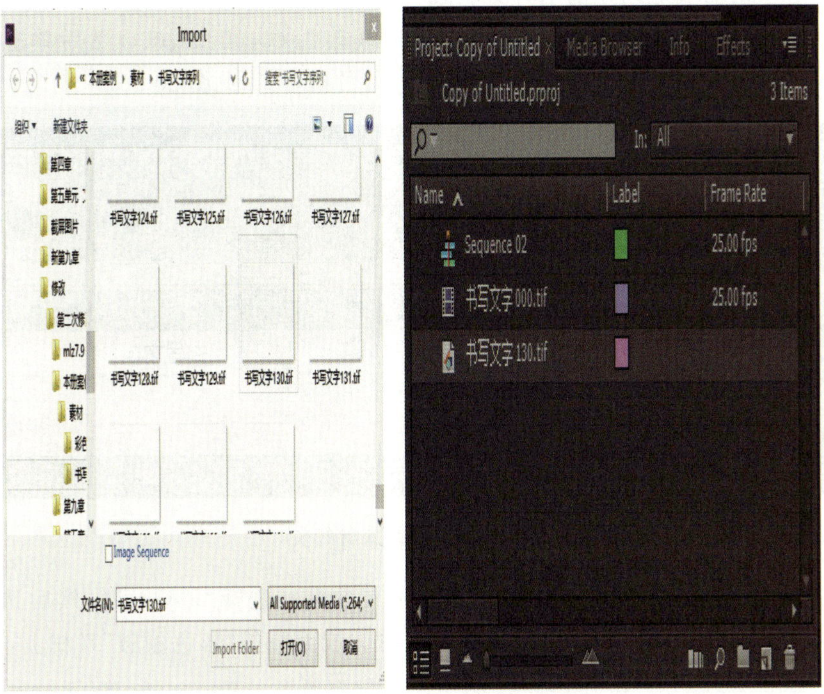

图 20-14 导入序列中的最后一张图片

14. 选择 File \ New \ Color Matte 菜单命令，打开 New Color Matte 设置 Width：760，Height：576，然后单击“OK”按钮。（见图 20-15）

图 20-15　新建彩色蒙版

15. 在打开的“颜色拾取器”对话框中设置颜色为红色，然后进行确定。

16. 在项目面板中选择“彩色蒙版”素材，然后选择“Clip \ Speed、Duration”对话框，将持续时间改为 00:00:08:00。

17. 将项目面板中的“彩色蒙版”素材拖到时间线面板的视频轨道 1 上。

18. 将书写文字 000 序列素材添加到时间线面板中的 Video2 轨道位置上。

19. 选中 Video2 视频轨道的书写文字 130 素材，在该素材上单击右键，然后选择 Clip \ Speed \ Duration(素材 \ 速度 \ 持续时间)，将时间改为 00:00:03:00，然后单击 OK 按钮。再将该素材拖动到 Video2，入点放在 00:00:05:00 的位置。（见图 20-16）

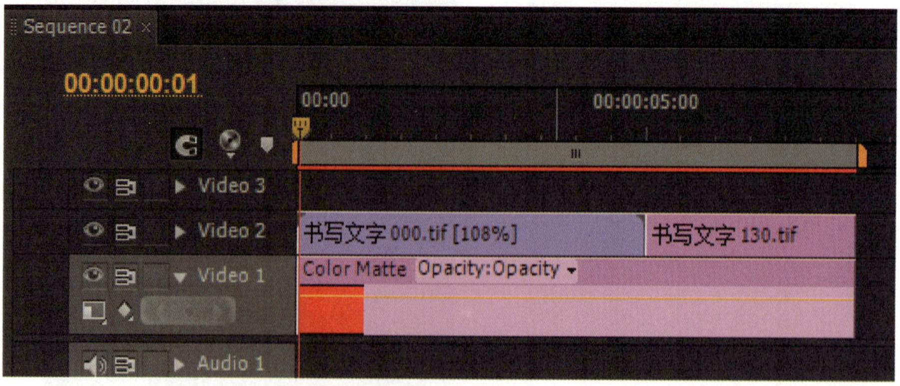

图 20-16　修改素材时长

20. 打开 Effect 面板，展开 Video Effects 文件夹，选择“keying”，然后选择“Track Matte Key”，将 Track Matte Key 特效添加到时间线面板的“彩色蒙版”素材上，然后在特效控制台面板中展开，然后如图 20-17 所示，进行设置。

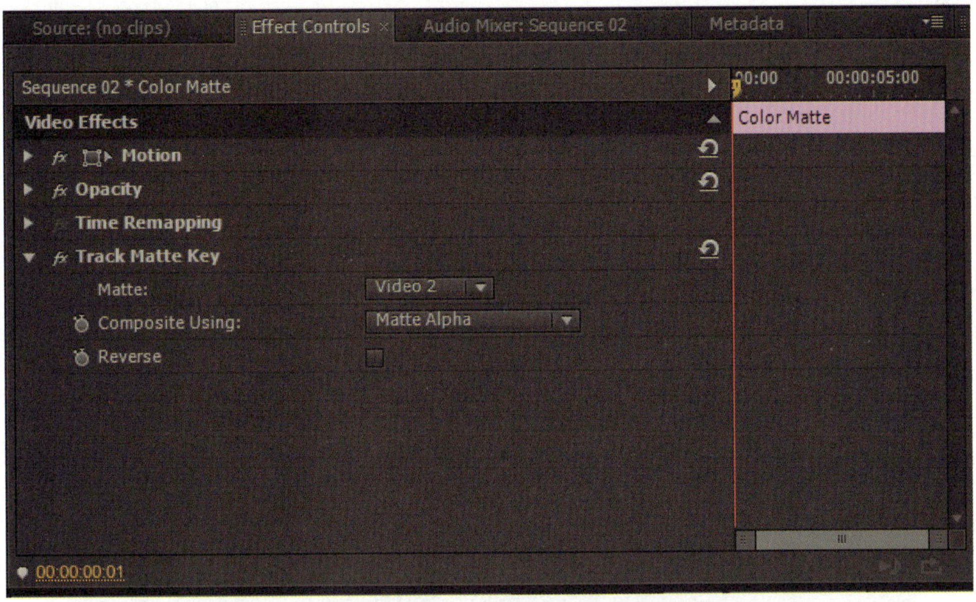

图 20-17　添加 Track Matte Key 特效

21. 用同样方式导出，选择 TIFF 格式，导出彩色字序列。

22. 新建序列，导入彩色字图像序列影片，然后再导入梅花图片和音乐。（见图 20-18）

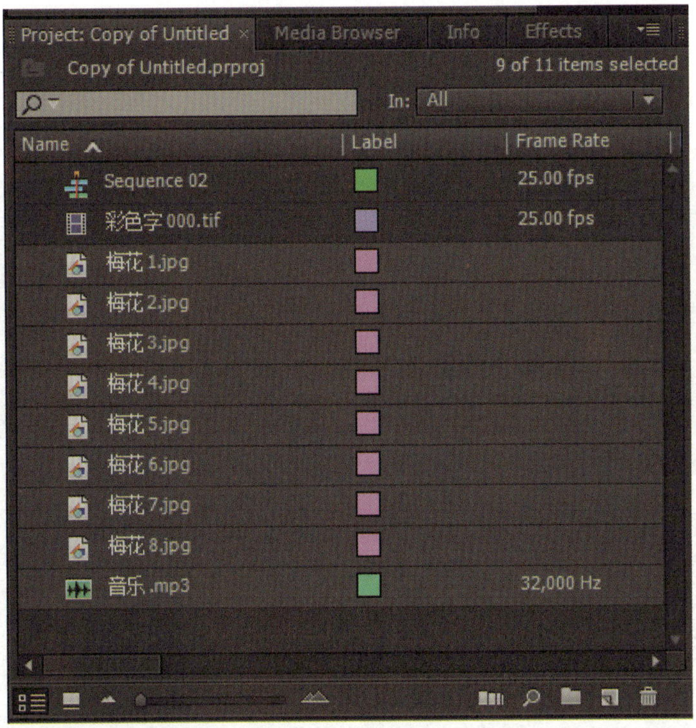

图 20-18　导入素材

23. 选择 Title \ New Title \ Default Still，在字幕窗口单击工具栏中的“垂直文字工具”按钮，在字幕预览区输入文字：梅须逊雪三分白。(见图 20-19)

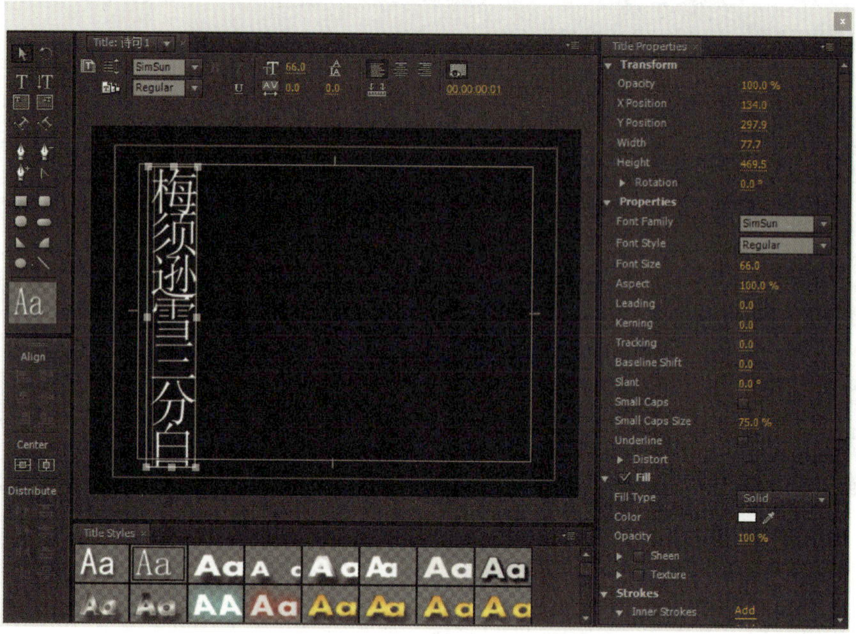

图 20-19　新建垂直字幕

24. 在“字幕属性”中设置字体为“Sim Sun”，大小为 55，字距为 5。单击右侧，将字体改为红色，然后添加描边。(见图 20-20)

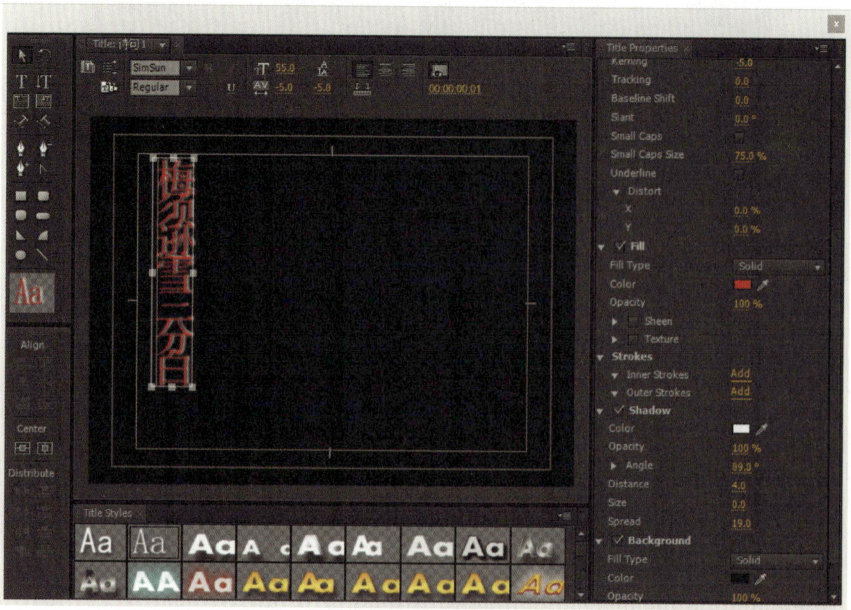

图 20-20　设置字幕属性

25. 使用同样方法建立字幕 2：雪却输梅一段香。（见图 20-21）

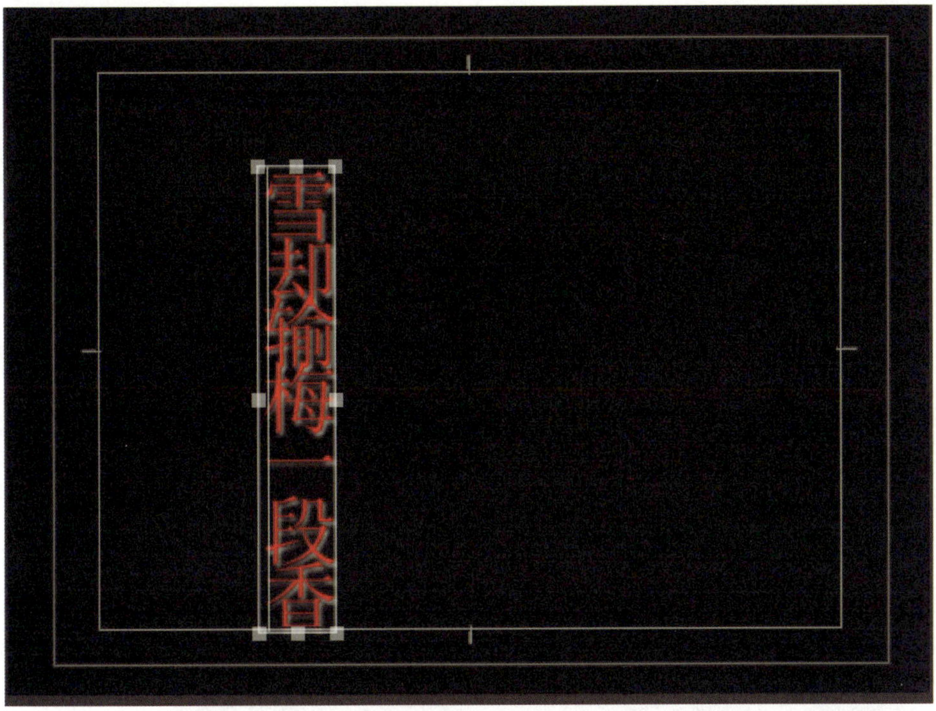

图 20-21 建立字幕 2

26. 在项目面板中将“梅花 8.jpg”素材更改时间为 00：00：10：00 持续时间，使用同样方法将诗句 1，改为 35 秒，将诗句 2 改为 25 秒。

27. 将项目面板中的梅花图片素材一次添加到时间线面板的 Video1 轨道上。

28. 将时间线移至第 10 秒位置，然后将诗句 1 添加到 Video2 轨道上。

29. 将时间线移至第 20 秒位置，将诗句 2 添加到 Video3 轨道上。

30. 将时间线移至第 30 秒位置，将彩色字序列添加到 Video4 轨道上。将彩色字序列时间修改为 15 秒。（见图 20-22）。

图 20-22 修改时长

31. 将 Video Transitions 中的“Iris”切换效果一次添加到 Video1 轨道的素材上。（见图 20-23）

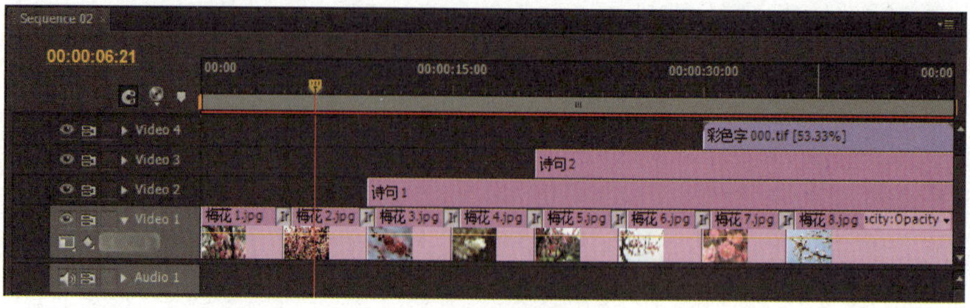

图 20-23 添加转场

32. 在效果面板中展开视频切换，选择“Wipe”文件夹中的 Insert，拖到 Video2 轨道诗句 1 和 Video3 轨道诗句 2 的入点处。单击“特效控制台面板”，同时将插入持续时间改为 10 秒。（见图 20-24）

图 20-24 调整转场时长

33. 选择时间线面板中的“梅花 1.jpg”素材。在特效控制台展开 Opacity(透明度)，将时间线移至 0 秒处时，单击透明度后面的“添加/删除关键帧”按钮，在此添加一个关键帧，将透明度降为 0。将时间移至第 2 秒位置，在透明度处添加关键帧，将透明度设置为 100。用该方法制作淡入淡出。（见图 20-25）

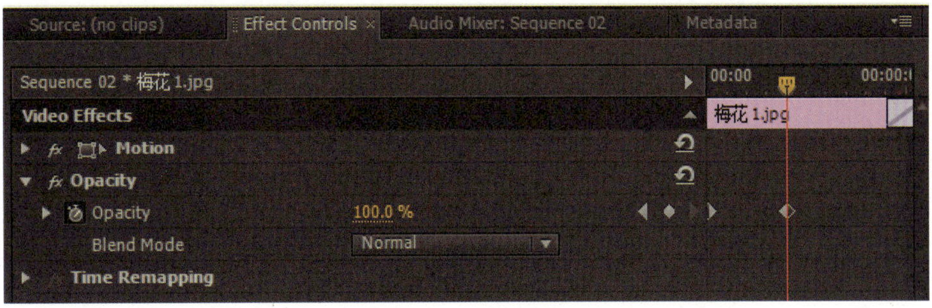

图 20-25 制作淡入

34. 将音乐添加到 Audio1 轨道上，将时间线移动到 45 秒的位置上，单击工具栏中的“剃刀按钮”，将音频切断，然后选择后半段音乐，单击 Delete 键，将其清除。(见图 20-26)

图 20-26 修改音频

35. 单击 Audio1 轨道上的“显示关键帧”命令，将时间线拖到第 40 秒和第 45 秒的位置上，单击“添加关键帧”，为音频添加两个关键帧。用钢笔工具，向下拖动到最下端，制作淡出效果。(见图 20-27)

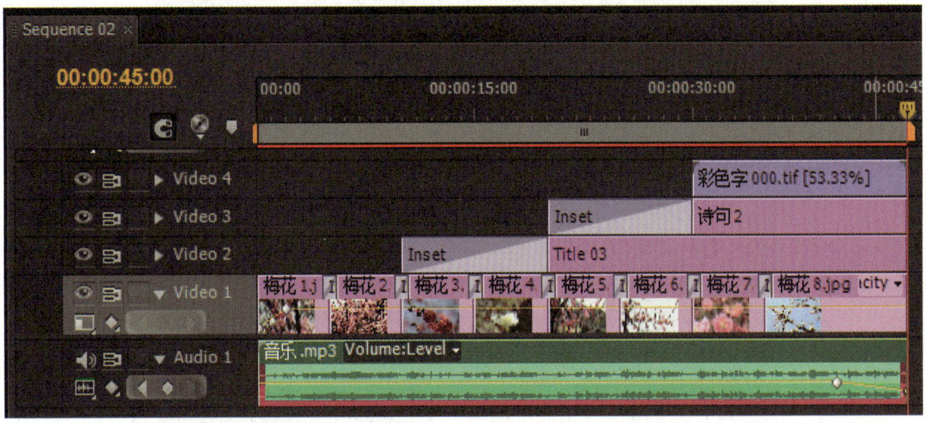

图 20-27 制作淡出

36. 最后输出影片，点击浏览。

附录三　综合实训二

实训任务：幸福的生活

1. 启动 Premiere Pro CS6，点击 New Project，创建新项目文件。（见图 21-1）

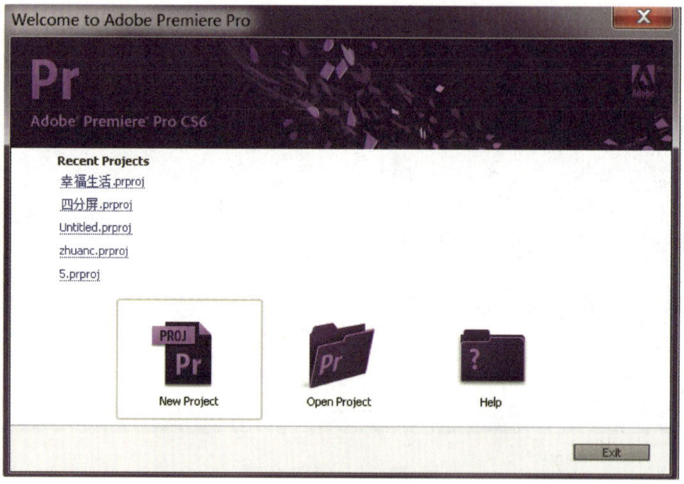

图 21-1　欢迎界面

2. 在弹出的 New Project（新建项目）面板中设置文件名为“幸福的生活”。（见图 21-2）

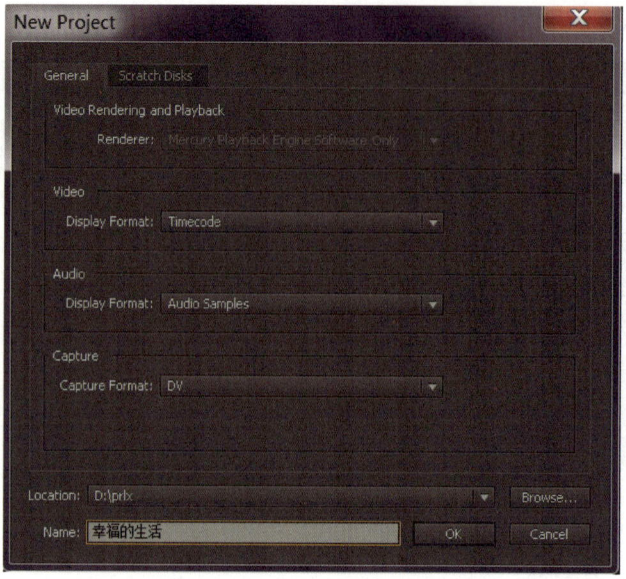

图 21-2　新建项目

3. 在 New Sequence(新建序列)中设置参数为单反模式。(见图 21-3)

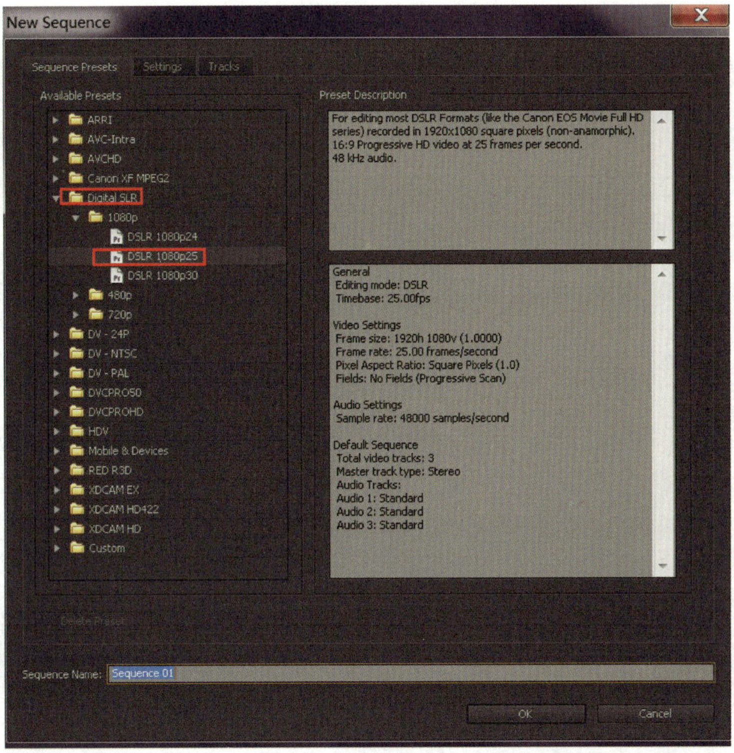

图 21-3　新建序列

4. 在 Project(项目)面板空白处双击鼠标，弹出 Import 面板，导入素材。(见图 21-4)

图 21-4　导入命令

5. 在 Project(项目)面板中使用创建新的素材夹来分类管理素材。分别创建“孩子”“老人”“家庭”“音乐”素材夹，将相应的素材拖拽到对应的素材夹中。(见图 21-5)

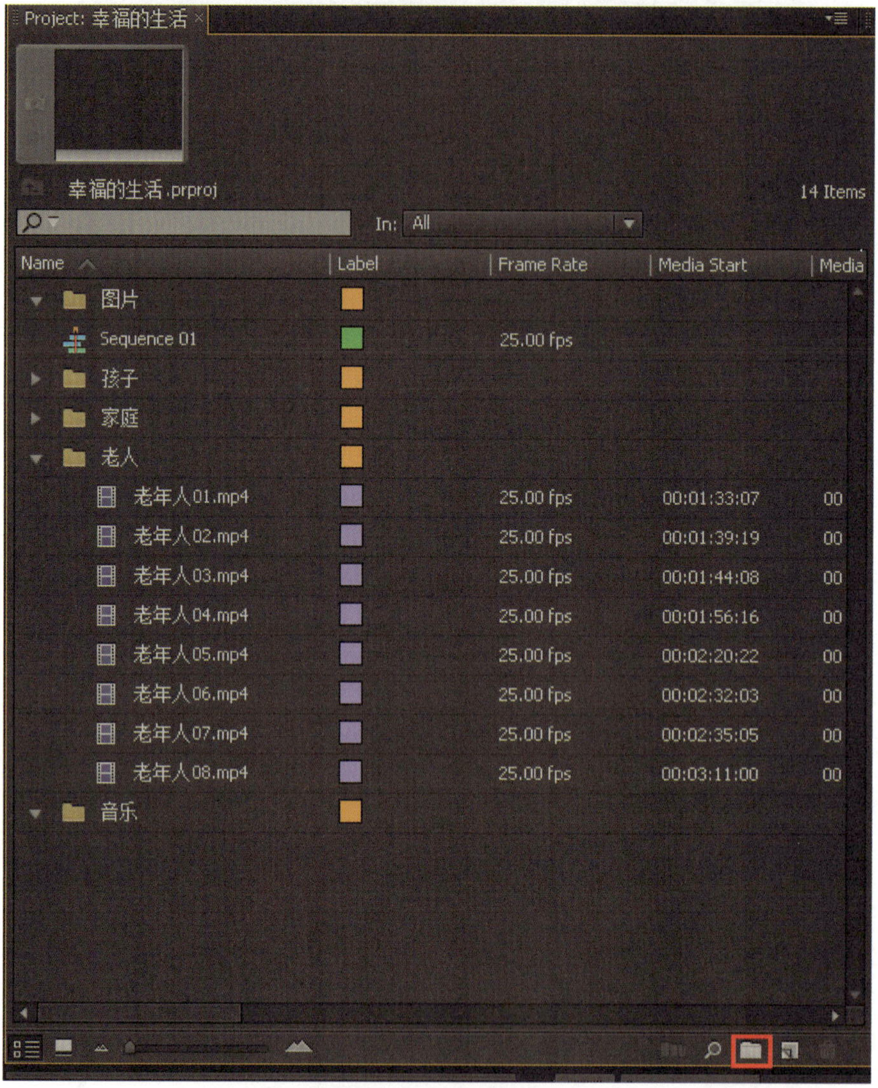

图 21-5　分类管理素材

小贴士

利用项目面板上方的缩略图预览器可以预览素材，利用左侧的播放和底部的滑杆，找到最具代表性的一帧，单击左侧的照相机按钮，更新素材的缩略图，以更方便地识别素材。(见图 21-6)

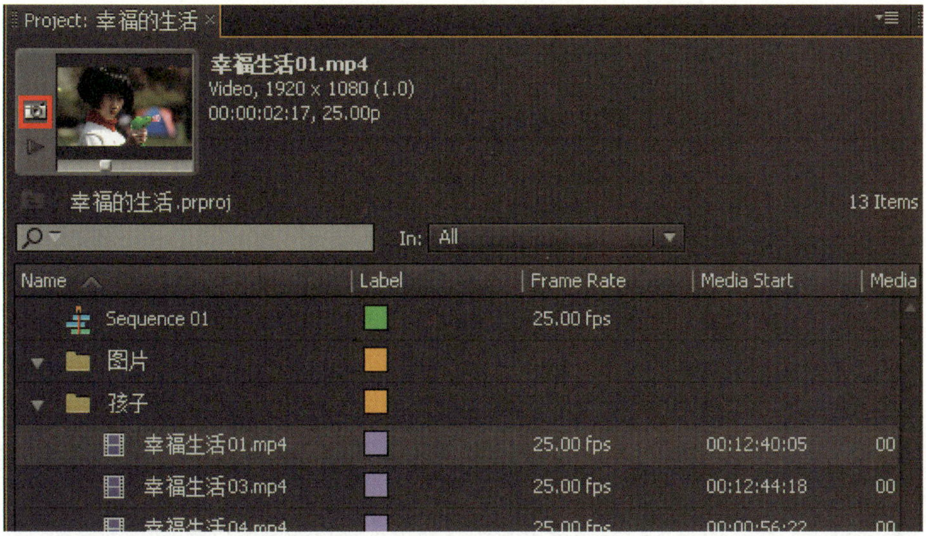

图 21-6　保存该项目文件

6. 使用 File \ Save 或者 Ctrl+S 组合键来保存该项目文件。

7. 浏览素材。在 Project 面板双击素材，该段素材出现在 Source 窗口中，可以使用窗口下面的播放控制按钮(快捷键为空格键)播放浏览或者拖动时间线指针快速浏览。(见图 21-7)

图 21-7　浏览素材

小贴士

浏览时，可以使用上一帧按钮(←)、下一帧按钮(→)，或者直接输入时间码精确定位时间线指针位置。

8. 剪辑素材。将时间线指针定位到所需素材的起点处，点击入点按钮(i)设置入点，将时间线指针定位到所需素材的结束点处，点击出点按钮(o)设置出点，素材时间范围条上会出现如图 21-8 所示的显示状态，入出点之间的为我们选择的片段。

图 21-8　剪辑素材

9. 修改入出点。可以使用定位到入点按钮和定位到出点按钮来检查入出点，如果需要修改，重新定位时间线指针的位置，再次点击入出点按钮来重新修改，也可以直接使用鼠标拖动素材时间范围条上的入出点标志来修改。

10. 添加素材到时间线。使用鼠标直接拖拽 Source 窗口中所选片段到时间线的轨道上，该段素材被添加到时间线。(见图 21-9)

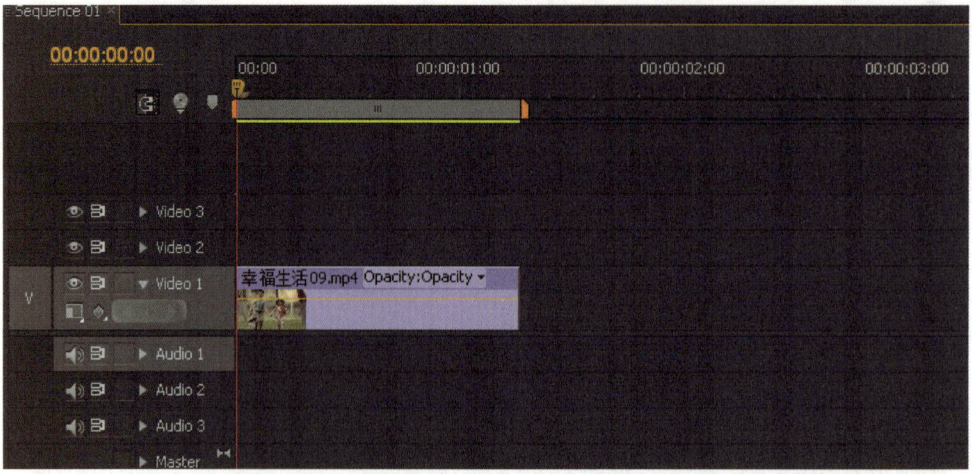

图 21-9　添加素材到时间线

11. 继续添加素材到时间线。使用上述方式，选择其他片段到时间线上。(见图 21-10)

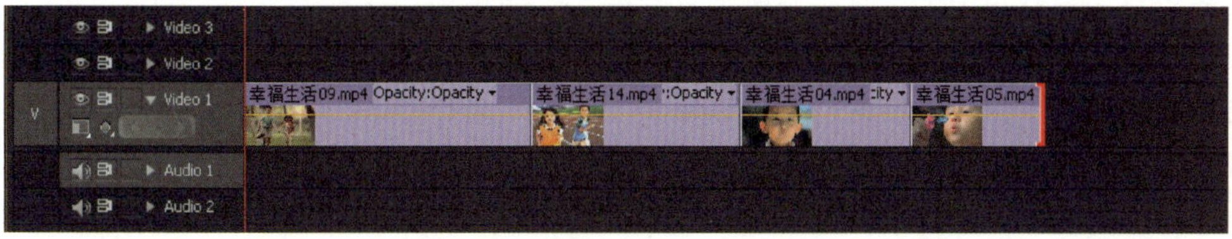

图 21-10　继续添加素材到时间线

12. 插入或替换素材。选择所需插入的素材，在 Source 窗口设置其入出点，在 Program 窗口使用设置入点按钮设置入点位置，并确定 Video1 为当前轨道(轨道名称处显示为如图所示的浅灰色颜色)，在 Source 窗口点击插入按钮或覆盖按钮。(见图 21-11)

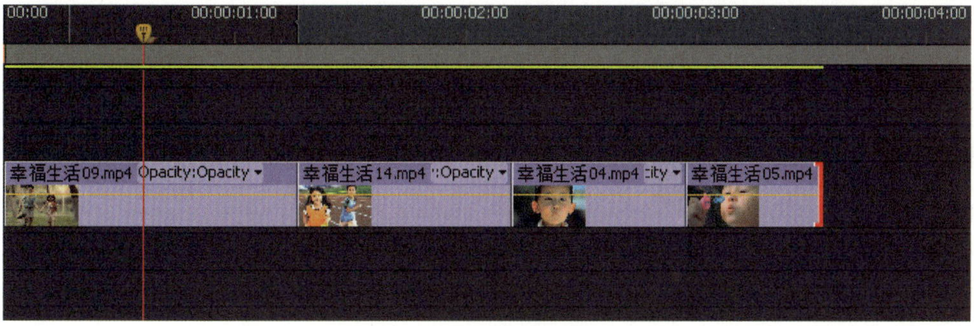

图 21-11　插入或替换素材

小贴士

插入素材可以按住 Ctrl 键拖拽 Source 窗口中的素材到时间线上某个位置，直接拖动为覆盖方式。替换素材也可以在 Project 窗口选择素材后，按住 Alt 键拖拽该素材到时间线上要替换的素材上即可。

13. 添加音频素材。在 Program 窗口选择音频素材拖拽到 Audio 轨道。根据需要剪辑音频素材的长度。(见图 21-12)

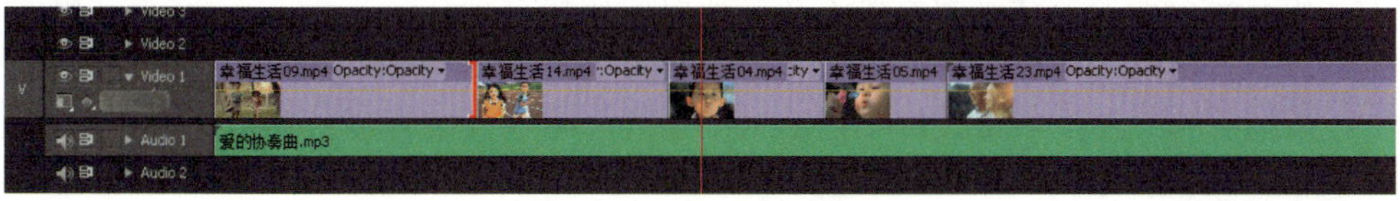

图 21-12　添加音频素材

14. 根据音乐节奏剪辑修改素材。选择在时间线上的素材片段，使用选择工具将鼠标移动到素材的入出点处，拖动鼠标来修改素材的入出点；也可以使用波纹编辑工具、滚动编辑工具等工具箱中的工具来修改素材片段。

15. 移动素材片段。在时间线上按住 Ctrl 键拖拽素材片段到所需位置，可以移动素材片段的位置。

小贴士

在移动片段时，如果不想影响某些轨道，如移动视频素材时，不影响音频素材，可以通过锁定轨道或者关闭同步按钮的方式实现。

16. 删除素材片段。选择所需删除的片段，也可以使用剃刀工具等选择要删除的片段，按 Delete 键或 Shift+Delete 组合键删除或波纹删除素材片段。

17. 添加视频和音频淡入\淡出效果。选择 Effects 面板的 Video Transition \ Dissolve \ Cross Dissolve，按鼠标左键拖动到时间线中的第一条视频素材入点处和最后一条素材的出点处。选择 Effects 面板的 Audio Transition \ Crossfade \ Constant Power，按鼠标左键拖动到时间线中的音频素材的入点处和出点处。（见图 21-13、图 21-14）

图 21-13　添加视音频淡入效果

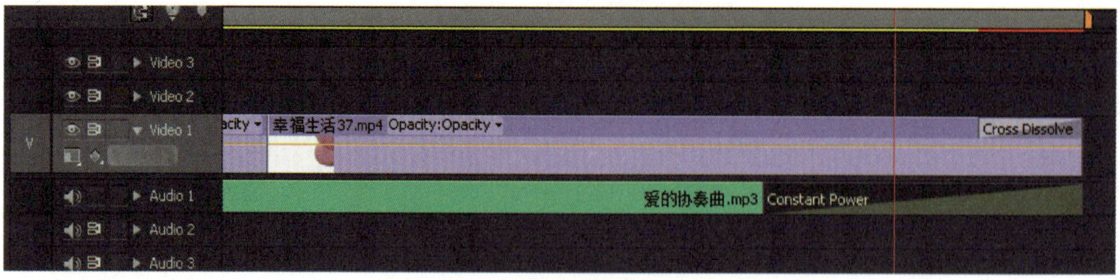

图 21-14　添加视音频淡出效果

18. 在需要添加切换效果的素材之间添加所需切换效果。

19. 在项目窗口中选择 Sequence01，右键选择 Rename，重命名序列 1 为“宣传片”。

20. 添加字幕。制作字幕文件。按 Ctrl+T 组合键打开字幕设计窗口，根据需要设置字幕属性。（见图 21-15）

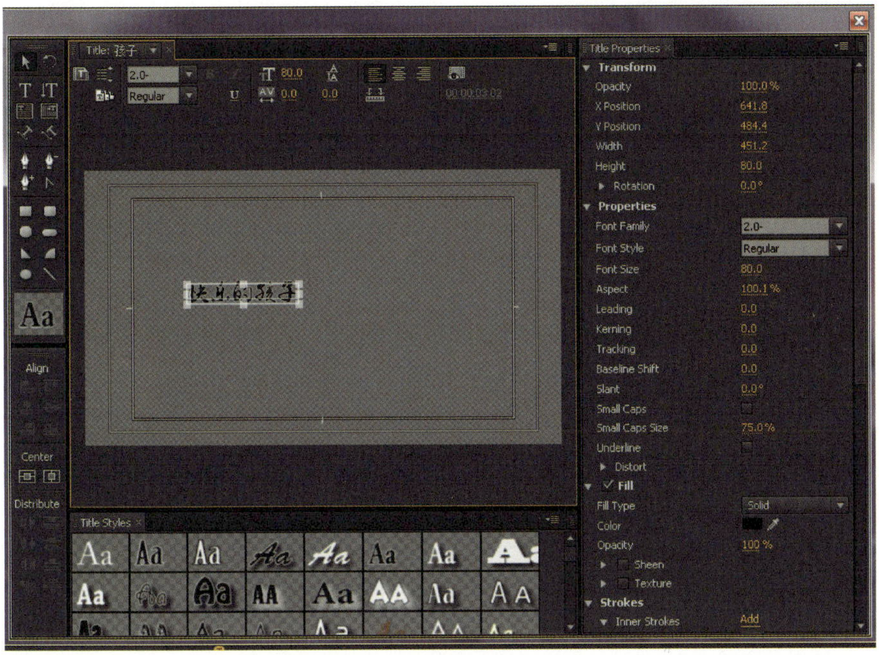

图 21-15 制作字幕文件

21. 可以重复使用上一个字幕的制作方式再次制作所需字幕；也可以使用字幕设计窗口的按钮来复制本字幕为一个新的字幕，修改字幕的内容为“愉悦的老人”(见图 21-16)。依次再创建其他所需的字幕。

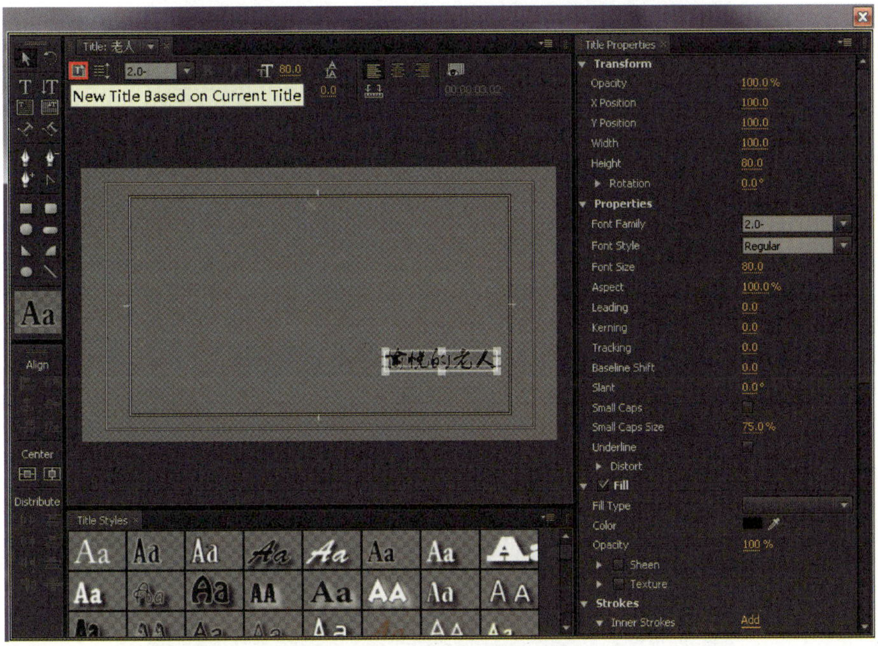

图 21-16 制作字幕文件

22. 在 Project 面板将创建的字幕统一放置到字幕素材夹中。(见图 21-17)。

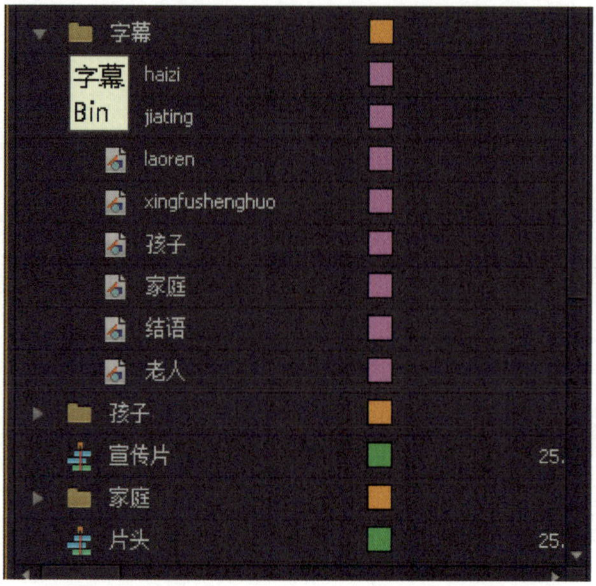

图 21-17　将创建的字幕统一放置到字幕素材夹中

23. 添加字幕到时间线。拖动字幕"孩子"到时间线上的 Video2 轨道，调整其起点和长度。

24. 选择 Effects 面板的 Video Effects \ Blur&Sharpen \ Fast Blur，用鼠标左键拖动其到时间线上的字幕"孩子"上。(见图 21-18)

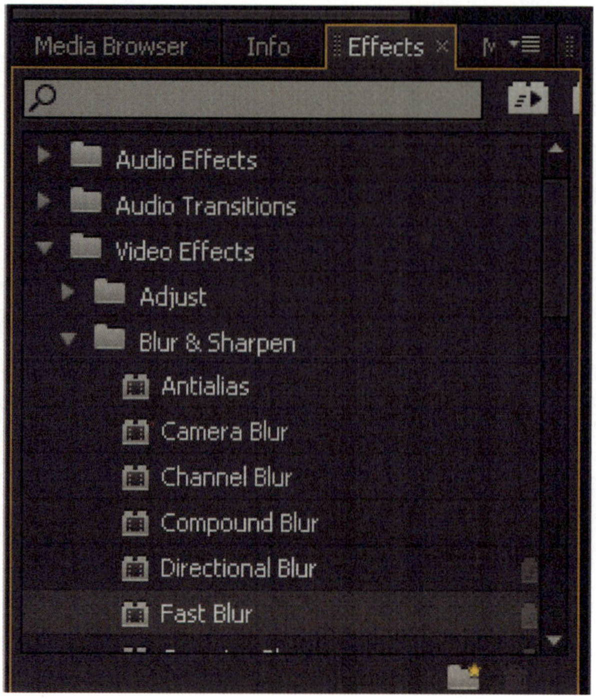

图 21-18　添加效果 Fast Blur

25. 打开 Effect Controls 面板，给 Fast Blur 的 Bluriness 设置关键帧并调节关键帧的参数：分别在时间 00：00：02：16，00：00：03：18，00：00：06：09，00：00：07：13 的参数为 53，0，0，53。制作文字“模糊→出现→模糊”的动态效果。给 Opacity 设置关键帧并调节关键帧的参数：分别在时间 00：00：02：16，00：00：03：18，00：00：06：09，00：00：07：13 的参数为 0，100，100，0。制作文字“模糊→出现→模糊”的动态效果。（见图 21-19）

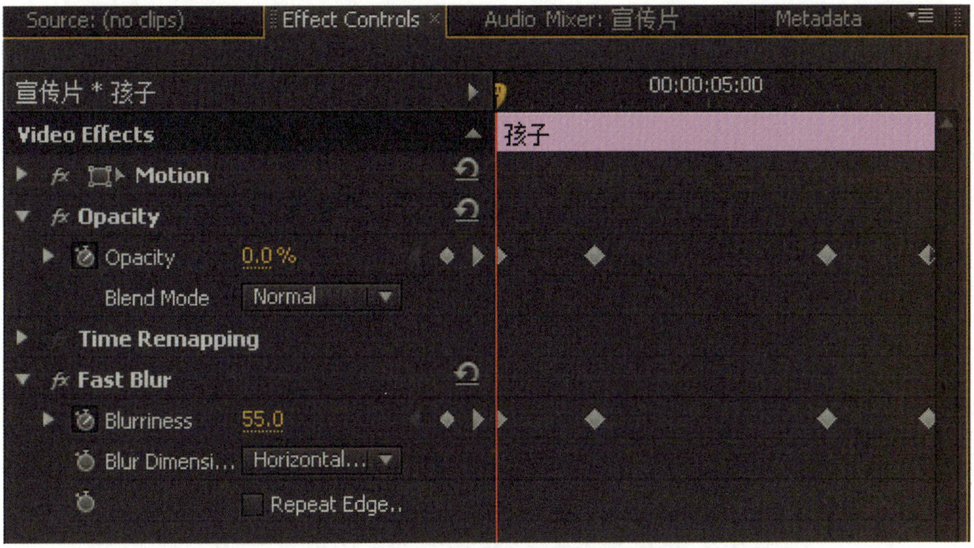

图 21-19 调整效果参数并设置关键帧

26. 类似上面的方法，添加“老人”“家庭”“结语”字幕到相应位置，并调整时长。分别调整其 Fast Blur 和 Opacity 属性并设置关键帧。（见图 21-20）

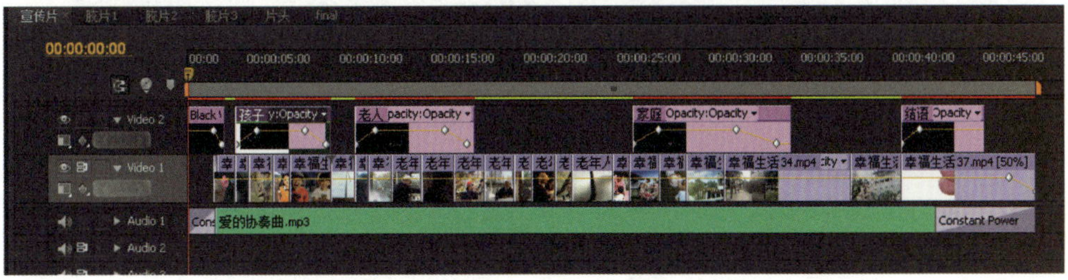

图 21-20 调整其 Fast Blur 和 Opacity 属性并设置关键帧

27. 提取动态素材中的静帧图片。关闭 Video2 轨道前的眼睛图标，将时间线指针定位到要输出的指定帧的位置，选择输出单帧按钮，输出静帧图片。（见图 21-21）

图 21-21　输出静帧图片

28. 在弹出的窗口中选择存储的位置及名称。(见图 21-22)

图 21-22　存储静帧图片

29. 重复该步骤，输出多张所需静帧图片。整理静帧图片到静帧素材夹。

30. 导入胶片素材。胶片素材为 PSD 的分层文件，导入时根据需要选择带透明背景的胶片图层。(见图 21-23)

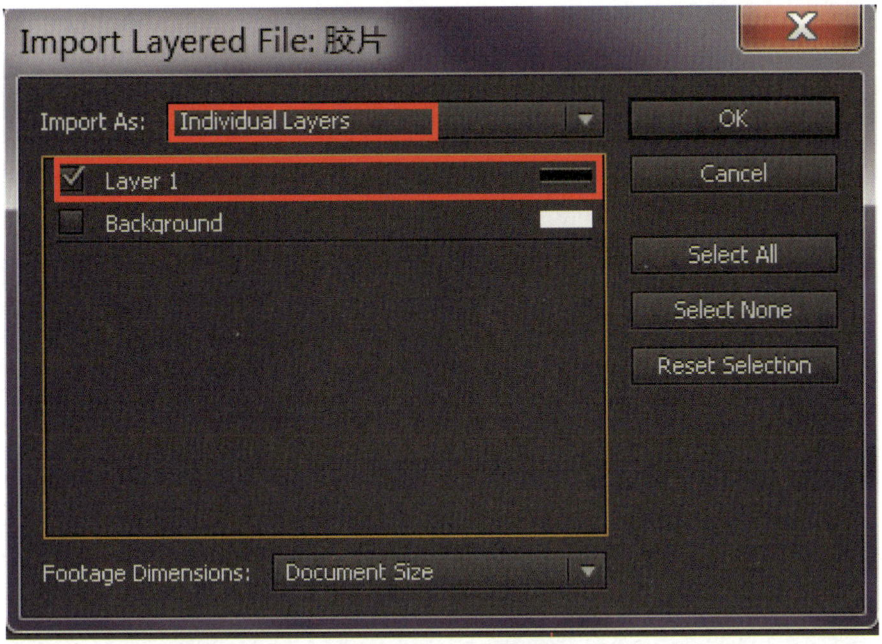

图 21-23　导入胶片素材

31. 创建片头序列。选择 File \ New \ Sequence 新建序列，命名为"胶片 1"。

32. 导入制作背景的动态素材"城市 12"。将该素材拖动到该序列的 Video1 轨道，为其添加 Fast Blur 特效，调整特效参数。(见图 21-24)

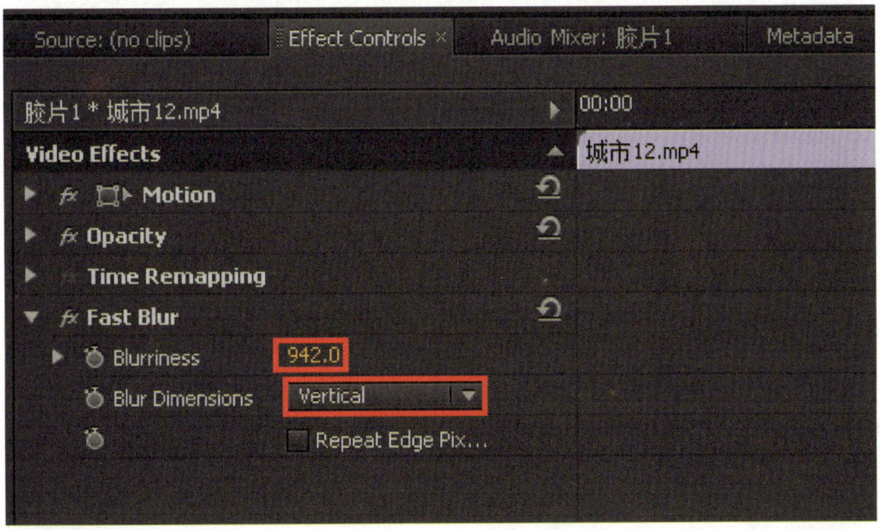

图 21-24　调整特效参数

33. 得到的背景见图 21-25。

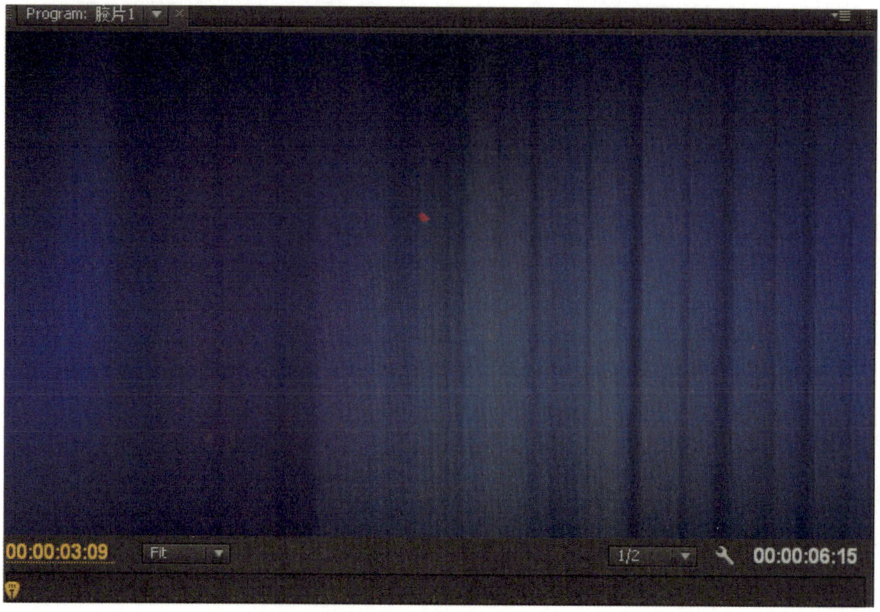

图 21-25　得到的背景效果

34. 将导出的"孩子"的静帧图片依次添加到该序列的 Video3、4、5、6、7 轨道，每个素材入点间隔 10 帧；将胶片素材添加到 Video1 轨道。(见图 21-26)

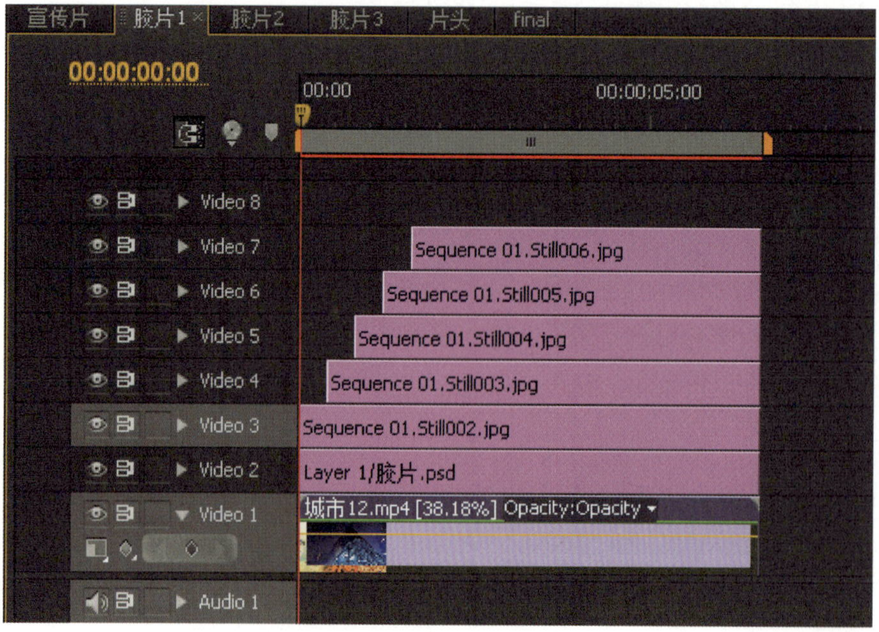

图 21-26　依次添加静帧图片

35. 调整 Video1 轨道素材胶片的 Motion 属性。（见图 21-27）

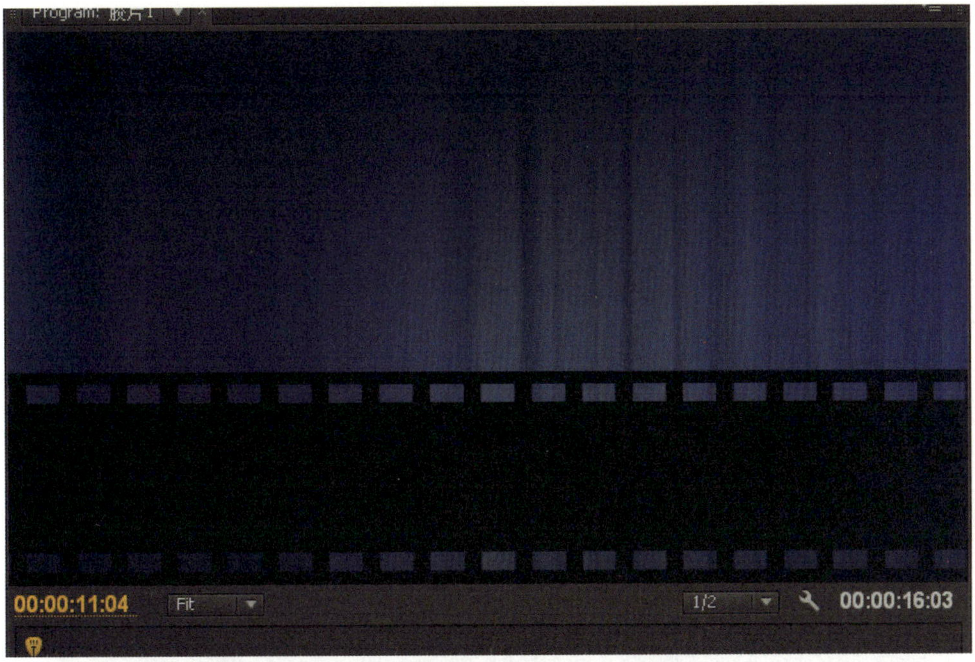

图 21-27　调整胶片素材的 Motion 属性

36. 调整 Video2 轨道素材 Still02 的 Motion 属性，Scale：22.4；Position 设置关键帧，分别为 00 帧—222.8，871.1；第 2 秒为 2145.6，871.0。（见图 21-28）

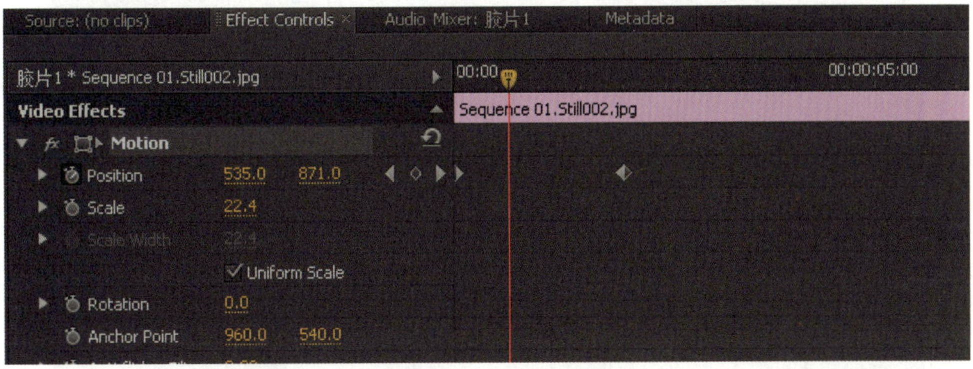

图 21-28　设置运动关键帧

37. 制作出 Still02 从左侧画外水平移动到右侧画外的动态效果。(见图 21-29)

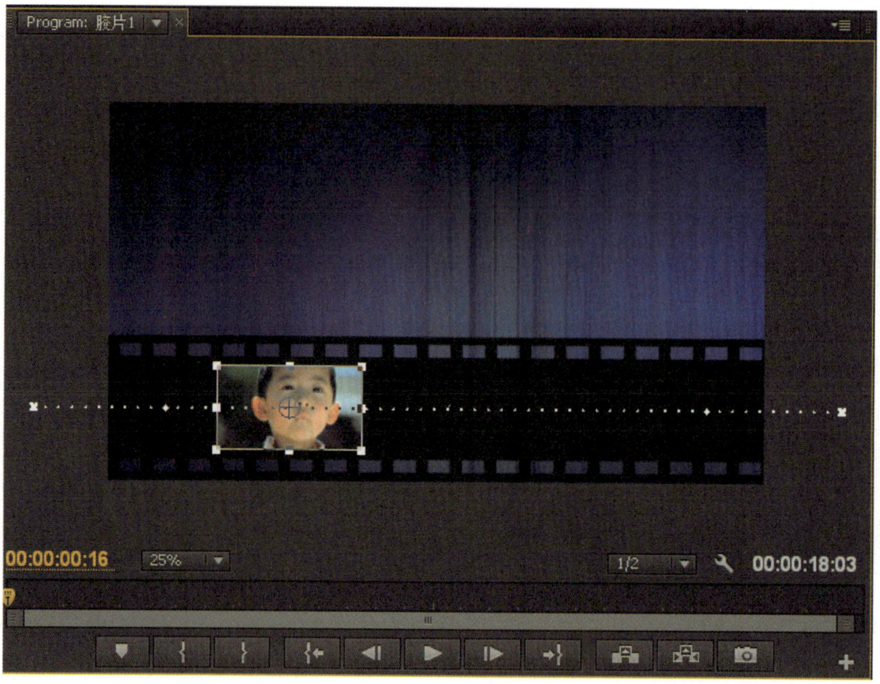

图 21-29　动态效果

38. 用类似方法调整其他静帧图片素材和胶片素材做类似的动态效果。(见图 21-30)

图 21-30　动态效果

小贴士

可以使用复制 Still02 的 Motion 效果到其他静帧素材的方法来制作。

39. 用类似方法制作完成另外两条胶片的效果。

40. 新建序列“片头”。在 Project 窗口中选择序列“胶片 1”“胶片 2”“胶片 3”到该序列的 Video2、3、4 轨道。背景素材添加到 Video 1 轨道上。音频素材添加到 Audio5 轨道上。(见图 21-31)

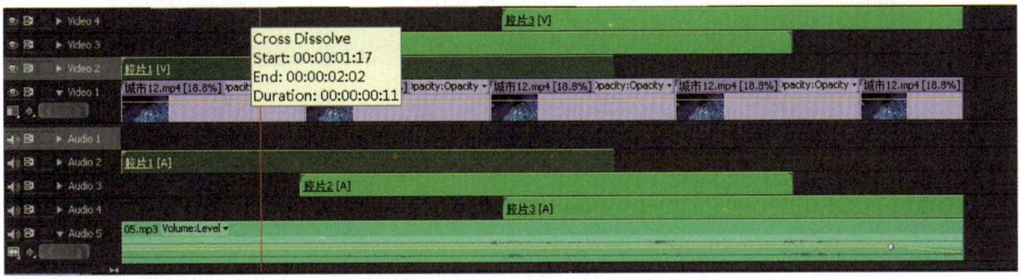

图 21-31 嵌套序列

41. 按住 Alt 键点击胶片 1、2、3 素材的音频部分，删除其音频部分。删除空的音频轨道得到如图 21-32 所示效果。

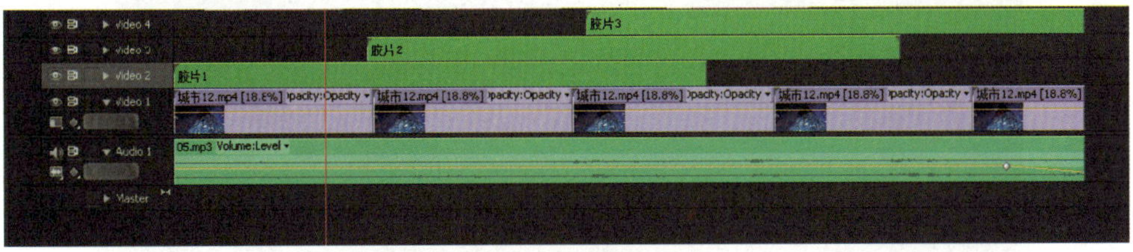

图 21-32 剪辑音频

42. 选择胶片 2、胶片 3，分别调整其 Motion 属性并设置关键帧，添加相应的文字效果。(见图 21-33)

图 21-33 相应的文字效果

43. 新建序列“Final”。将序列“片头”和“宣传片”拖动到新序列中。（见图 21-34）

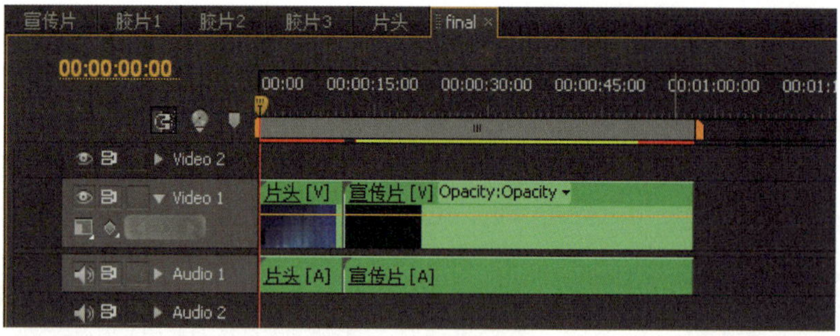

图 21-34　嵌套序列

小贴士

序列嵌套可以将多条轨道的素材打包为一条视频轨道和一条音频轨道。

44. 定义输出范围。在时间线上确定所需输出的范围。可以用鼠标直接拖动来调节工作区，即输出范围的起始点和结束点。使用 File \ Export \ Media 输出。

45. 输出为 H. 264 的 Mov 文件。参数设置如图 21-35 所示。

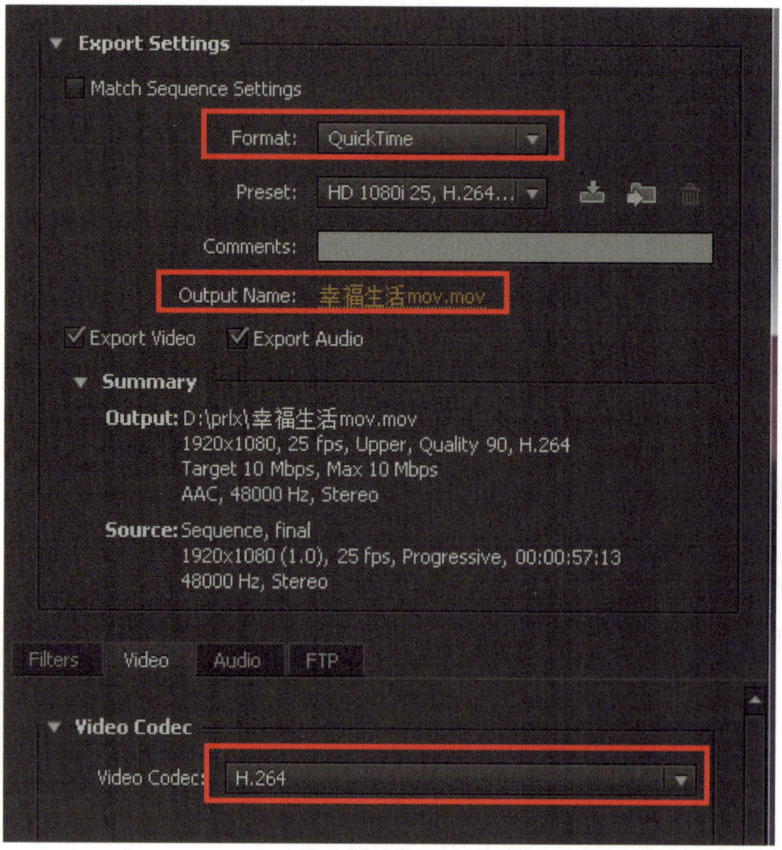

图 21-35　输出为 H. 264 的 Mov 文件

46. 输出为 DVD 格式文件。参数设置如图 21-36 所示。

图 21-36　输出为 DVD 格式文件

47. 在输出 DVD 格式的文件时，如果需要输出的视音频为一个文件，需要勾选如图 21-37 所示的参数。

图 21-37　参数设置

48. 收集项目文件。为了将项目文件打包，选择 Project \ Project Manager。（见图 21-38）

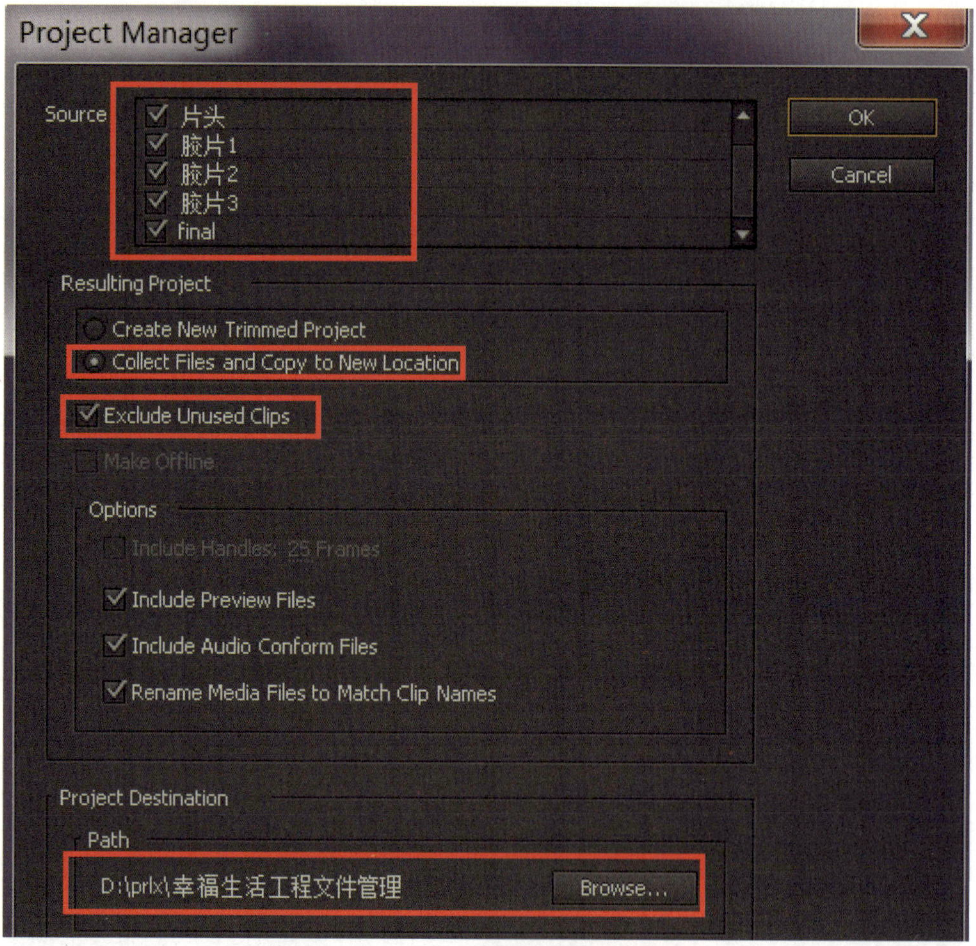

图 21-38　整理项目文件